W0256918

Ingo Klöcker

Produktgestaltung

Aufgabe – Kriterien – Ausführung

Mit 85 Abbildungen

Springer-Verlag
Berlin Heidelberg New York 1981

Professor Dr.-Ing. Ingo Klöcker
Robert-Schumann-Str. 9 b
8510 Fürth-Dambach

CIP-Kurztitelaufnahme der Deutschen Bibliothek

Klöcker, Ingo:
Produktgestaltung, Aufgabe –
Kriterien – Ausführung / I. Klöcker.
Berlin, Heidelberg, New York: Springer, 1981

ISBN-13: 978-3-642-81602-4   e-ISBN-13: 978-3-642-81601-7
DOI: 10.1007/978-3-642-81601-7

Inhalt

Vorwort

Beim Entwickeln und Konstruieren technischer Produkte müssen eine Vielzahl von Anforderungen berücksichtigt werden, um ihre Funktionstüchtigkeit, ihre Wirtschaftlichkeit sowie ihre Sicherheit und Verträglichkeit für Mensch und Umwelt zu gewährleisten. Je nach Produktart, Fertigungsart und Zeitgeschehen sind diese Anforderungen unterschiedlich.

So müssen bei Gebrauchsgütern der Ergonomie und dem individuellen Verwendungszweck mehr Beachtung geschenkt werden als bei Investitionsgütern, bei denen Lebensdauer, Betriebszuverlässigkeit und Wirtschaftlichkeit im Vordergrund stehen. Produkte der Massenfertigung erfordern auch im Detail eine fertigungs- und montagegünstige Gestaltung, solche der Einzelfertigung eine stärkere Verwendung handelsüblicher Elemente. Schließlich die Relevanz zum Zeitgeschehen, das heißt den gesellschaftlichen und wirtschaftlichen Rahmenbedingungen: eine Mangelwirtschaft mit Verkäufermarkt wird mehr Wert auf Vereinheitlichung legen, während eine Überflußgesellschaft mit Käufermarkt zum Anreiz naturgemäß eine größere Variantenfülle erfordert.

In der Anfangsphase des technischen Zeitalters gehörten Fragen der äußeren Formgebung mit zu den wesentlichen Gestaltungsaufgaben einer Maschinenkonstruktion. Sie wurden sehr bewußt wahrgenommen und zum Teil in Anlehnung an die historische oder zeitgenössische Architektur gelöst. Mit zunehmendem technischem Fortschritt und sicherlich auch beeinflußt durch militärische Entwicklungen, konzentrierte man sich mehr und mehr auf die ausschließlich funktionale Konstruktion.

Seit der Weltwirtschaftskrise jedoch setzte – sehr langsam – eine Rückbesinnung ein, die im Industrial Design unserer Tage mit der ganzheitlichen Berücksichtigung formaler, psychologischer und ergonomischer Erkenntnisse ihren Niederschlag findet.

Das Marktgeschehen steht dabei im Vordergrund des Interesses. So verzichtet kaum mehr ein Hersteller von Personen- oder Nutzfahrzeugen, Baumaschinen, Haushaltsgeräten und auch von Kraftwerken auf die Vorteile durch Industrial Design. Aus dieser Tatsache ergibt sich eine wesentliche Konsequenz: im Gegensatz zur früheren Berücksichtigung ästhetischer Gesichtspunkte durch den schöpferischen Konstrukteur, bei der er mehr seinem persönlichen Geschmack oder dem Empfinden seiner Zeitgenossen folgte, wird Industrial Design heute für den gezielten Marktvorteil, zur Humanisierung und zur Kostenoptimierung eingesetzt.

Vorschläge zur methodischen Durchdringung des Entwicklungs- und Konstruktionsprozesses gehen davon aus, daß alle funktionalen, fertigungstechnischen und gebrauchsorientierten Gesichtspunkte insgesammt, aber mit unterschiedlichen

Schwerpunkten für die verschiedenen Produktarten, in den einzelnen Konstruktionsphasen berücksichtigt werden. Voraussetzung für eine solche Betrachtungsweise ist das Wissen um Gesetzmäßigkeiten und Gestaltungsregeln hinsichtlich aller relevanten Fachgebiete mit etwa gleicher Tiefe. Während dieses Wissen für die klassischen Gebiete wie etwa der Festigkeitslehre, der Werkstofftechnik oder der Fertigungstechnik weitgehend vorliegt, stehen den an der Entwicklung und Konstruktion beteiligten Personen bei der Produktgestaltung nur wenig theoretische Grundlagen zur Berücksichtigung des menschlichen Verhaltens und anderer menschlicher Gegebenheiten zur Verfügung.

Das vorliegende Buch will nicht nur Industrial Designer ansprechen. Die Absicht ist vielmehr, für die Ingenieurausbildung, insbesondere aber auch für die Konstruktionspraxis, den Problemkreis Industrial Design durchschaubarer zu machen und konkrete Ansatzpunkte für die Festlegung der Schnittstelle Mensch-Maschine geben.

Die langjährige Beschäftigung des Autors mit vorliegendem Thema, seine Lehrerfahrungen und seine Industriepraxis haben dazu geführt, daß trotz stärkerer Ausrichtung auf die Terminologie der einschlägigen Design-Literatur ein für die Praxis anwendbares Werk entstanden ist. Es erleichtert die methodische Einbindung des Industrial Design in Produktplanung, Entwicklung und Konstruktion und es bietet eine Fülle von umsetzbaren Informationen für die unterschiedlichsten Gestaltungsaufgaben und Gestaltungsabsichten. Damit erfüllt es eine wichtige Aufgabe für Lehre und Praxis.

Prof. Dr.-Ing. Wolfgang Beitz
Technische Universität Berlin
Vorsitzender der VDI-Gesellschaft Konstruktion und Entwicklung

Einleitung

Aufriß

Industrial Design oder Produktgestaltung ist eine künstlerisch-technische Konstruktions- und Gestaltungsaktivität, die Erkenntnisse über Erscheinungen und Wirkungsweisen einbezieht, die die unterschiedlichsten Wissensbereiche zur Verfügung stellen. Das geschieht unbewußt-intuitiv oder gezielt mit geplantem Einsatz. Die Wissensbereiche reichen vom Maschinenbau bis zur Psychologie, von der Fertigungstechnik bis zur Soziologie, vom Marketing bis zur Anthropologie und anderen mehr.

Trotz dieser Vielschichtigkeit verlangt Industrial Design sowohl eine Betrachtungs- und Beurteilungsweise als auch eine generative Vorgehensweise, die möglichst viele Zusammenhänge einbeziehen und das Produkt als Ganzes verstehen. Die Gesamtschau erfordert einen höheren Planungs- und Koordinationsaufwand als die Detailschau. Letztere ist ausgeprägt in Konstruktionsbereichen anzutreffen und wird dort auch entsprechend als Detail- oder Baugruppenkonstruktion bezeichnet.

Eine Gesamtschau kann um so klarer und sicherer, ein Ergebnis um so effizienter werden, je fundierter die Kenntnisse über Art und Inhalt der einbezogenen Wissensbereiche und ihre Vernetzung ist. Hierzu soll mit der vorliegenden Arbeit ein Beitrag geleistet werden. Der Schwerpunkt liegt auf den unbewußt-naturbedingten Erscheinungen, dem Verhalten des Menschen der Produktumwelt gegenüber.

Menschliches Verhalten wird von der Verhaltensforschung – stark vereinfacht gesehen – in die beiden Komplexe

- der vom Unterbewußtsein bestimmten, der naturbedingt vorgegebenen, etwa als automatisch zu bezeichnenden, und

- der vom Bewußtsein und dem Willen, das heißt der geistigen Aktivität, gesteuerten Handlungen gegliedert [1].

Automatisches Verhalten manifestiert sich zum Beispiel in Reflexen, in untrainierten Reaktionen bei Schreck, Durst usw. aber auch in Empfindungen und allen den Erscheinungen, die außerdem unabhängig vom Intellekt ablaufen.

Einige Aspekte des Industrial-Design-Prozesses werden somit auch vom naturbedingten Verhalten beeinflußt: der Gestalter bzw. Industrial Designer unterliegt denselben Regeln und Gesetzen wie alle seine Artgenossen (Abb. 1). Und wenn er darüber hinaus die Regeln und Gesetze kennt, kann er diese sogar in einem gewissen Grade beeinflussen.

Sicherlich findet Entwicklung auch und eher dadurch statt, daß eingefahrene Gleise und daß Normen in Frage gestellt werden. Es handelt sich dann jedoch nur um ein anteiliges Infragestellen, so daß der Einfluß der Automatismen in nicht zu unterschätzendem Umfange bestehen bleibt.

Beide Verhaltensweisen, sowohl die unbewußt-naturbedingten als auch die bewußten, werden außer von der Verhaltensforschung von einer Reihe der unterschiedlichsten wissenschaftlichen Disziplinen erforscht und interpretiert. Jede folgt dabei ihrer speziellen Intention. Da sie jedoch in ihrem Beobachtungsobjekt, dem Menschen, übereinstimmen, sind auch viele ihrer Ergebnisse identisch.

Dieses Buch versucht, aus dem vorhandenen Fundus für das Industrial Design relevante Verhaltensmuster in Form von Gestaltungselementen und Gestaltungskriterien zu extrahieren, sie zu bewerten und auf ihre Gültigkeit hin zu überprüfen. Aus methodischen Gründen ist der Schwerpunkt auf die unbewußt-naturbedingten Verhal-

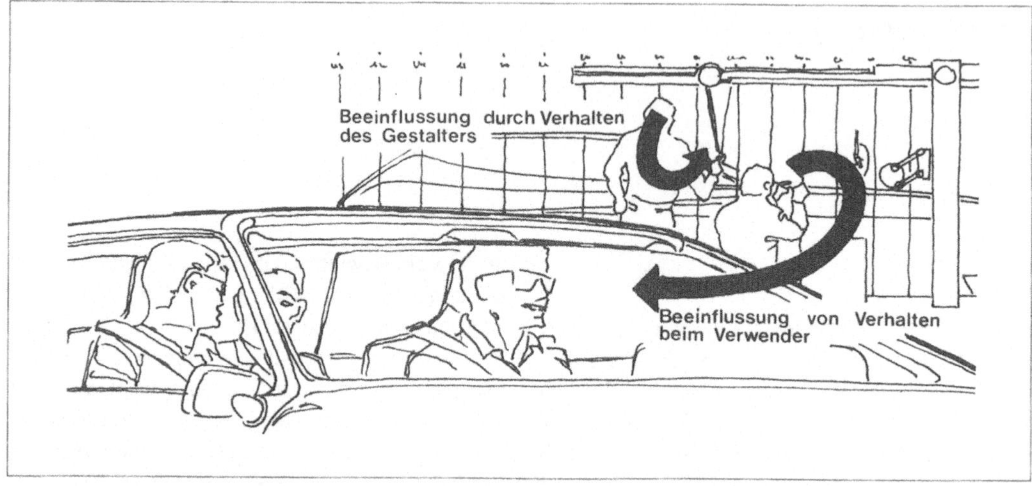

Abb. 1   Der Gestalter beeinflußt nicht nur das Verhalten des Produkt-Verwenders, sondern auch das zu Gestaltende durch sein eigenes Verhalten.

tensweisen gelegt und auf die Objektklasse der technischen Güter, die durch Maschinenbau und Feinwerktechnik repräsentiert sind, eingeschränkt. Dabei wird das Risiko in Kauf genommen, daß Industrial Design simplifiziert erscheint.

Dem breiten Ansatz ist der Vorrang vor schwerpunktmäßiger Tiefe eingeräumt. Damit sind sehr verschiedene Wissensgebiete zusammengenommen. Ein Anspruch auf Vollständigkeit kann nicht erhoben werden.

Dem Anregungen für die Tagesarbeit suchenden Praktiker wird empfohlen, direkt im Teil 2, Materialien, nachzulesen. Für die vertiefte Behandlung der Materie, insbesondere der theoretischen Hintergründe, wird jedoch weitere Lektüre nahegelegt.

Abgrenzung

Konstruktion und, allgemeiner, Technik können sich der irrationalen Momente, die sie produzieren und die sie provozieren, nicht verschließen. Im Gegenteil, „die Faszination … bildet den vorrationalen und überpraktischen Antrieb der Technik … Wer als Psychologe den Zauber sieht, den die Autos auf unsere Jugend ausüben, kann keinen

Zweifel daran haben, daß hier ursprünglichere Interessen ins Spiel gesetzt werden als rationale und praktische" [2], vgl. zum Beispiel Abb. 2.

Nicht nur, daß es sich um irrationale Momente des Apparativen, des Gestalteten und des zum Symbol Gestalteten handelt, auch in der Methodik und in den Grundlagen ist man mehr und mehr geneigt, das einst sicher geglaubte Eiland Rationalität genauer auf seinen Wert hin zu untersuchen:

Die moderne Konstruktionstechnik (Konstruktionslehre plus Konstruktionssystematik) geht davon aus, daß die Denkvorgänge beim Konstruieren mit mechanistisch-analysierenden Modellvorstellungen nachzuvollziehen sind [3].

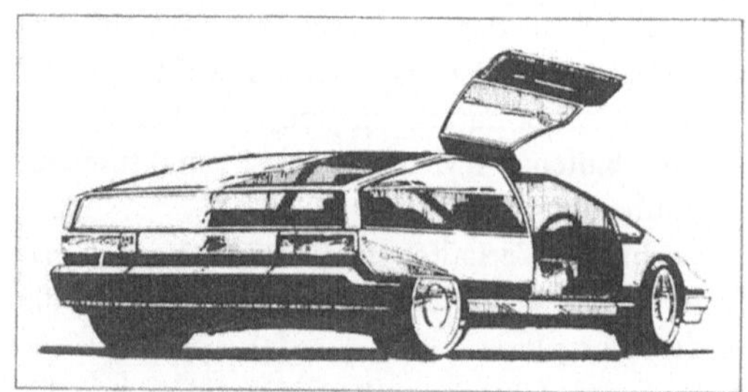

Abb. 2   Das Beispiel Auto bietet immer wieder Anlaß, der Faszination an der Technik Ausdruck zu geben.

Andere Autoren stellen fest, daß das analytische Denken anerzogen, somit wesensfremd sei, das angeborene ganzheitlich-spontane Gestaltvergleichen und Kombinieren aber effektivere Ergebnisse zeitigt [4].

Hier zeigen sich Parallelen und Berührungspunkte: kommt die Konstruktionstechnik heute von der rationalen Seite und interessiert sich – zum Beispiel über die Psychologie – für den noch in vielen Bereichen irrationalen Faktor Mensch, so ist Industrial Design ähnlich anderen kreativen Disziplinen auf weite Strecken rationalen Kriterien und Vorgehensweisen immer noch schwer zugänglich und enthält Unbestimmbares. Industrial-Design-Praxis baut dementsprechend zum Teil auf Intuition und Empfinden auf. Hier wird nun versucht, die rationalen Splitter auszuloten und das unbestimmte Element etwas weiter zurückzudrängen, respektive den rationalisierbaren Teil zu festigen [5].

Damit ist eine Grenze aufgezeigt: Industrial Design kann schwerlich rationaler sein als Technik, als Konstruktion. Es muß somit ein großer Teil von Unbestimmbarem verbleiben. Das kann einmal in der Faszination begründet sein, wie sie oben für Technik aufgezeigt wurde.

Ein ganz erheblicher Teil jedoch muß in einer sozio-kulturellen Determinante gründen, die Einflüssen aus dem komplexen Feld der sozialen, politischen und kulturellen Strömungen unterliegt. Da diese Determinante in der Umwelt, das heißt der sozialen Gruppe gründet – und nicht primär im Individuum – und da sie unkontrollierten und unvorhersehbaren Schwankungen unterliegt, blieb sie in der vorliegenden Untersuchung unberücksichtigt.

Ähnlich verhält es sich mit dem spielerischen Element, mit der „Unbestimmtheitsrelation" [6], die der Innovation zugeordnet werden kann. Industrial Design beinhaltet auch Innovation, lebt auch von Innovation – „Gestalten ist entfalten, also Synthese von Entdecken und Erfinden" [7] – nicht nur von technisch-technologischer, sondern mehr noch von formaler Innovation [8]. Ein Gegenstand kann bei nahezu gleichbleibenden Voraussetzungen vielerlei Erscheinungsformen annehmen. Sitz-möbel, Leuchten, Automobile sind einige Beispiele, die in ständig neuen Varianten auftreten. Sie können dabei auf einer Qualitätsskala weit verstreut oder auf ähnlichem Niveau angesiedelt sein. Auch Spitzenleistungen treten trotz großer Zahl der Varianten immer wieder auf. Da Innovation jedoch nichts Spezifisches respektive Ausschließliches für Industrial Design ist, sondern Mittel zum Zweck auch für viele andere entwerfende und kreative Disziplinen, ist sie hier analog der Vorgehensweise der Konstruktionstechnik und aus Gründen der Überschaubarkeit nicht berücksichtigt.

Es erhebt sich die Frage, ob der Aspekt des individuellen, physiologisch-psychologischen Verhaltens isoliert betrachtet werden darf, wobei unter Umständen immanente Zusammenhänge und Abhängigkeiten negiert werden. Aus der geübten Praxis und der vorliegenden Literatur heraus gesehen erscheint dies legitim. So wird Industrial Design häufig zum Beispiel nur unter dem Aspekt der Semiotik oder des Marketing oder der Ästhetik betrachtet und werden Schlußfolgerungen daraus abgeleitet. Darüber hinaus wird im Abschnitt über die Optimierungstendenz der Versuch einer hierarchischen Bewertung vorgelegt, der diese Vorgehensweise ebenfalls vertretbar erscheinen läßt.

Begriffe

„Ungeklärt ist… die Frage, was unter Design zu verstehen ist. Die einen möchten mit diesem Begriff sämtliche – im Gegensatz zur vorgefundenen Natur stehenden – menschlichen Artefakte … bezeichnen … Von dieser Begriffsbestimmung gibt es viele Deutungsnuancen bis zur entgegengesetzten extremen Position: sie will den Begriff ausschließlich auf die heute in der Industrie übliche Tätigkeit des Designers fixieren" [9]. Diese zunächst simpel erscheinende Feststellung ist insofern interessant, als sie einer Bestandsaufnahme der Situation an deutschen Ausbildungsstätten für Industrial-Designer entnommen ist, die im Auftrag des Rates für Formgebung erstellt wurde.

Ähnlich unklar verhält es sich aber auch mit einer ganzen Reihe anderer Bezeichnungen, die im Zusammenhang mit Industrial Design gebraucht werden und, je nach Situation, von den jeweiligen Gesprächsteilnehmern unterschiedlich ausgelegt und verstanden werden. Die Unterschiedlichkeit kann den Widerspruch mit einschließen.

So wird zum Beispiel die Polarität Ordnung–Unordnung nicht nur bei T. Maldonado, sondern auch in unserer Umgangssprache „untrennbar mit der Polarisierung Simplizität–Komplexität" [10] gesehen, von M. Bense scheinbar so umgepolt, daß er unter „Unordnung eine gleichmäßige Verteilung elementarer Partikel oder Elemente ... (und) unter Ordnung gerade das Gegenteil, nämlich eine ungleichmäßige Verteilung derartiger Elemente" [11] versteht. Daß es sich nur um eine scheinbare Umkehrung handelt [12], soll hier nicht untersucht, vielmehr nur als definitorische Darstellungsschwierigkeit, aber auch -notwendigkeit, verstanden werden.

Begriffe sind nicht nur Kürzel in einem Dialog zwischen Eingeweihten, die wissen was gemeint ist, die nur der Andeutung bedürfen, um den rechten Sachverhalt, primär unbenannt, im rechten Umfange sofort gegenwärtig zu haben. Begriffe sind mehr noch Werkzeuge, die ihren Anwender in die Lage versetzen, einen Sachverhalt über die Codierung hinaus umfassend und eindeutig darzustellen.

Der Terminus *Design* ist angelsächsischen Ursprungs und meint, so steht's im Lexikon: „Entwurf, Zeichnung, Muster, Konstruktion, Ausführung" [13]. In derselben Bedeutung ist er in fast alle modernen Sprachen übernommen worden. Sein Inhalt stellt eine Vielfalt von Tätigkeiten dar, die es erlauben, ihn immer dann anzuwenden, wenn eine präzise Darstellung für ein zu Benennendes – ein Tun oder Machen – nicht vorhanden ist oder aber nicht gewünscht wird. Man sagt nichts Falsches, denn die Vielwertigkeit entspricht der ursprünglichen Bedeutung.

Die Unschärfe dieses Begriffes wurde durch die Internationalisierung eher größer, da Modifikationen in den Anwendungs-Übersetzungen hinzukamen. Erschwerend wirkt außerdem, daß Design häufig als Kurzform für den Ausdruck Industrial Design verwendet oder aber damit verwechselt wird [14].

Der Terminus *Industrial Design* wird, nach einer sehr langen Periode der Diskussion, seit etwa 1972 bis 1975 relativ übereinstimmend verwendet. Dies wurde festgehalten in einer Abhandlung von G. Müller-Krauspe [15] und in den Blättern zur Berufskunde der BfA [16], die auch die Definition des BEDA (Büro der europäischen Design-Berufsverbände) mit einbezogen haben. Daraus abgeleitet und zusammengefaßt wird im weiteren Verlauf unter Industrial Design verstanden:

Die Gestaltung industriell zu fertigender Produkte und Produkt-Systeme für den individuellen wie für den kollektiven Bedarf ... auf der Grundlage ästhetischer, technischer, wirtschaftlicher und ergonomischer Analysen. Unter Zugrundelegung, daß jedes Produkt drei Grundfunktionen – die technische (physikalisch-chemische), wirtschaftliche und auf den Menschen bezogene Funktion – erfüllen muß (T-W-M-System, Abb. 3) [17], ist die Gestaltung und Optimierung der auf den Menschen bezogenen Funktion Aufgabe des Industrial Design. Das sind insbesondere die drei Schwerpunkte

- der Koordination der visuell produktbestimmenden Faktoren, das heißt der Auslegung des Erscheinungsbildes, der Anmutung,
- der gestalterischen Konzeption und des Prinzips des Produktes hinsichtlich seiner Informationsfunktion, das heißt seiner Zweckinformation und
- der Konzeption und des Prinzips des Produktes hinsichtlich seiner Mensch-Produkt-Funktion, das heißt der Sicherstellung der Anwendung ergonomischer Kriterien, Erkenntnisse und Vorgaben.

Das *Verhalten* ist die Zustandänderung eines Organismus, die entweder direkt (wie Bewegung) oder nur indirekt durch Meßapparate (wie Schwankungen des Blutdrucks) beobachtet werden kann. Sie ist regelmäßig oder mit hoher Wahrscheinlichkeit aufgrund bekannter Begleitumstände (Reaktionen auf bestimmte Reize) oder Umstände innerer Art (Bedarfslage des Organismus) vorhersagbar und so der Analyse zugänglich. Die Ursachen wer-

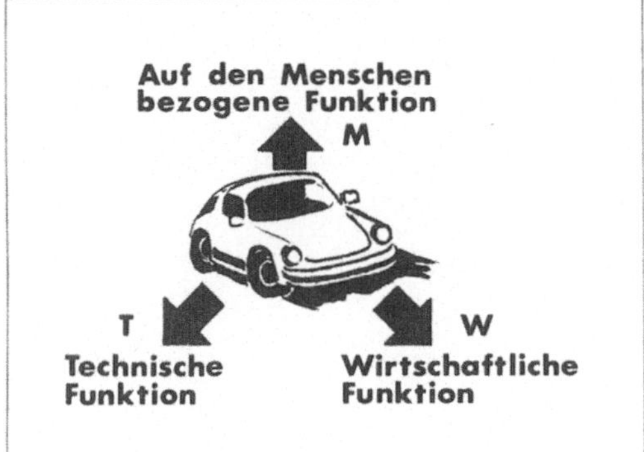

Abb. 3   Die 3 Grundfunktionen eines Produktes: das TWM-System.

den sowohl mit mechanisch zu verstehenden Abläufen , als auch mit psychologisch zu sehenden (Behaviorismus), als auch mit aus dem Zusammenwirken von Mechanismus plus Lernprozeß (Bechterew, Pawlow), als auch mit nur aus dem Lernprozeß begründeten Abläufen (Shinner, Tolman) erklärt. Hinzu kommen die neueren Ansätze der noch weiter kognitiv orientierten und der handlungstheoretischen Verhaltenskonzepte (Neisser, Hacker), die der effektiven Komplexität am stärksten Rechnung tragen. K. Lorenz, der Begründer der vergleichenden Verhaltensforschung (Etholo-

gie) und andere Autoren derselben Forschungsrichtung versuchen, im Gegensatz zum Behaviorismus, die arteigentümlich vorhandenen Verhaltensanteile bei Tier und Mensch gegen die hinzugelernten abzugrenzen [18]. Die Ethologie konnte unter anderem feststellen, welche Gesetzmäßigkeiten den arteigentümlich vorhandenen Verhaltensanteilen zugrunde liegen und wie groß diese Anteile etwa sind. In einem späteren Kapitel wird darauf näher eingegangen.

Die sozialökonomische Verhaltensforschung (Marketing), die in der Volkswirtschaftslehre entwickelt wurde, beschäftigt sich mit dem menschlichen Verhalten, insoweit es wirtschaftlich wirksam wird, das heißt zu Käufen und Verkäufen führt, und dessen Motivation [19].

Da sich die Verhaltensforschung der Methode des Vergleichs zwischen Tier und Mensch bedient – vergleichende Verhaltensforschung [20] – muß sie bei der Begriffsverwendung zwischen dem allgemeineren Begriff des Verhaltens und dem spezielleren Begriff tierisches respektive menschliches Verhalten differenzieren. Die interessierenden Ergebnisse beziehen sich jedoch ausschließlich auf menschliches Verhalten, insofern für den vorliegenden Zweck die Begriffe menschliches Verhalten und Verhalten synonym sind. Im weiteren Verlauf wird der Begriff des Verhaltens vorwiegend im ethologischen Sinne verwendet.

Teil 1
Theoretische Grundlegung

1.1 Die Interaktion Mensch/ gegenständliche Umwelt

Um gestalterische Aspekte des Industrial Designs auf Gesetzmäßigkeiten zurückzuführen und zu strukturieren, bieten sich verschiedene Wege an. Diese haben entweder das zu gestaltende oder bereits gestaltete Produkt oder aber die Interaktion zwischen Mensch und Produkt – bzw. allgemeiner – der gegenständlichen Umwelt zum Gegenstand.

1.1.1 Das Produkt als Untersuchungsgegenstand

Für diese Vorgehensweise müßte eine gewisse Neutralität, zum Beispiel regionalen Ausprägungen gegenüber, gegeben sein. Das scheint auch der Fall: die relevanten Produkte der unterschiedlichsten Hersteller – um einige Beispiele zu nennen: Braun, Caterpillar, Hewlett-Packard, IBM, Matsushita, Olivetti, Siemens – zeigen wenig nationale oder regionale Ausprägungen. Das kommt insbesondere auf den großen Messen für technische Produkte, einschließlich der Produkte der sozialistischen Länder, zum Ausdruck.

Unterschiedliche Ausprägungen des Stils, insbesondere eines Firmenstils im Rahmen eines Corporate-Identity-Programmes [21] sind kein Widerspruch zur gemachten Hypothese. Dabei bestimmen nicht kulturelle oder nationale Determinanten die Gestaltung der Produkte sondern Erwägungen des Marketing und der Unternehmensphilosophie [22].

Hinzu kommt, daß Beurteilungsergebnisse von gestalteten Produkten durch nationale, lokale und kulturelle Einflüsse ebenfalls kaum berührt werden und sich fast nirgends niederschlagen: Erzeugnisse deutscher Unternehmen, die in der BRD von deutschen Juroren nur nach allgemeinen Richtlinien [23], oder, auf die ästhetischen und gestaltbezogenen spezielleren Merkmale bezogen, nach in Kategorien gegliederten Beurteilungskriterien [24], als vorbildlich empfunden werden, können ebenso in England, USA, Japan oder an anderen Orten analoge Auszeichnungen erhalten und werden auf Wanderausstellungen auch in den Ostblockstaaten akzeptiert.

Umgekehrt werden japanische und andere Produkte in Deutschland für auszeichnungswert befunden und ausgestellt – und würden, wenn man ihre Herkunftsinformation entfernte, nur schwer als Erzeugnisse eines anderen Landes auszumachen sein [25].

Dieses Phänomen besagt entweder, daß unseren technischen Produkten (und nur hierum kann es sich hierbei handeln, da zum Beispiel bei modischen Produkten oder Produkten der Folklore, des Ritus oder der Tradition bereits regionale Unterschiede feststellbar sind) Gemeinsamkeiten inhärent sind, auf die die gesamte Spezies Mensch gleichartig reagiert. Oder es besagt, daß ein Empfinden und Urteilsvermögen (professionelles Urteilsvermögen) zwar individuell gründet, aber international objektive Resultate erbringt. Dabei wird vernachlässigt, daß Übereinkünfte (bewußte und/oder unbewußte) und Gruppenprozesse, zum Beispiel auch unter Experten, weltweite Urteilskohärenz zeitigen können.

Beobachterrelevante Gemeinsamkeiten an Produkten unterschiedlichster Provenienz zu analysieren, würde bedeuten, daß dabei der wesentlichste, der komplexeste und der unbekannteste Faktor, der Beobachter selbst, der Mensch, sowie die Interaktion zwischen ihm und seiner Produktumwelt unberücksichtigt bliebe.

Hinzu kommt, daß die ausschließliche Produktanalyse voraussichtlich einen Umweg darstellen würde. Umweg daher, weil eben zwei Partner vorkommen: das Produkt einerseits und der Mensch andererseits, der Mensch einmal als Gestalter und der Mensch als Juror, als Experte. Da sich der Mensch (als Gestalter) im Produkt mitteilt und (als Juror) das Produkt empfindet und beurteilt, das Produkt als Sprache und als Mittler wie jede Sprache jedoch stets unvollständig, mehrdeutig und unsicher ist, ist der Weg über das Produkt letztlich ein Umweg. Darüber hinaus repräsentieren beide Gruppen nur eine sehr geringe Auswahl der Gesamtheit Mensch. Die zu gestaltende Produktion der Industrie zielt jedoch vorwiegend auf andere und wesentlich größere Gruppen – insofern sind allgemeinere Anlagen des Menschen anzusprechen.

1.1.2 Die Interaktion als Untersuchungsgegenstand

Es ist wieder in zwei Teile zu gliedern: in Regeln und Kriterien zur Gestaltung, die bisher von Menschen erdacht und erstellt worden sind und kritisch untersucht werden könnten und in einen Untersuchungsteil, der die unbewußt-naturbedingten Verhaltensweisen, das heißt die physiologisch-anthropologische Determinante des Menschen im Zusammenspiel mit seiner Produktumwelt zum Gegenstand hat.

Im zweiten Falle wird der Mensch selbst Gegenstand und Grundlage der Beobachtung. Er wird dabei als Individuum verstanden – im Gegensatz zur Gruppe, in der eine Vielzahl der unterschiedlichsten Gruppenprozesse wirksam ist. Physiologisch-anthropologisch muß in diesem Zusammenhang allerdings weniger mechanistisch (etwa im Sinne der Ergonomie) verstanden als mehr psychophysiologisch im Sinne der Verhaltenslehre gesehen werden. Unbewußt-naturbedingte Verhaltensweisen des Menschen als Gestalter, Beurteiler und als Verwender bzw. Beobachter stehen dabei im Vordergrund des Interesses. Die Objektivität, Reichhaltigkeit und Überschaubarkeit des dazu vorhandenen Materials ist nicht nur in der Ethologie sondern auch in einer Reihe anderer Wissenschaften gegeben. Dieser Weg ist hier gewählt.

1.1.3 Zur Bedeutung physiologischer Vorgaben

Physiologische Vorgaben werden im Gestalteralltag recht selten bewußt wahrgenommen oder in die Arbeit einbezogen. Es ist allenthalben bekannt, daß physiologische Unpäßlichkeiten in Einzelfällen Auswirkungen auf die Gestaltung haben. Am Beispiel der Augen soll verdeutlicht werden, in welchem Maße jedoch auch beim gesunden Menschen alleine durch den biologischen Aufbau ganz bestimmte Gegebenheiten dominieren.

Der Mensch ist ein Augenwesen – oder abstrahier-

ter ausgedrückt, ein Augenlebewesen. Augenwesen meint, daß alle anderen, in der Welt der Lebewesen vorkommenden Signalmedien – Geruchssignale beim Hund, akustische Signale bei der Fledermaus, usw. – beim Menschen zugunsten einer sehr ausgeprägten Wahrnehmung von Form- und Farbsignalen, überwiegend von Formsignalen, in den Hintergrund getreten sind [26].

Etwa 60 bis 80% aller vom Menschen erfaßten Informationen werden über die Augen erfaßt. Die Augen sind dementsprechend mit einer Vielzahl von Rezeptoren und Nervenfasern ausgestattet, die weit über der anderer Wahrnehmungsorgane liegt (Abb. 4) [27].

Darüber hinaus hat der Mensch ein physiologisches Reaktionsvermögen, das ausgeprägt stark und automatisch (unbewußt) auf Form und Farbsignale reagiert (Abb. 5) [28]. Das bedeutet, daß dem überproportionalen Signalinput über die Augen dem menschlichen Körper ein entsprechend stark ausgebildetes Instrumentarium zur Verfügung steht, das über den visuellen Reiz eine Vielzahl der unterschiedlichsten unbewußten Handlungen, Urteile, Vorurteile, Reaktionen, Reflexe, Verhaltensweisen erzeugt bzw. steuert und regelt.

„Ein Bild sagt mehr als 1000 Worte" ist demnach ein zwar altes chinesisches Sprichwort, jedoch eines mit unveränderter Aktualität, wenn man an die Erfolge der auf dem Bild aufbauenden Medien Fernsehen, Illustrierte, Bildzeitung, Comic und viele andere denkt. Und auch Leonardo da Vinci postulierte bereits: „Der Mensch, ein Augenwesen, braucht das Bild."

Da jeder Gegenstand als Bild wahrgenommen wird, ist damit die überragende Bedeutung der Gestaltung des Erscheinungsbildes unmittelbar evident, die Begründung für die Wahl der Vorgehensweise im vorigen Abschnitt zusätzlich unterstützt.

1.1.4 Die Interaktion als Modell

In den Naturwissenschaften und der Technik dienen Modelle dazu, die als wichtig angesehenen Eigenschaften des Objektes auszudrücken, darzustellen und erkennbar zu machen und nebensäch-

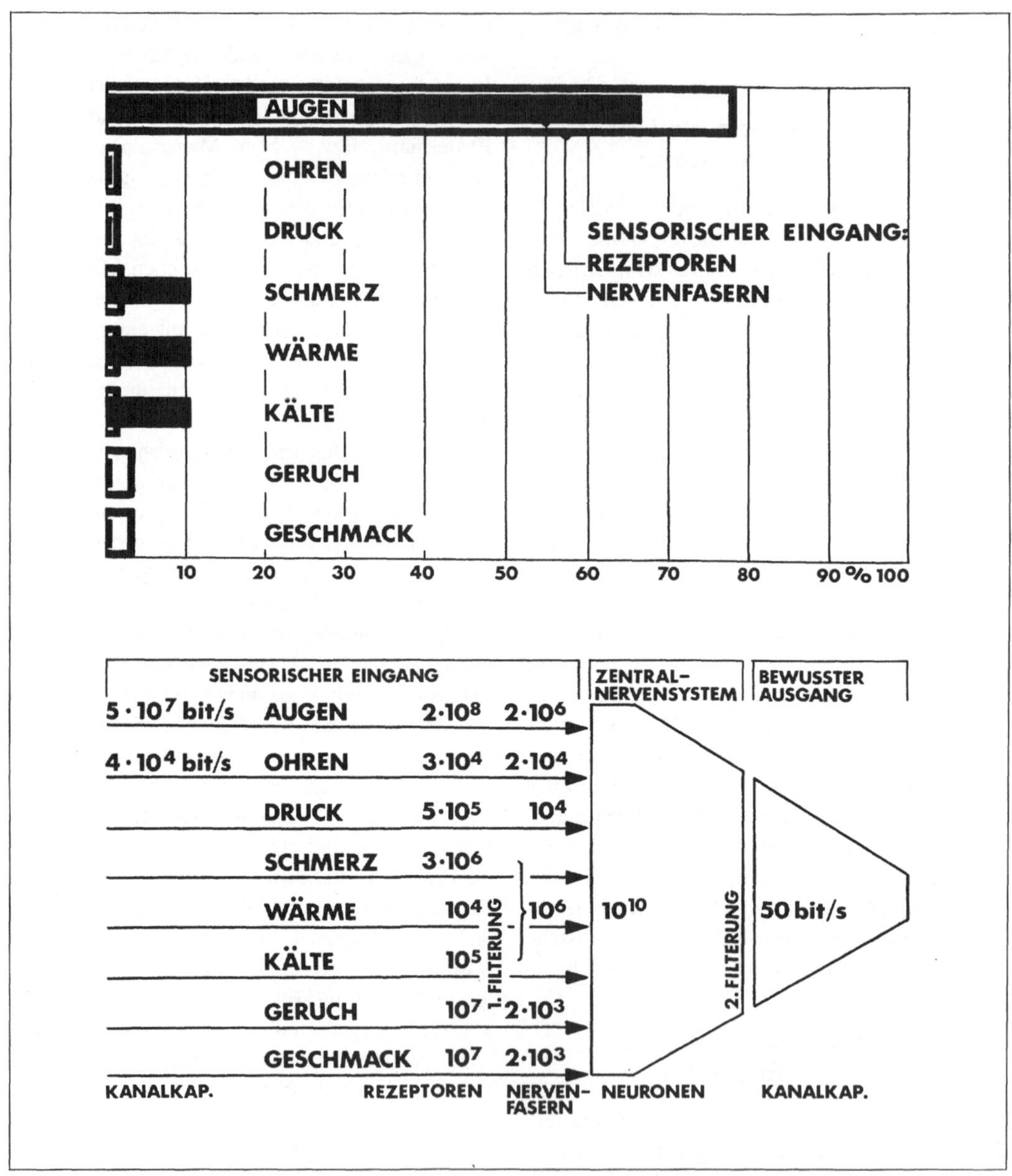

Abb. 4   Informations-Aufnahme-Kapazitäten des Menschen und der unmittelbaren Weiterleitung.

liche Eigenschaften zu vernachlässigen. Durch diese Vereinfachung gelangt man zu übersehbaren, mathematisch berechenbaren oder zu experimentellen Untersuchungen geeigneten Abbildern des tatsächlichen Objektes.

Die Beobachtung der Beziehung Mensch/gegenständliche Umwelt, spezieller: die Beobachtung der Aktionen und Reaktionen des Menschen und der Abläufe innerhalb des Menschen im Kontext Mensch/gegenständliche Umwelt sind Grundlage

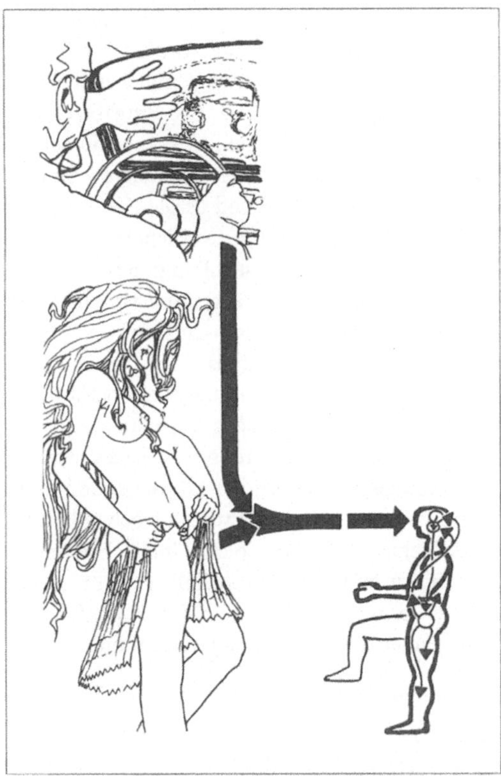

Abb. 5 Automatische, das heißt unbewußte Reaktionen aufgrund von Form- und Farbsignalen.

für die Auflistung und Strukturierung für das Industrial Design relevanten bzw. auf das Industrial Design sich auswirkende Vorgänge im Menschen.

Die Induktion kann dabei nur über vorhandene Einzelheiten erfolgen, so daß ein wesentlicher Teil im Auffinden der einzelnen Bereiche, der Steinchen zum Mosaik und in der Organisation der Steinchen, das heißt in der Entwicklung der zugrunde zu legenden Theorie bzw. eines entsprechenden Modells liegt. Das Vorhandensein eines Modells ermöglicht dann wiederum die gerichtete Suche nach den fehlenden und den vertiefenden Steinchen respektive dem fehlenden und vertiefenden Wissen.

Der Mensch wird zunächst als Black-box verstanden, in die auf der einen Seite ein Input erfolgt, In-

formationen, Bilder, Eindrücke, Erlebnisse aufgenommen werden und die, innerhalb des schwarzen Kastens umgewandelt, als Aktionen, Reaktionen, als Output wieder zum Vorschein kommen (Abb. 6). Dabei ist es durchaus möglich und üblich, daß zwischen Input und Output ein zeitlicher Versatz – Stunden, Monate, Jahre – entsteht.

Wird ein Gestalter nun mit einer selbst- oder fremdgestellten Aufgabe konfrontiert, so sind Aufgabenstellung, Material und Umgebungseinflüsse der Input, der, umgewandelt und mit dem aus vorangegangenen Zeiten gespeicherten zusätzlichen bzw. internen Input zusammengebracht, als Output, als Reaktionen des Geistes und als Aktionen der Gliedmaßen zur Gestaltung und/oder Beurteilung führen.

Wie und was gestaltet und/oder beurteilt wird, ist daher immer in einem Menschen begründet, muß somit im ganzen Umfange aus ihm herauskommen. Schnelle Entscheidungen, Intuitionen und Änderungen sind keine Ausnahmen davon, da sie ohne Beteiligung der Black-box, etwa als ausschließlicher Reflex der Hand, nicht möglich sind: Was herauskommt, muß zuvor eingebracht worden sein.

Input und Output bedingen somit innerhalb der Black-box einen zwingenden Kontext. Ihn aufzuhellen, sind schon die unterschiedlichsten Versuche angestellt worden. Sehr einfach ist eine Darstellung aus der Ergonomie, wobei hier als der interne Input, das aus vorangegangenen Zeiten Aufgenommene als Informationsspeicher, als Gedächtnis, abgespalten ist (Abb. 7) [29].

Eine ganze Reihe von Varianten könnten hier aufgeführt werden, die bis zu überaus komplexen und stark vernetzten Darstellungen (Organogrammen) reicht. Aus ihnen ist eine Modell-

Abb. 6 Die Black-box als Form einer maximalen Abstrahierung.

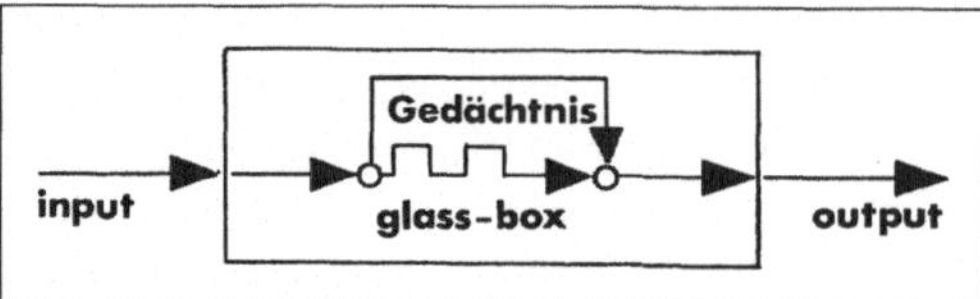

Abb. 7   Die Black-box um den internen Input, das Gedächtnis, erweitert.

variante abgeleitet, die den gestellten und noch zu stellenden Anforderungen genügt. Die wesentlichste Anforderung dabei ist, daß alle Theorieansätze und Wissensbereiche, soweit sie einerseits auf Industrial Design Einfluß nehmen und andererseits menschliches Verhalten darstellen und interpretieren, eingeordnet und sinnvoll verkettet werden können.

Die hier relevanten Theorieansätze und Wissensbereiche, in der Regel innerhalb etablierter Wissenschaften zu finden, sind verstreut und arbeiten wenig in interdisziplinärer Koordination. Es ist trotzdem erstaunlich, wie ähnlich die Aufgabenstellungen und von welch hoher Kongruenz die Ergebnisse sind.

1.1.5 Der Modell-Inhalt

Es ist davon ausgegangen, daß zwischen Input und Output sowohl im Menschen als auch außerhalb des Menschen ein geschlossener Informations- und ein davon abhängiger, jedoch gleichlaufender, Aktions-Reaktions-Fluß analog dem „psychophysiologischen Regelkreis" [30] stattfindet. Die drei Hauptbestandteile sind der Mensch, die gegenständliche Umwelt im allgemeinen und das Objekt als Maschine, Gerät oder sonstiger Gegenstand im speziellen. Die Technik der gegenständlichen Umwelt kann hier fast vollständig unberücksichtigt bleiben. Das Schwergewicht wurde auf die wissenschaftlichen Grundlagen, die den Informationsfluß und Aktions-Reaktions-Verlauf im Menschen erklären und für Industrial Design relevant sind, gelegt. Aus ersterem resultiert, das zweite ist Verhalten. Um möglichst große Transparenz in die Black-box zu bekommen und um wenig offene Stellen im genannten Fluß zu haben, sind auch weniger ergiebige Themen herangezogen (Abb. 8):

Der *Input* stellt die Eingabe dar, die, wahrgenommen, im Menschen verarbeitet wird. Sie erfolgt aus der Umwelt, das heißt vom zu gebrauchenden oder zu gestaltenden Gegenstand. Die Eingabe erfolgt als Bild – im weiteren Verlauf als Erscheinungsbild bezeichnet – und/oder über die anderen Sinnesorgane, hörend, fühlend und dergleichen.

Die Verarbeitung des Input geschieht bewußt und/ oder unbewußt. Die Feststellung, Beschreibung und Erklärung dieses Verarbeitungsvorganges ist Thema verschiedener Wissenschaften.

Wissenschaften haben jeweils einen theoretischen und einen praktischen Teil und sind bemüht, dazwischen ein entsprechendes Verhältnis zu wahren. Innerhalb des theoretischen Teiles werden methodologische, deskriptiv-faktische und normative bzw. zielbezogene Probleme behandelt. Es würde hier zu weit gehen, solche Unterscheidungen aufrecht zu halten. Es ist lediglich anzumerken, daß der praktische Teil der Wissenschaften im vorliegenden Zusammenhang weniger interessiert.

Die herangezogenen Grundlagen sind:

Wahrnehmungstheoretische Grundlagen. Sie werden hauptsächlich von der Psychologie, der Ergonomie und Physiologie zur Verfügung gestellt und erklären primär den physiologischen Vorgang. Es sind Definitionen bekannt, die der Wahrnehmung auch einen interpretierenden und wertenden Anteil zuschreiben oder sie auch kognitiv, das heißt umfassend im Sinne von Aufnehmen, Erkennen, Lernen und Denken, verstehen und wahrnehmungstheoretisch behandeln. Der Grund dafür ist, daß die Vorgänge ineinander übergehen. Im vorliegenden Fall soll das Schwergewicht auf dem mehr physikalisch-chemisch zu sehenden Teil liegen.

Zeichentheoretische (semiotische) Grundlagen. Die Zeichentheorie versucht, den Zwischenbereich zwischen einem physiologischen, das heißt vorwiegend mechanistisch verstandenen, wertfreien Wahrnehmen und dem Vergleich bzw. der Wertung zu erklären. Das Wahrgenommene wird dazu in Zeichen überführt.

Informationstheoretische Grundlagen. Eine Information ist Bestandteil der bewußten Wahrnehmung und beinhaltet Wertungen. Die Informa-

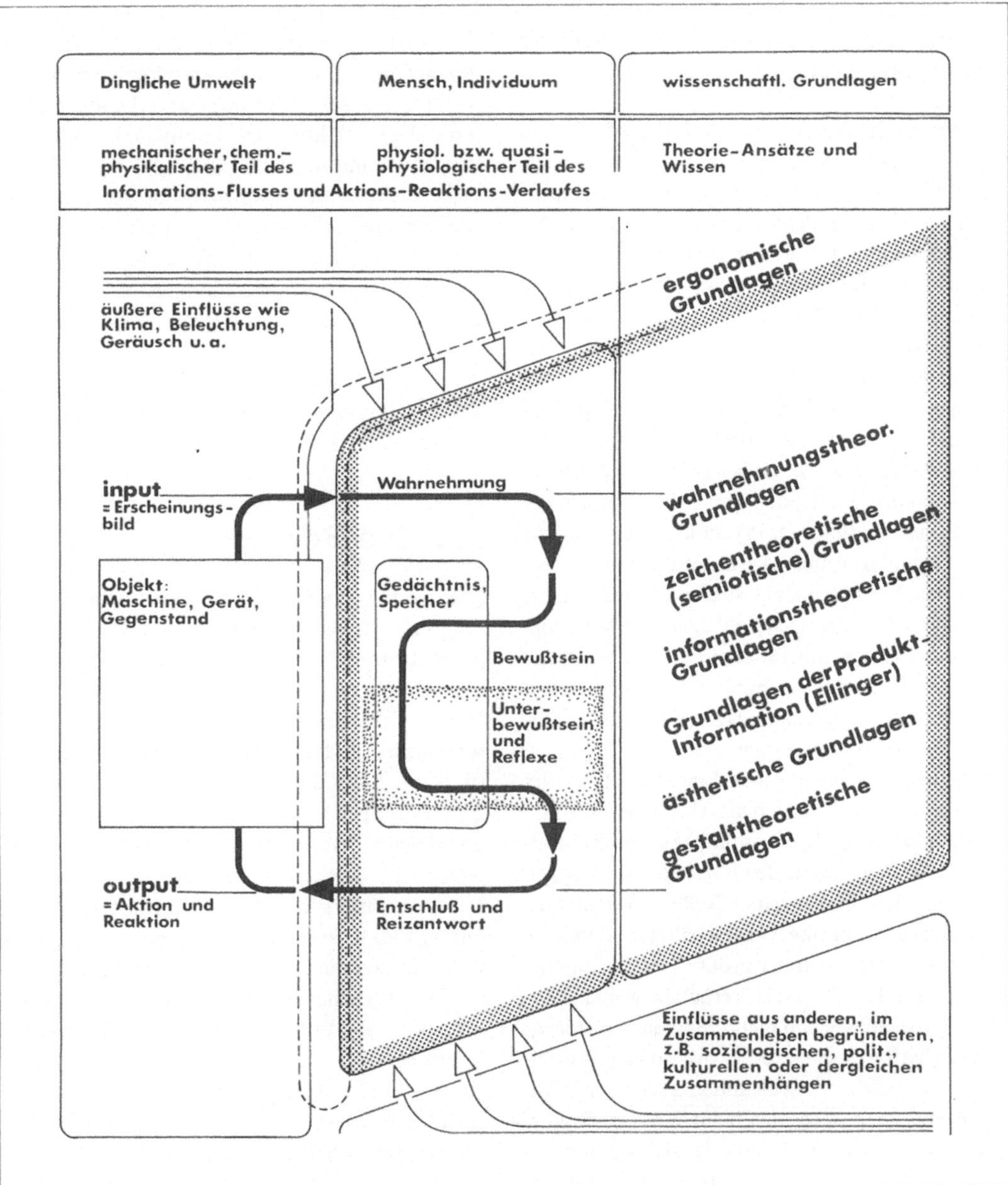

Abb. 8   Die schematische Darstellung des Modells.

tionstheorie erklärt und beschreibt Information und bezieht dazu Ergebnisse der Kybernetik, der Physiologie und der Psychologie ein.
Grundlagen der Produktinformation, nach T. Ellinger [31]. Die Produkt-Information ist nicht schlüssig in die Informationstheorie einzugliedern und wird daher im Modell getrennt aufgeführt. Sie entstammt den Wirtschaftswissenschaften. Da sie

jedoch viele Phänomene des Verhaltens insbesondere beim Kauf- und Verkaufsgeschehen aufzeigt und schlüssig interpretiert, ist sie hier von Interesse.

Ästhetische Gundlagen. Obwohl Industrial Design primär Ästhetik ist bzw. intendiert, Ästhetik den Überbau stellt – was in den vielfältigen Überschneidungen zu den anderen Grundlagen auch zum Ausdruck kommt – erfolgt im vorliegenden Zusammenhang Beschränkung auf die Grundlagen der numerischen Ästhetik. Sie gründet auf Erkenntnissen über das Verhalten, spezieller: des Empfindens – einer als Quotient formulierten Beziehung – und stellt Grundlagen für dessen qualitative und quantitative Beschreibung zur Verfügung.

Gestalttheoretische Grundlagen. Die Gestalttheorie (synonym dazu ist der Begriff Psychologie der Gestalt) ist innerhalb der Psychologie zu sehen und stellt Grundlagen über die Zusammenhänge zwischen dem Verhalten und visuellen Eindrücken zur Verfügung. Sie untersucht und deutet die Verknüpfung der Zeichen mit Inhalten, insbesondere mit Inhalten aus dem Gedächtnis, die zunächst unbewußt entstehen und damit als zum Teil fertige Vorgaben ins Bewußtsein treten.

Nach der Verarbeitung der Eingabe erfolgt der *Output* – das heißt der sich als Aktion oder als Reaktion ausdrückende Entschluß bzw. die Reizantwort – und stellt wieder den Kontakt zur Dingwelt her. Handelt es sich um einen Reflex, so erfolgt die Reizantwort ohne die vorgeschalteten Bereiche. Hier manifestiert sich der größte Teil der im vorliegenden Falle relevanten Verhaltensweisen.

Das Modell läßt sich in mehrere Ebenen gliedern: in den physiologischen respektive quasi-physiologischen Teil (da auch noch andere als nur physikalische und chemische, das heißt bioenergetische, Reaktionen einbezogen sind), der sich weitgehend ohne direkte Beeinflussung von außen abspielt. Er wird über die gegenständliche Umwelt zum Kreisprozeß geschlossen. Die gegenständliche Umwelt ist zunächst das zu betätigende Gerät und/oder der im Entwurf befindliche, zu gestaltende Gegenstand – und ist darüber hinaus die nähere und weitere, für das Individuum relevante Umgebung.

Die Naht- und Kontaktstelle ist das Aufgabengebiet der *Ergonomie.* Sie stellt das Wissen dafür zur Verfügung, wie die Wirksamkeit menschlicher Tätigkeit optimiert werden kann. Damit sind sowohl die Gestaltung der unmittelbaren Elemente des Input und des Output (Griffe, Sitze, Skalen, Anordnungen usw.) als auch die Ableitung der äußeren Einflüsse, die das Objekt umgeben (Klima, Beleuchtung, Geräusch usw.), gemeint [32].

Einflüsse aus anderen Zusammenhängen, insbesondere aus Gruppenprozessen, Zusammenhängen, die im menschlichen Zusammenleben begründet sind, soziologische, politische, ökonomische, kulturelle und andere Zusammenhänge, seien erwähnt. Sie sind jedoch nicht berücksichtigt.

1.2 Die Bewertung

„Barbaren von alters her, durch Fleiß und Wissenschaft … Denker, aber keine Menschen … bleiben gerne beim Notwendigsten, und darum ist bei ihnen auch so viel Stümperarbeit und so wenig Freies, Echterfreuliches. Doch das wäre zu verschmerzen, müßten solche Menschen nur nicht fühllos sein für alle schöne …" [33].

Hyperion spricht von „den Deutschen" und er meint deren Zweckdenken, deren „Fleiß und Wissenschaft", deren „Allberechnendes, was ihm das Leben verbittert, was ihm „jede gutgeartete Seele dumpf und harmonielos" werden läßt. Er spricht vom Utilitarismus, von der philosophischen Lehre, die im Nützlichen die Grundlage des (sittlichen) Verhaltens sieht und ideale Werte nur anerkennt, sofern sie dem einzelnen oder der Gemeinschaft nützen. Und er spricht von den Werten, die wir einem Tun zugrunde legen und deren Maßstäbe so unterschiedlich sind, wie die Menschen und Zeiten, die sie aufstellen.

Hyperions Maßstäbe, sprich: Wertungen, sind subjektiv – er zitiert die Seele und den Geist und das Erfreuliche – und der Utilitarismus als philosophische Lehre hat auch wenig Objektives, wenig Argumente, die für seine Richtigkeit stehen könnten, anzubieten. Objektives, Allberechnendes aber gerade ist es, was gesucht wird und was uns nicht nur glauben machen, was uns vielmehr wissen machen könnte, daß ein Weg nun auch der rechte sei – durchaus eine Bestätigung Hyperions.

1.2.1 Bewertungsmöglichkeiten

Industrial Design ist unmittelbar auf Menschen bezogen. Latente, nicht herzeigbare, weder dinglich noch drucktechnisch, im Ladengeschäft, beim Gebrauch, auf Messen, Prospekten oder Drucksachen sichtbare oder grundsätzlich nicht darstellbare Produkte werden nicht gestaltet. Der Bezug jeglicher Gestaltung zum Menschen ist somit deren einzige Aufgabe. Es ist hiermit ein Teilaspekt in der Formfindung vorgelegt, die dem gerecht zu werden versucht. Formfindung und insbesondere Formbegründung ist Wertung.

Im Abschnitt 1.1.5 über die Elemente des Modells wurde festgestellt, daß Wahrnehmung wertneutral erfolgt. Im unmittelbaren Anschluß daran wird aber doch eine Bewertung vorgenommen. Der Betrachter setzt ein Wahrgenommenes in Beziehung zu dem, was er bereits einmal irgendwo gesehen und entsprechend gespeichert hat. Das Gespeicherte kann Wertungen kausaler („wenn ich auf die Bremse trete, dann hält das Fahrzeug"), übereingekommener („Kartoffel schneidet man nicht mit dem Messer") oder emotionaler Art („als Opportunist kann ich dem nicht zustimmen") beinhalten. Es kann damit auch eine Schein-Wertfreiheit annehmen, um als Maßstab oder Bezugspunkt zu dienen. Das trifft vor allem dann zu, wenn ohne Zwischenschaltung eines Denkprozesses, also intuitiv – oder auch instinktiv – oder im Reflex gehandelt wird. Es kommt immer wieder vor, daß man über eine einmal gefundene Lösung nicht mehr nachzudenken gewillt ist und jede nachkommende Alternative, die aufgrund neuer Verfahren, Technologien oder Voraussetzungen entstanden sein kann, zunächst beiseite schiebt. Damit ist eine ablehnende Bewertung vollzogen.

Es erhebt sich die Frage nach einem Bewertungsmaßstab. In der Literatur sind dazu zwei Richtungen festzustellen: Bei der Gestaltfindung ist der Vorzug einer vom Produkt ausgehenden idealen Begründung zu genügen, ist die ideale beste Form

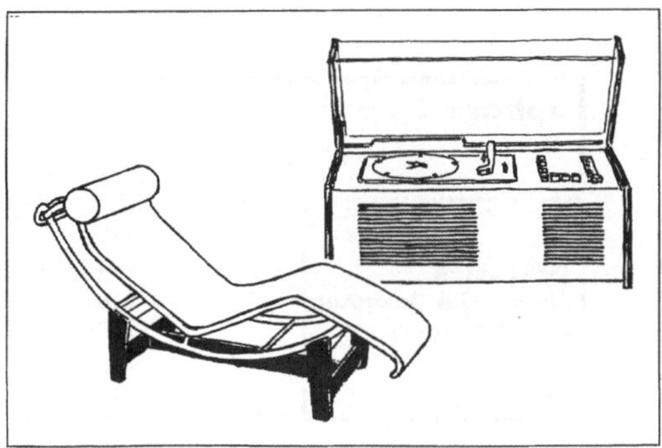

Abb. 9   2 Beispiele (von Le Corbusier und von Gugelot/Braun) für ideale Formbegründung.

zu finden, ist inhärenten Formgesetzen wie Symmetrie, Komposition, Goldener Schnitt usw. zu genügen (Abb. 9), oder es ist einem externen Gesetz zu folgen, das der Markt oder die Vertriebsabteilung oder eine andere Institution formuliert. Es wird versucht, dem Kunden, dem Publikumsgeschmack zu entsprechen, also gespeicherten Wertungen des Betrachters entgegenzukommen, um damit unserem Marktsystem mit jedem Produkt einen maximalen „Tauschwert" [34] zur Verfügung zu stellen.

Werden nun naturbedingt-automatische Verhaltensweisen in die Bewertung einbezogen, dann sind, in Teilen, beide Vorgehensweisen (Abb. 10) zu überprüfen: sowohl die, die im generativen Prozeß Gestaltung nur den Entwerfer/Industrial Designer selbst als Bezugsperson versteht, als auch der Versuch, denjenigen Menschen oder die Gruppe und deren Reaktionen und Bedürfnisse zu sehen, die als Publikum, Erwerber oder Nutzer (auch Ge-nießer) in Frage kommen [35]. Dabei ist es durchaus möglich, daß die Erwerber- und Nutznießerfunktion auch vom Gestaltenden und/oder Herstellenden eingenommen werden kann – was entsprechend erfolgreiche Beispiele belegen.

Der zweite Weg setzt einen vorgeschalteten Prozeß des Distanzierens voraus, der mit dem des Psychotherapeuten vergleichbar ist, wenn es ihm in seiner Vorbereitung für die Praxis durch geeignete Maßnahmen – zum Beispiel in einer Lehranalyse – gelingen muß, seine eigene Psyche aus den Konflikten

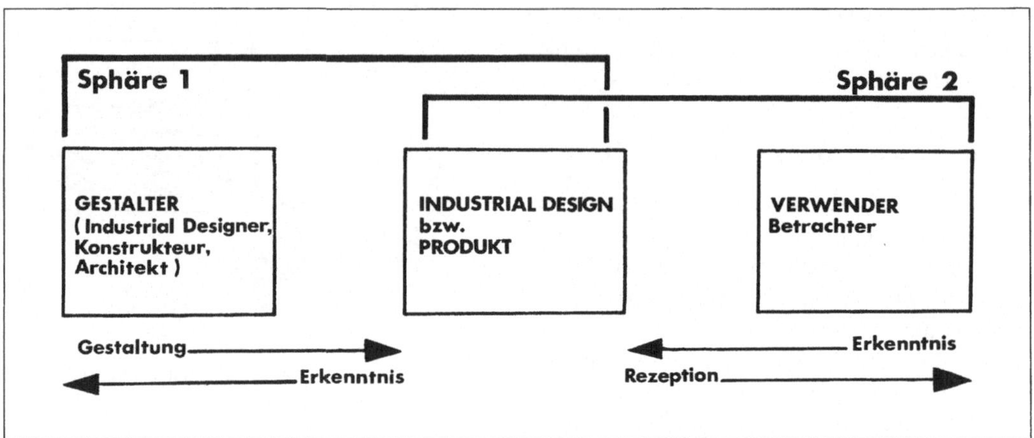

Abb. 10   Die beiden Sphären des Produktes bzw. seine Bezugspersonen Gestalter und Verwender.

der zu therapierenden Patienten zu isolieren [36], ein unter Umständen mühsamer und langwieriger Prozeß.

Im vorliegenden Zusammenhang erscheint es folgerichtig und schlüssig, von beiden aufgezeigten Wegen die ideologischen und vordergründig orientierten Momente herauszunehmen. Mit einer solchen Rückführung auf die primären, die physiologisch-psychologisch bedingten Aktionen und Reaktionen auf einen Reiz bzw. deren Beurteilung nach denselben ursprünglichen Kriterien, wird der Disput um die Intention hinfällig.

Bevor das jedoch weiter ausgeführt wird, sind im folgenden Abschnitt einige andere, grundsätzliche und auch praktizierte, Möglichkeiten dargestellt, Gestaltung in einem theoretischen Netz einzufangen bzw. einer Wertung zu unterziehen.

1.2.2 Ideologien

Die dargestellten Ideologien sind Beispiele für viele andere. Einige Ergänzungen sind auch im Abschnitt A.1, Bestandsaufnahme im Anhang zu finden.

Die Bezeichnung Ideologien ist sicherlich nicht allgemeingültig und soll zunächst die Richtung kennzeichnen, unter der die vielfältigen Bemühungen oft stehen.

Der im Anschluß daran vorgelegte Vorschlag einer Grundlegung könnte genausogut ideologisch un-

terlegt bezeichnet werden, wollte man die Tendenz zur Rationalität ganz allgemein als ideologischen Standpunkt deklarieren. Insofern wird doch ein Unterschied postuliert.

Da, chronologisch gesehen, Industrial Design zunächst Architektur war, ist auch in der Architektur der Anspruch nach einer *Form an sich* zu finden. Von der griechischen Architektur wird gesagt: „Alle Proportionen sind aus denen des menschlichen Körpers entwickelt." [37] Der goldene Schnitt war der Maßstab der Antike. Der ideale Mensch entsprach dem goldenen Schnitt, das ideale Bauwerk, zumindest das öffentliche, ebenfalls. Das Mittelalter entwickelte das „mystische Meisterdiagramm, den Maßstab der Gotik" [38].

Neben diesen beiden Beispielen gab und gibt es noch eine ganze Reihe weiterer Maßstäbe, die sich auf Proportionen, auf Teilungen, Reihenfolgen, Größen und andere Gesetzmäßigkeiten beziehen. Das wesentliche Merkmal der Form an sich ist, daß kein oder nur ein indirekter, intellektueller Bezug zwischen der Form und dem Sinn und Zweck eines Objekts hergestellt wird. Die Form wird als Plastik betrachtet, die gleichzeitig den Vorteil hat, daß sie auch noch begangen oder als Obdach benutzt werden kann.

Für Gerätschaften fand diese Anschauung ihren ausgeprägten Niederschlag in der Bewegung der holländischen „de Stijl"-Gruppe, dem sogenannten Neoplastizismus. Einer der bekanntesten Vertreter dieser Gruppe, G. Rietveld, entwarf Sessel und Stühle [39], die ausschließlich auf formalen Gesichtspunkten basieren und die für ein Sitzmöbel so entscheidenden anthropometrischen Forderungen gänzlich negierten (Abb. 11).

Einen Mittelweg zwischen der Vernachlässigung der Funktion und der Betrachtungsweise des Gerätes als künstlerische Plastik ist Möbius gegangen. Er hat zum Beispiel die Funktion einer Drehmaschine nahezu erhalten (Abb. 19), ihr aber eine Form gegeben, die zum Selbstzweck geworden ist und daher jeglicher Entwicklung hinderlich war.

Und der Versuch, das Wesen eines Produktes äußerlich in Erscheinung treten zu lassen, das Wesen, das einem Ding inhärent sei und dem ein bestimmter Ausdruck adäquat zustehe, ist eine weitere Vorstellung, wie die Form ausfallen sollte. Diese Vorstellung trägt den Namen *Funktionalismus* und wird heute am häufigsten angetroffen. Es ist gleichzeitig die, die am wenigsten darstellbar und verbal oder graphisch zu abstrahieren, zu fassen ist.

Bescheidene Zweifel an einer *Form nach Prioritäten*, mehr noch: an der absoluten Priorität der Form, äußerte Mies van der Rohe: „Ist die Form wirklich ein Ziel? Ist sie nicht vielmehr das Ergebnis eines Gestaltungsprozesses? Ist nicht der Prozeß das Wesentliche? Hat nicht eine kleine Verschiebung seiner Bedingungen ein anderes Ergebnis zur Folge? Eine andere Form?" [40]. Oder M. Heidegger: „Was das Erste sei und das Maßgebende, der Satzbau oder der Dingbau?" Der Satzbau wäre das Gesetz, das formale Gesetz, die Form, während als Dingbau wohl der Zweck zu sehen ist. Oder G. Burden: „Die Ästhetik eines Gegenstandes ist nicht so wichtig wie der Gegenstand selbst." [41].

Die Frage nach der Priorität, gleichbedeutend mit der Frage nach den festzulegenden Wertigkeiten, stand immer wieder zur Diskussion. Und sie ist heute noch nicht ausdiskutiert. Sie wurde so unterschiedlich beantwortet, daß das ganze, denkbar mögliche Spektrum darin seinen Niederschlag gefunden hat.

Was aber sind nun die Bedingungen für ein Produkt, die Bedingungen an eine Form (wenn nicht die Form selbst), die schon bei einer kleinen Verschiebung ein anderes Ergebnis zur Folge haben? Für K. Wachsmann ist es die Methodik, insbesondere die wissenschaftlich fundierte und von Rationalität durchdrungene industrielle Methode der

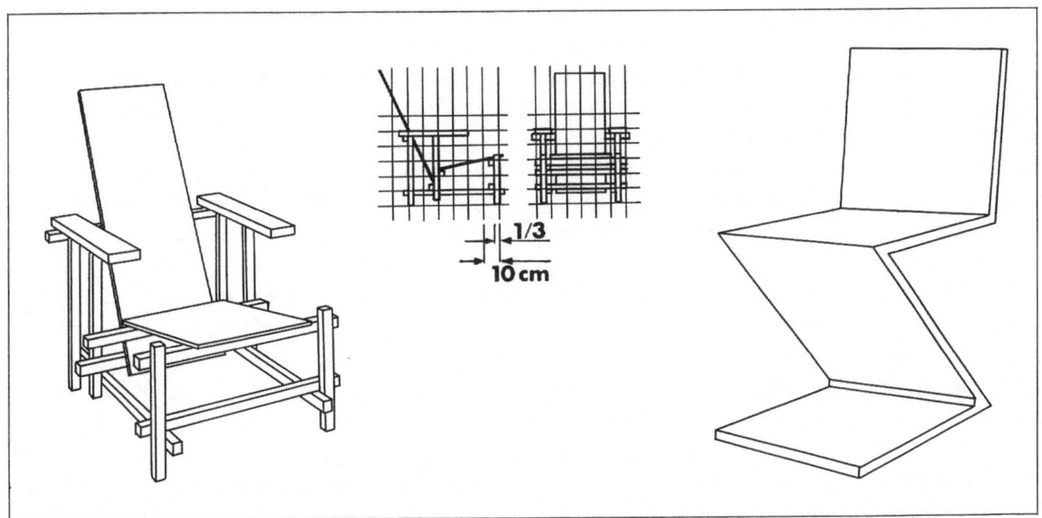

Abb. 11 Armsessel (1917) und Zick-zack-Stuhl (1935) von G. Rietveld. Die Prioritäten von Zweck und Funktion sind zugunsten der Form vernachlässigt.

Herstellung, der sich eine Gestaltung zu unterwerfen hat [42]. Erwin Braun möchte „unaufdringliche, stille Helfer und Diener …", die „eigentlich verschwinden, so wie das gute Diener in früheren Zeiten auch immer gemacht haben. Man hat sie nie bemerkt." [43]: Keine eigentliche Bedingung zwar, aber indirekt eine Forderung nach Unaufdringlichkeit und Neutralität allen Umgebungen gegenüber. U. Hansen und andere stellen fest, daß der Stil eines Unternehmens, dargestellt zu einem erheblichen Teil von den Erzeugnissen desselben, ein entscheidendes Kriterium für die Gestaltung sei, entscheidend dafür, ob man sich neutral, modern, firmenspezifisch oder anonym-durchschnittlich darstellen soll [44]. Und für T. Ellinger ist die Informationsfunktion die primäre Bedingung an das Erscheinungsbild eines Gegenstandes. Ohne die Information über die Existenz kann nicht über ein Produkt verfügt oder geurteilt werden. Ohne Information über die Art seiner Verwendung oder seiner Qualität kann das Produkt nicht verwendet werden. Und ohne die Information über seine Herkunft kann nicht repräsentiert und kann für den Hersteller nicht vermittelt werden [45].

Die Herkunftsinformation ist für Funktion, Wirtschaftlichkeit und Form eines Gegenstandes unerheblich. Für ein Industrieprodukt ist sie jedoch von entscheidender Bedeutung. Daß Produkte heute mehr darstellen als nur die Befriedigung der Grundbedürfnisse [46], da sie vielmehr Ideen als Hilfsmittel oder Ideen für einen anderen Lebensstandard, so auch für eine „ästhetische Verfeinerung und gesellschaftliche Sublimierung" [47] darstellen, so müssen „sie verbreitet werden, sie wirken nur dann, wenn man für sie wirbt, wenn andere Menschen nachhelfen …" [48] Das Produkt als Idee verstanden, als Idee zu einem Nutzen, muß, um wirksam werden zu können, verbreitet werden und verbreiten heißt werben und verkaufen.

Und nicht nur für das Produkt und für die Idee muß geworben werden, auch „das Schöne muß befördert werden, denn wenige stellen's dar und viele bedürfen's." [49]

Die Frage nach der Moral dabei formuliert T. Levitt als Vergleich zwischen Motivation und Ergebnis von Werbung und Design: „Ein Mann mit Geschmack wird wahrscheinlich die Machwerke eines Künstlers als höhere Schöpfungen anerkennen und ihnen nahezu kosmische Wirkung und Bedeutung zuschreiben. Als kultiviertes Wesen wird er es beinahe mit Sicherheit ablehnen, die gewaltige Wirkung in den Produktionen mancher Werbeleute anzuerkennen." Levitt weist weiter nach, daß Mittel und Methoden von Kunst und Werbung nahezu identisch seien und zieht daraus den Schluß: was dem einen recht, ist dem anderen billig, und: „Wenn schon die Religion verpackt, lyrisch und musisch sein muß, um bei uns anzukommen und ihr Publikum zu halten, wenn Sex parfümiert, gepudert und besprüht sein muß, um die Aufmerksamkeit auf sich zu ziehen, ist es einfach lächerlich, der Geschäftswelt nicht einen ähnlichen, aber bescheidenen Abklatsch davon zuzugestehen" [50].

Mit weniger Polemik und mehr sachlicher, auch ideeller Begründung wird an anderer Stelle von einem „segensreichen Egoismus" gesprochen, der den Gemeinnutzen meint [51].

Die mit einem Werben und Verkaufen zu erzielende Wirksamkeit hat zwei Tendenzen: das Produkt wird wirksam beim Empfänger als Gebrauchswert und es wird wirksam beim Produzenten und/oder beim Ideenproduzenten als *Tauschwert.*

Diese doppelte Wirksamkeit wird vorwiegend in der sozialkritischen Literatur der neueren Zeit [52] einseitig überzeichnet. So ist zum Beispiel für W.F. Haug „vom Tauschwertstandpunkt aus… der Gebrauchswert nur der Köder, … zwischen beiden Standpunkten ist doch ein Unterschied wie Tag und Nacht" und später, anscheinend doch etwas milder gestimmt: „In kapitalistischer Umwelt kommt dem Design eine Funktion zu, die sich mit der Funktion des Roten Kreuzes im Krieg vergleichen läßt. Es pflegt einige wenige – niemals die schlimmsten – Wunden, die der Kapitalismus schlägt. Es betreibt Gesichtspflege …" [53].

Für A. Giachi ist ganz offensichtlich, „daß der Designer, seinem heutigen Berufsbild entsprechend, nichts anderes als ein Mitarbeiter der Industrie sein kann, der zur Verkäuflichkeit ihrer Produkte beiträgt" [54], und L.B. Archer sekundiert, daß „die einzige notwendige Eigenschaft, die jedes marktfähige Erzeugnis stets aufweisen muß, der Gegenwert ist, der größer als sein ursprünglicher Wert ist" [55]. Das Landesgewerbeamt in Stuttgart, eine staatliche Stelle zur Förderung der Wirtschaft, notiert in seiner Dokumentation 59 die „Feststellung, daß die Formgestaltung nicht ein Streitobjekt unter Kunsthistorikern, Stilfanatikern und Ästheten ist, sondern daß die Diskussion im Forum der Wirtschaft geführt wird". Und vollends im Klartext sprechen die Amerikaner. So im Selbstzeugnis eines der größten amerikanischen Elektrogeräte-Konzerne: „We regard good design as a hard dollars-and-cents proposition. We have already realized substantial savings in the cost of graphics, in building and, most of all, in products. Good design makes our products look better, work better and sell better" [57].

Inwieweit derartige „Geständnisse" ethisch begründbar sind, kann und soll hier nicht diskutiert werden. Es geht lediglich um die Feststellung einer aus unserer Marktwirtschaft resultierenden und mit dieser untrennbar verbundenen Wertigkeit eines jeden Produktes, angesichts der die Einnahme einer Vogel-Strauß-Haltung zwangsläufig zu verfälschten Resultaten führt. Eine Bedingung – und der Marktwert einer Produktform ist eine Bedingung im Gestaltungsprozeß – eindeutig definiert, kann exakter dosiert und optimaler im Hinblick auf einen Gesamtnutzen realisiert werden, als wenn sie, durch Negation unberücksichtigt, von unbefugter Stelle (Werbung, Vertrieb, etc.) nachträglich und zum Schaden aller appliziert wird.

Die bloße Negation oder das verbale Aufbegehren ohne Alternativen verändern nicht das System, denn „im Gegensatz zu Wissenschaft und Technik beruft sich die Wirtschaft ihrem Wesen nach auf keinen Zivilisationsauftrag. Weder ein kommunistisches Erdölkombinat noch ein kapitalistischer Autokonzern sind in ihrer Weltmarktstrategie darauf aus, die Weltzivilisation zu fördern. Derartige Rücksichten einer Zivilisationsethik treten nicht in den Kreis ihrer sachlichen Erwägungen, Kalkulationen und Prognosen." [58].

Alternativen ohne Aufbegehren liegen auch vor. Sie werden nicht so vehement, so laut und überspitzt vorgetragen. Aber sie sind wirkungsvoll. So hat Hansen die Entlastungswirkung – von A. Gehlen als Quietismus bezeichnet – formuliert, die ein Stil als kulturelle Institution herbeiführt [59]. Auch Produkte sozialistischer Länder (Einheitskleidung, Lenin-Orden, Moskwitsch-Limousine) beinhalten einen hohen Symbolgehalt, der gesellschaftliche Abstände erhält, vertieft, vergrößert.

Vom Industriellen Honda stammt der Satz: „Man muß Geschäft mit Gewissen verbinden", eine Einsicht, die nicht so laut aber in großem Maße vorhanden ist und die M. Bense sogar als zwingend für die Zukunft sieht [60].

Haug spricht zwar davon, daß „es etwas anderes (ist), ein Ding darauf zu befragen: was nützt es? als: ist es verkaufbar? Die erste Frage entspricht dem Wesen des Gebrauchswertstandpunktes, erst im Sozialismus wird sie die gesellschaftlich entscheidende Frage. Die zweite Frage entspricht dem Wesen des Tauschwertstandpunktes." [61] Mit den an anderer Stelle aufgeführten Funktoren und anhand der Literatur über Design-Aktivitäten in sozialistischen Ländern, wäre es jedoch möglich nachzuweisen, daß eine *System-Relevanz* nicht besteht, daß Industrial Design in seinem Ergebnis an Produkten beider Gesellschaftssysteme jedoch austauschbar, somit identisch sind.

Erste Ansätze dazu lieferte G. Bonsiepe, der über seine Arbeit als Design-Entwicklungshelfer im sozialistischen Chile berichtete. Wenn sich auch die Arbeit primär und analog der Begriffsdefinition V. Papaneks, Design als technisch-imaginative und erfinderische Tätigkeit zu verstehen [62], vollzieht, so ist in den gezeigten Ergebnissen ganz eindeutig derselbe Duktus und dasselbe Mühen um die gleichen Gestaltungsprinzipien festzustellen, die das Industrial Design in unseren Breitengraden ausmachen [63]. Analoge Vergleiche wären mit den Arbeitsergebnissen zu machen, die in Periodika der sozialistischen Länder regelmäßig dargestellt werden [64].

Die Ambivalenz Gebrauchswert-Tauschwert eines Produktes und einer Produktform ist von unserer Marktwirtschaft, von unserem Gesellschaftssystem vorgegeben. In diesem Zusammenhang kann die Frage gestellt werden, ob Gestaltung ohne die

Bedingung, auch einen Tauschwert herstellen zu müssen, im hier verwendeten Sinne überhaupt möglich ist. Es wäre eine Frage an die Sozialpsychologie.

Über die Relation zwischen Tauschwert und einer Formentsprechung ist in der Literatur noch wenig untersucht worden. Die Relation läßt sich lediglich empirisch und im nachhinein ermitteln. Publikumsbefragungen und Analysen von Verkaufszahlen gewähren Aufschlüsse über bereits vorhandene Dinge – jedoch nur auf die jeweilige Gesamtheit, auf das ganze Produkt [65].

Zur Produkt- und Produktformfindung muß daher auf andere, gesicherte Kriterien zurückgegriffen werden, die indirekt eine Beziehung zum Tauschwert herstellen. Die Informationsfunktion und der Gebrauchswert wären hier zu nennen. Die Kriterien der Wahrnehmung und der Psychologie, auch der sozialpsychologischen Belange eines Erscheinungsbildes, die Relation zum Effekt – eine Bedingung sowohl ethischer Art als auch wirtschaftlicher Notwendigkeit [66] – und, ganz entscheidend, das Vermögen zur theoretischen (Entwurf, Entwicklung, Konstruktion), wirtschaftlichen (Finanzierung) und materiellen Produktion bestimmen indirekt und relativ der jeweiligen Priorität auch den Tauschwert.

Alle genannten Punkte sind aber schon im Zusammenhang mit der idealen Form genannt worden, so daß sich der Schluß aufdrängt, daß ein Unterschied der beiden Betrachtungsweisen – Form an sich, Form nach Prioritäten – nur gewollt sein kann. Gewollt heißt, als Dialektik einer Reflexion, oder auch durch Applikation von Dingen, die genau weder auf die eine noch auf die andere Art begründet und erklärt, vielmehr nur spekulativ angenommen werden können.

1.2.3 Automatismen

„Das Geeignetere ist der schärfste Gegner des nur Geeigneten [67], wenn man voraussetzt, daß etwas überhaupt geeignet ist, geeignet, eine Funktion oder einen Zweck zu erfüllen, geeignet, ein Bedürfnis zu befriedigen. Bedürfnisse sind vorhanden. Auch zu weckende Bedürfnisse müssen latent vorhanden sein, da nur Vorhandenes geweckt werden kann. Etwas, das nicht vorhanden ist bzw. nicht schläft, ist nicht zu erwecken – allenfalls zu erfinden. „Die Welt arbeitet nach den Wünschen und Bedürfnissen der Menschen in ihr." [68]

Bedürfnisse ändern sich – sowohl im Laufe der individuellen Entwicklung als auch in Abhängigkeit von der sozialen Umwelt. Sie zu strukturieren ist entsprechend schwierig. Dazu liegt jedoch eine reichhaltige Literatur vor, die sich auch mit der Relation von Bedürfnis und Bedürfnisentwicklung zur Produktumwelt beschäftigt [69].

Für die Belange der Betriebswirtschaft hat T. Ellinger die verschiedenen Arten von Bedürfnissen, beschränkt auf die in irgendeiner Form durch und mit Produktion zu befriedigende Bedürfnisse, vereinfacht eingeteilt in physiologische Bedürfnisse und in psychologische Bedürfnisse (zum Beispiel soziale, kulturelle Bedürfnisse, Nachahmungsstreben und Geltungsbedürfnis und andere) [70].

Bedürfnisse entspringen zu einem wesentlichen Teil dem Unterbewußtsein und: Bedürfnisse manifestieren sich in Verhaltensweisen. Werden sie nicht vom Intellekt rationalisiert, dann sind es unter anderen auch *die* Verhaltensweisen, die an anderer Stelle als naturbedingt-automatische Verhaltensweisen bezeichnet wurden. Im weiteren Verlauf wird jedoch dazwischen nicht mehr differenziert.

Menschliche Reaktionen wie Begeisterung, Aufnahme, Neutralität, Ablehnung und andere, hervorgerufen durch äußere, über das Auge zu empfangende Signale, erfolgen, ohne daß deren Ablauf als Automatismus beeinflußt werden kann. Er ist ebenso fest installiert wie andere, die K. Lorenz als arterhaltend sinnvolle Automatismen bezeichnet hat [71]. Es sind die Triebe Hunger, Fortpflanzung und andere. Sie sind in Form von Instinkten bekannt, die in der Tierwelt ausgeprägter, weil weniger verdrängt, überdeckt und verkümmert, als beim Menschen zu beobachten sind. Sie sind zum Teil als Sicherung dagegen anzusehen, daß durch Fehlreaktionen die Erhaltung der Art in Frage gestellt werden kann, das heißt einige von ihnen können lebensnotwendig sein.

Die Automatismen selbst sind jedoch keine starren Einrichtungen, sie können sich veränderten Umständen anpassen. Sie verändern sich in ihrer Ausprägung und in ihrer Intensität insbesondere deshalb, weil sie mit dem Willen und dem Intellekt in Grenzen beeinflußt werden können. So wird auch verhindert, daß Instinkte und sogenannte Instinkte als Ausreden für alle nur denkbaren sozialen Konflikte herangezogen werden.

„Arterhaltend sinnvoll" ist die Bewertung eines Verhaltens, eines Automatismus, die sich unmittelbar aus der biologischen Aufgabe ergibt. Für den größeren Teil der Verhaltensweisen kommen andere Bewertungen in Betracht, die die Natur vorgenommen hat. Werden Bewertungen gegeneinander relativiert, dann werden sie zu einer Rangfolge von Prioritäten.

1.2.4 Die Optimierungstendenz

„Das primäre Ansprechen auf … biologische Signale liegt, ethisch gesehen, noch diesseits von Gut und Böse" und „instinktives Verhalten ist moralisch neutral" [72], was von der Informationstheorie dadurch erhärtet wird, daß Verhaltensformen nur dann Signalcharakter annehmen können, wenn sie über gewisse Zeiträume gleichbleiben und allgemeinverständlich sind. Ihr Signalwert wäre sonst sinnlos, das Signal unverständlich. Ein Beispiel: der Signalwert Prestige einer bestimmten Automarke kann nur dann funktionieren, wenn er mehreren Personen gleichbedeutend bekannt ist. Ein Ansprechen auf das Signal ist mit einem physikalisch-mechanistischen Vorgang zu vergleichen, ist nahezu unbeeinflußbar und wertneutral. Ob und wie aber darauf reagiert wird – eventuell auch spontan und unbedacht, im Sinne von darauf hereinfallen – ist eine Frage des Intellekts.

Daß biologische Automatismen, physiologische und psychologische Bedürfnisse, Instinkte, „natürliche Neigungen nicht grundsätzlich bekämpft werden (müssen)" [73] ist eine noch nicht sehr alte Erkenntnis. Frühere Moral- und Wertnormen waren oft dadurch ausgezeichnet, daß sie im Widerspruch zu natürlichem Verhalten standen. So war der Wert einer Arbeit häufig von den Mühen bestimmt, unter denen sie zustande gebracht wurde.

„Von der Stirne heiß, rinnen muß der Schweiß" [74] ist ein Ausspruch, der das zum Ausdruck bringt. Auch die als Qualitätsbezeichnung verstandene Aufschrift „handmade", die wir auf einigen Produkten finden, gründet darin.

Für die physischen Bedürfnisse ist die Bewertung heute eindeutig an einer Entsprechung orientiert: Arbeitsgeräte werden aufgrund ergonomischer Erkenntnisse dem Menschen angepaßt, Arbeitsplätze so gestaltet, daß ein Minimum an biologischer Energie verbraucht wird. Menschengerechte Umwelt, Humanisierung der Arbeit, sind Schlagworte, unter denen diese Bestrebungen zusammengefaßt werden. Die Effizienz des Aufwandes, insbesondere des Aufwandes an menschlicher Energie, ist zum übergeordneten Maß geworden. Die Lösung mit dem geringsten Aufwand wird als beste bezeichnet. Eine Schwarz-weiß-Interpretation im Sinne von Minimierung wird dabei gelegentlich einer sinnvollen Optimierung geopfert. Die Einsicht dazu entstammt sowohl einem veränderten Verständnis von Lebensqualität als auch dem stark zugenommenen Wissen um die physiologischen und psychologischen Möglichkeiten und Grenzen des Menschen.

Im Zwischenbereich von lebendiger Materie zu toter Materie oder bei den Subsystemen der lebendigen Materie gelten nahezu die gleichen Gesetze wie bei der toten, physikalisch-chemisch zu sehenden, Materie: das Streben nach Gleichgewicht und nach Aufwandsminimierung.

Bei den beiden übrigen Funktionsbereichen eines Produktes, der technisch-physikalischen und der wirtschaftlichen Funktion, ist das Aufwandsminimum als anzustrebendes Optimum nie umstritten gewesen. Aufwandsminimum bzw. Aufwandsminimierung heißt, daß mit dem geringstmöglichen Aufwand, in der Regel an Energie, aber auch an Material, ein Maximum an Effekt erzielt wird. Im technisch-physikalischen Bereich resultiert es aus dem physikalischen Grundgesetz vom Gleichgewicht und von der Symmetrie: in einem geschlossenen System ist die Summe aller Kräfte, aller Momente gleich Null. Kommen äußere Einwirkungen hinzu, wird dieser Zustand unmittelbar wieder hergestellt.

Die im Abschnitt über das Modell aufgeführten Disziplinen sind sich weitgehend darin einig, daß die auf den Menschen bezogenen Gesetzmäßigkeiten, insbesondere seine physischen und psychischen Verhaltensweisen, durchaus den oben genannten Grundsätzen der toten Materie analog sind.

Für die Verhaltensforschung wurde dieser Grundsatz von W. Wickler als Sparsamtkeitsschaltung bezeichnet. Er verglich das mit dem Fahren des Autos, wobei der Mensch bestrebt ist, den je nach Fahrzustand sparsamsten Gang einzulegen, um damit ein Höchstmaß an Komfort und an Geschwindigkeit und ein Mindestmaß an Energieaufwand zu erzielen. In einem anderen Gang würde das Auto auch fahren, nur nicht so optimal.

Da es in beiden Fällen, der Physis und beim Beispiel Auto, wesentliche Zwischenzustände gibt, die nicht so eindeutig an einem Maximum oder Minimum orientiert sind, die aber dennoch wenig erkennbaren überflüssigen Aufwand verursachen, wird hier der Begriff des Optimums gewählt. Physische und psychische – aber auch physikalische Systeme unterliegen einer Optimierungstendenz. Das heißt, daß jedes dieser Systeme dahin tendiert, das unter den jeweiligen Bedingungen mögliche Optimum zwischen aufzubringender Leistung und zu erzielendem Effekt einzunehmen.

Als Ausnahmen davon könnten Teilaspekte verstanden werden, wie sie die Ästhetik zum Thema hat. Damit sind unter anderen die Aspekte und Erscheinungsformen gemeint, die zum Beispiel das Barock und das Rokoko lieferten, gestaltreiche und übervolle Erscheinungsbilder, bei denen Begriffe wie Sparsamkeit, Minimierung oder Optimierung kaum angebracht erscheinen. Die numerische Ästhetik versucht, diese Erscheinungen über den ästhetischen Wirkungsgrad zu relativieren. Dabei handelt es sich jedoch einerseits um Kunst oder künstlerisch ausgestaltete Gebrauchsgegenstände und andererseits um philosophische Interpretationen. Darüber hinaus ist es zur dialektischen Untersuchung immer möglich und legitim, das Optimum in Frage zu stellen und mit seinem Kontrapunkt zu konfrontieren – auch wenn sich ganze Epochen daran beteiligen.

Das ästhetische Maß wiederum, der Birkhoffsche Quotient, beruht auf der Feststellung, daß ein Gegenstand „leichter und vergnügter" zur Kenntnis genommen wird, je leichter eine in ihm stekkende Ordnung erkannt wird [75] – eine den Verhaltensweisen konforme Aussage.

Ähnliche Beispiele aus der heutigen Zeit sind die immer wieder aufkommenden, zum Teil modischen Anleihen bei vergangenen Stilepochen, sogenannte Nostalgiewellen, die aber im Sinne eines Einschwingvorganges durchaus mit der Tendenz zum Optimum verstanden werden könnten. Dabei spielt auch ein nicht unerheblicher Teil intellektueller bzw. willensbedingter Leistung eine Rolle.

1.2.5 Rationalisierung im Industrial Design

Den Erkenntnissen der Psychologie der Gestalt und mehr noch der Idee der Anwendung dieser Erkenntnisse auf die Gestaltung liegt ein Utilitarismus zugrunde, der auch in nahezu jedem anderen Zusammenhang als selbstverständlich und richtig angenommen wird. Das war nicht immer und das ist nicht in allen Gesellschaftssystemen der Fall.

Im Abschnitt über Ordnung wird festgestellt, daß der Mensch dazu neigt, die ihn umgebende Unordnung, die komplexe Vielfalt von Elementen, so zu strukturieren und zu verändern, daß Ordnung entsteht. Zweck dieser Ordnung ist, die Vielfalt zu reduzieren und überschaubar zu machen. Als logischer Schluß wird daraus und aus allen anderen, analogen und vorgestellten Erkenntnissen an späterer Stelle abgeleitet, daß ein Nachgeben dem so erwachsenen Gestaltdruck [76] die beste Lösung sei. Und unter Nachgeben ist zu verstehen, daß in den Fällen, in denen eine Ordnung, eine Struktur – um bei dem erwähnten Beispiel zu bleiben –, bereits in der Entstehung beeinflußbar und optimierbar ist, diese analog hergestellt oder – je nach Intention – gestört wird. Und das betrifft ganz grundsätzlich die Arbeit des Industrial Designers.

Aber nicht nur der Industrial Designer handelt und arbeitet nach diesem Prinzip (oder könnte nach diesem Prinzip handeln und arbeiten), sondern jeder Mensch handelt mehr oder weniger unbewußt so. Es ist das Prinzip des geringsten Widerstandes, das von R. Hamburger physiologisch so erklärt wird, daß der Widerstand im Energieaufwand besteht, den das Gehirn bei der Konfrontation mit einer ungeordneten Menge betreiben muß. R. Hamburger sagt, daß diejenige Möglichkeit, bei der im Gehirn ein Maximum an Erregungen mit einem Minimum an Energieaufwand erfaßt werden kann, zu einer Einheit zusammengeschlossen und realisiert wird [77]. Und gerade diese Trägheit könnte Anlaß zur Kritik und Anlaß zum Zweifel an der Richtigkeit der obigen Aussage geben. Denn nicht immer war das Bequemste und das Einfachste auch gleichzeitig das Anzustrebende.

In der freien Marktwirtschaft wird *ein* Zweck (von mehreren) eines Gegenstandes in seiner Verkaufsfähigkeit gesehen. Verkaufsfähigkeit hat ein Gegenstand dann, wenn er der Verbrauchervorstellung in irgend einer Form nahekommt, einer Vielzahl von Verbrauchern mit relativ geringem Widerstand – gemeint ist primär ein emotional-intellektueller Widerstand – entgegenkommt. Ein die Sinne ansprechender, ein Interesse erweckender, eine gewünschte Funktion erfüllender, ein latentes Bedürfnis befriedigender Gegenstand leistet so gesehen geringsten Widerstand. Und im sozialistischen Gesellschaftssystem nennt W. F. Haug die „gesellschaftlich entscheidende Frage" an ein Ding: „was nützt es" [78]. Also auch eine Zweckorientierung – zwar mit anderem Schwerpunkt, aber rational. Die beiden zur Zeit entscheidenden Gesellschaftssysteme sind somit, und auf einen für den vorliegenden Zweck recht einfachen gemeinsamen Nenner gebracht, in dieser Frage einhelliger Meinung. Auf eine weitere Differenzierung, insbesondere auch eine Darstellung anderer Sichtweisen, die bekannt sind, wird an dieser Stelle verzichtet.

Das außerdem und möglicherweise für oder gegen eine so verstandene Einstellung sprechende Moment der Ethik – ebenfalls zeitabhängigen Wandlungen unterworfen – soll ebenfalls unberücksichtigt bleiben. Es werden im folgenden vielmehr die rationalisierende Determinante und das Bedürfnis nach Stabilität weiter untersucht:

Die rationalisierende Determinante: Industrial Design ist als eine auf technisch-funktionale Produkte bezogene Aktivität definiert, und primärer Sinn eines derartigen Produktes ist seine Zweckbezogenheit. M. Bense sieht in der Zweckbezogenheit die einzige Unterscheidung eines Designobjektes von einem Kunstobjekt [79].

Zweck ist eine rationale Determinante. Es wäre nur sinnvoll, auch eine Gestaltung dem unterzuordnen und sie rational auszurichten. Neben der so vom Produkt oder von der Vergegenständlichung abgeleiteten Orientierung ist auch eine Orientierung bekannt, die von produktunabhängigen Vorgaben, insbesondere von der Kunst, beeinflußt wird. Diese wäre dann emotional, den Geist ansprechend und/oder intuitiv, sie wäre auf die Sinne ausgerichtet.

Bei allen „poetischen Konzeptionen", Disziplinen, die zunächst und in ihren Ursprüngen unmittelbar, anschaulich und sinnlich orientiert sind, zeigt sich im Laufe ihrer Entwicklung eine Neigung und eine Tendenz zur Entsinnlichung und zur Rationalisierung. Dieser Rationalisierungstendenz sind nach A. Gehlen alle geistig schöpferischen Disziplinen und alle kulturellen Bereiche ausgesetzt. Er belegt das mit den Beispielen der Physik, der Politik, der Psychoanalyse, der Volkswirtschaftslehre, der Poesie, der Kunst und anderer „künstlerischer und wissenschaftlicher Spitzenpositionen", die ihrer Anschaulichkeit und der Intuition mehr und mehr zugunsten codierbarer und quantifizierbarer Grundlagen entsagen müßten [80].

Und mit der Einführung der quantifizierbaren Grundlagen taucht wiederum das der Rationalität stets folgende Moment des Optimums und insbesondere des ökonomischen Optimums und das zweite Moment, das Bedürfnis nach Stabilität, auf: Mit der Ökonomie der Mittel, sowohl der materiellen als auch der immateriellen Mittel, zum Beispiel des Energieaufwandes des Gehirns, unmittelbar in Zusammenhang steht die Stabilität und Sicherheit eines Wertes – gemeint ist der gestaltete Wert oder der Wert des Gestalteten. Ein Kunstobjekt ist ein Unikat und bleibt in der Regel ein Unikat. Es wäre daher nicht notwendig, daß es eine bestimmte große Zahl von Menschen erreicht und anspricht, an die es verkauft werden könnte. Hinzu kommt, daß „das von den Künstlern provozierte Erlebnis selbst ja unstabil ist, es ist eine Erregungsmasse, die, wie die Physiker sagen würden, nach einer bestimmten Halbwertszeit zerfällt, und dieser Flüchtigkeit des Effektes würde eine allzugroße Sorgfalt seiner Vorbereitung nicht angemessen sein" [81].

Sicherlich meinte A. Gehlen damit das vom individuellen Betrachter empfundene Erlebnis beim Anblick des Kunstwerkes. Und wie die Halbwertszeit in der Physik von Sekundenbruchteilen bis zu Jahrtausenden reichen kann, wird die Halbwertszeit des Erlebnisses des Individuums gegenüber einem visuellen Erscheinungsbild von Augenblikken bis zu einem ganzen bewußten Leben währen können. Das Kunstwerk selbst und seine Wertschätzung jedoch gewinnen irgendwann Eigenständigkeit und Unabhängigkeit von individueller Zuordnung.

Einem Designobjekt jedoch dürfte aus Gründen der Wirtschaftlichkeit und sicheren Funktionsfähigkeit eine derartige Halbwertszeit und Flüchtigkeit im Kurzzeitbereich nicht anhaften – obwohl auch hier bei bestimmten Produktgruppen gezielt anders verfahren wird. Eine Vorbereitung muß entsprechend fundiert, die angewandten Mittel und Methoden, zum Beispiel die der Psychologie der Gestalt, müssen in ihren Wirkungen und Ergebnissen so weit wie möglich rational und reproduzierbar sein.

Intuitives, naturbedingt-vorgegebenes Verhalten, das mehr oder weniger bewußt in Gestaltung eingeht, wird im weiteren Verlauf näher untersucht. Die Erkennung und Klärung sind erste Schritte zum bewußten Einsatz, insofern ist die Rationalisierungstendenz hier bestätigt.

A. Gehlen hat sie als Soziologe unabhängig von der Disziplin formuliert. Von dem und für das Industrial Design wird sie seit Ende der zwanziger Jahre (das ist die Zeit des Bauhauses) gefordert und mit Beginn der sechziger Jahre mit einiger Konsequenz praktiziert [82]. Diese Entwicklung, die mit Namen wie Funktionalismus, Ulmer Stil

(abgeleitet aus den Aktivitäten der Hochschule für Gestaltung in Ulm, 1953 bis 1968), technischer Rationalismus und anderen gekennzeichnet wird, hat unübersehbare Bedeutung erlangt. Die augenblickliche Gegenströmung zu mehr Formenreichtum und sinnlichem Erleben könnte als Rückwirkung daraus interpretiert werden. Ein entsprechender Nachweis wäre allerdings gelegentlich notwendig. Ihre Beständigkeit bleibt abzuwarten.

Bewußte und unbewußte Gestaltung, rationale und nicht rationale Gestaltung implizieren eine Gesamtsumme „Gestaltung", eine Gestaltungstiefe. Die Verschiebung des einen könnte zu Lasten des anderen gehen. Im nachfolgenden Kapitel wird eine Darstellung dieser Abhängigkeiten und die Definition des formalen Freiheitsgrades vorgelegt.

1.3 Der formale Freiheitsgrad

Kein technisch und künstlich hergestellter Gegenstand ist in allen seinen Einzelheiten eindeutig bestimmt – weder funktional noch wirtschaftlich noch gebrauchsbezogen. Viele Details der Form, der Oberflächen oder des Materials werden berechnet, empirisch gefunden und optimiert oder durch die Art der Herstellung vorgegeben.

Dazwischen aber bleiben Freiflächen, bleibt Unbestimmtes, das der Konstrukteur aufgrund seiner Erfahrung, aufgrund bisheriger Gepflogenheiten oder Gewohnheiten oder aber aufgrund seines Gefühls – was immer man darunter auch verstehen mag – ausfüllt und festlegt.

Häufig wird die Entscheidung, eine so geartete Freiheit zu fixieren, pragmatisch oder banal-pragmatisch umgangen: „Am Anfang war die Mittellinie", eine vielgehörte Lebenshilfe in Konstruktionsbüros, könnte die Vorliebe für Symmetrien erklären, die bei jeweils 15° einrastende Teilung des Teilkopfes der Zeichenmaschine die Vorliebe für 15°-Teilungen. Manchmal sind es auch Vorbilder der persönlichen Umwelt, die mitbestimmend wirken, in der Mehrzahl jedoch dürfte der Zufall für die entsprechende Entscheidung verantwortlich sein.

Nur die Tatsache, daß ein hergestellter Gegenstand nicht in allen seinen Einzelheiten eindeutig bestimmt ist, daß dem Gestalter, Konstrukteur, Entwerfer an einigen Stellen die Möglichkeit offensteht, zwischen verschiedenen Ausführungen zu wählen, konnte ihm den Vorwurf einbringen, auch häßliche Produkte gemacht zu haben [83]. Häßlichkeit ist eine Wertigkeit, damit relativ, und impliziert die Möglichkeit der Alternative. So sind denn auch wenig Zweifel darüber bekannt, daß „die Form, sei es als Stil oder als Mode, stets einen von der reinen Technizität unabhängigen Freiheitsgrad besitzt" [84].

Mehr noch, Ph. Rosenthal schreibt im Vorwort eines Buches über Gute Industrieform vom „kreativen Funken, den jedes hervorragende Design kaum weniger als jedes Kunstwerk beinhaltet", ist aber gleichzeitig davon überzeugt, daß der dafür zur Verfügung gestellte Freiheitsgrad unterschiedlich bemessen, daß „der Raum für den ästhetischen Schöpfungsakt bei einer Lokomotive kleiner als bei einer Porzellanvase" ist [85].

Das Thema des formalen Freiheitsgrades, des je nach Produkttyp und je nach Produktgruppe unterschiedlich groß anzutreffenden formalen Freiheitsgrades, ist in der Literatur recht häufig zu finden. Oft wird er nur festgestellt. W. Braun-Feldweg jedoch sieht eine Möglichkeit, ihn zu einer Klassifizierung der Produkte relativ zu ihrer Gestaltung oder Gestaltungsmöglichkeit heranzuziehen und damit gleichzeitig die bisherigen, recht willkürlichen, Klassifikationen (Industrieform, Manufakturform u.a.), wie sie manchmal noch anzutreffen sind, in Frage zu stellen [86].

L.C. Kalff und K. Sanders füllen die Lücke mit einer mehr oder weniger subjektiven Zuordnung von Gegenständen – allerdings weniger im Hinblick auf deren formalen Freiheitsgrad (relativ zu formaler Gebundenheit), als mehr auf deren Gebrauchszuordnung individuell oder kollektiv [87]. Beide Tendenzen laufen aber nahezu parallel, so daß damit auch eine Aussage über den formalen Freiheitsgrad vorliegt.

Auf diesen Arbeiten aufbauend und insbesondere die Darstellungsweise von W. Seydel verwendend (Abb. 12) [88] ist ein Schema vorzustellen, das eine Darstellung des formalen Freiheitsgrades relativ zur Produktart – allerdings auch nur analog – in übersichtlicher Form gestattet.

1.3.1 Die Parameter

Eine Turbinenschaufel oder der einzelne Magnetkern eines Magnetspeichers sind Beispiele für den unteren Extremfall der Aussage, daß alle gemachten Gegenstände einen formalen Freiheitsgrad aufzuweisen haben. Er ist hierbei so weit zusammengeschrumpft, daß man ihn zunächst gänzlich in Frage stellen könnte, er ist aber vorhanden.

Es ist anzunehmen, daß die Geometrie beider Beispiele keine Alternativen einräumen – und damit die Infragestellung des formalen Freiheitsgrades

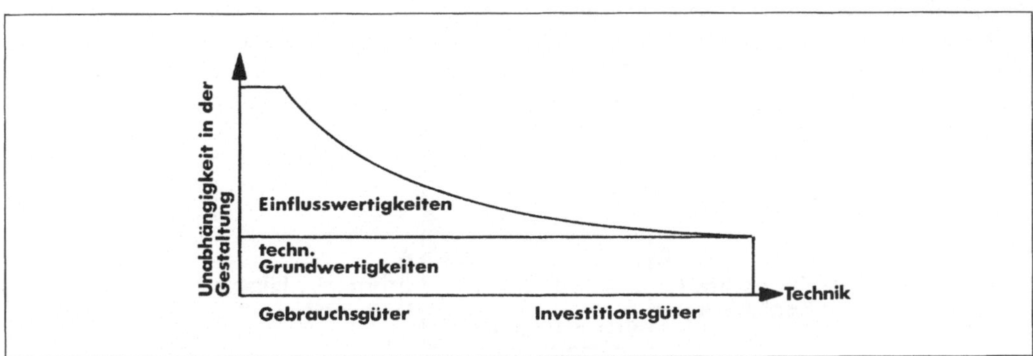

Abb. 12 Die Beziehung von technischen Grundwertigkeiten zur Gestaltungs-Möglichkeit an den verschiedenen Produkt-Gruppen (nach Seydel).

implizieren. Wenn die Freiheit der Wahl zwischen Alternativen aber nicht in der Geometrie vorhanden ist, dann ist sie in der jeweils davorliegenden Stufe der Genese anzutreffen: in der letzten Auswahl der Dichte des Werkstoffes oder in der Teilung einer Gesamtzahl in die Einzelelemente oder im Auf- oder Abrunden einer Berechnung, im Entscheid für den Faktor X trotz des Bewußtseins, daß X + 0,1 auch noch hätte richtig sein können.

Der formale Freiheitsgrad dieser Art von Produkten ist somit verschwindend klein. Ihr Wesen, ihr Erscheinungsbild, ihre Dimensionen, Proportionen und anderen dreidimensionalen Charakteristika sind technisch bestimmt. Ihre in der Regel physikalisch-chemischen Funktionen erfordern dies zwingend.

Das Gegenstück zum obengenannten formalen Freiheitsgrad mit $\lim \to 0$ stellt der Grenzfall formaler Freiheitsgrad $\lim \to \infty$ dar. Bei einem Schmuckstück sind die technischen Voraussetzungen so weit in den Hintergrund getreten, daß sie selbstverständliche Größen geworden sind, denen man keinerlei Beachtung zu schenken hat. Ähnlich verhält es sich bei einem Kunstwerk, bei Nippes oder bei Dekorationen. Ausschlaggebend für Qualität und für den Nutzen sind die künstlerische, formale oder modische Gestaltung, ist das Ausfüllen des formalen Freiheitsgrades.

Beiden Grenzfällen ist gemeinsam, daß sie *Grundwertigkeiten* erfüllen. Grundwertigkeiten sind die rechnerischen Vorgaben, die funktionalen Erfordernisse, die Versuchsresultate und die Ergebnisse der Optimierungsverfahren. Für den ersten Grenzfall bestimmen sie nahezu 100% die Gestalt des Gegenstandes. Für den zweiten Grenzfall bestimmen sie lediglich die Tatsache der dinglichen Anwesenheit, der Herstellbarkeit und (bedingt) der zeitlichen Beständigkeit. So muß das als Beispiel genannte Schmuckstück herstellbar sein, es muß über eine gewisse Zeit beständig sein und es muß insofern eine mechanische Funktion erfüllen, als es einem menschlichen Maß, einem Finger oder Arm, metrisch passend zugeordnet und an diesem lösbar zu befestigen sein sollte. Relativ zum Gesamtwert sind diese Grundwertigkeiten jedoch sekundär und gering (Abb. 13).

Jeder Gegenstand erfüllt derartige Grundwertigkeiten. Sie sind technisch bedingt und werden im folgenden als technische Grundwertigkeiten bezeichnet. Und: der formale Freiheitsgrad ist ein Verhältnis relativ zur technischen Grundwertigkeit des jeweiligen Falles.

Wird ein Gegenstand nur einmal hergestellt, das heißt einmal für einen vorher und genau bekannten Zweck oder Menschen oder aber einmal aus einer situationsgebundenen – künstlerischen, politischen etc. – Intention heraus, dann hat sein formaler Freiheitsgrad ein genau fixiertes Maß angenommen. Eine absolute, metrische Fixierung kann damit jedoch nicht gemeint sein, da der formale Freiheitsgrad einerseits erst in dem Augenblick entsteht und offensichtlich wird, in dem er ausgefüllt werden soll, und da andererseits eine Meßmethode dafür nicht bekannt ist. Wenn also zum Beispiel ein Gestalter bei der Herstellung eines Tonkruges oder einer Vase, somit eines Unikates, mit seiner Aussage um ein erhebliches, aber eindeutig bestimmtes, von ihm eindeutig bestimmtes, Maß über die Bedeutung Krug oder Vase hinausgeht – man denke zum Beispiel an Picasso [89] –, dann hat nur er, nur in dem Augenblick, nur in diesem Falle und nur dieses bestimmte Maß eines formalen

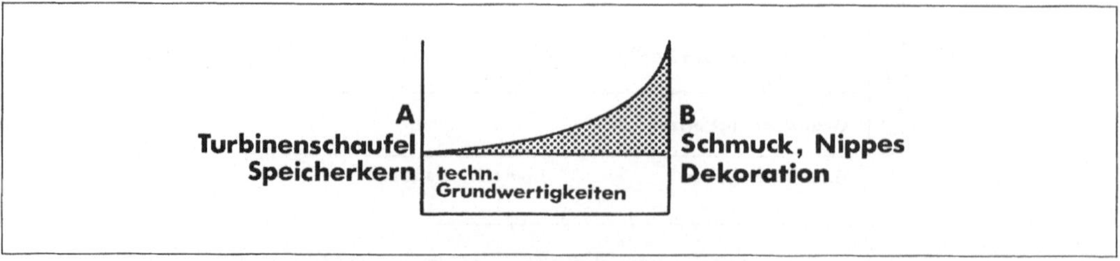

Abb. 13   Beispiele für die beiden Grenzwerte des formalen Freiheitsgrades.

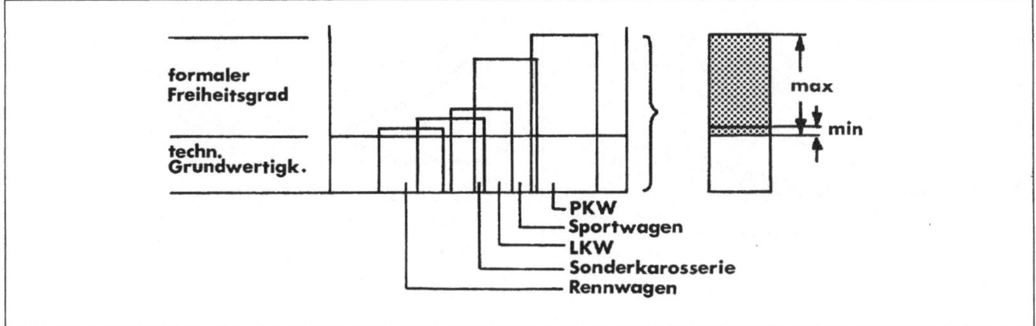

Abb. 14   Beispiele für die Stückzahl-Varianz.

Freiheitsgrades festgelegt und gleichzeitig ausgefüllt.

Anders verhält es sich bei Serienerzeugnissen. Die Absicht der Herstellung und der bzw. die Auftraggeber sind bei der Reproduktion über die Zahl Eins hinaus anders und unbestimmter. Die Intention zielt dann primär auf eine nicht genau bekannte Anzahl von Benutzern oder Auftraggebern. Das wiederum impliziert die Möglichkeit, daß auch die anschließende Interpretation durch mehr als einen Interpreten (Benutzer/Auftraggeber) unterschiedlich ausfällt. Das Maß dieser als *Varianz* bezeichneten Veränderbarkeit, das heißt die Relation der Varianz zur Grundwertigkeit wird daher um so größer, je größer die Stückzahl ein und desselben, man muß nun sagen: Gebrauchsgutes, wird und/oder je größer der Kreis der anzusprechenden bzw. der interessierten Personen wird. Die Einschränkung Gebrauchsgut deshalb, weil eine ganze Reihe von Gegenständen – in großen Stückzahlen produziert – als Sekundärgegenstände, zum Beispiel als Schrauben, Niete, Zahnräder usw. innerhalb von Gebrauchsgütern in die Latenz verschwinden und in der Beziehung Mensch–Produkt nur noch geringe Bedeutung haben (Abb. 14).

Ein Beispiel: Ein Schmuckstück, als Unikat für eine bestimmte Person hergestellt, hat einen geringeren formalen Freiheitsgrad als für eine unbestimmte Person hergestellt. Dieses wiederum erhebt einen höheren Anspruch an die Erfüllung spezifischer Bedingungen als seine Reproduktion in Großserie.

Jede Varianz hat Grenzwerte, so daß für den formalen Freiheitsgrad ein oberer und ein unterer Grenzwert festgestellt werden kann.

Wird nun ein Gebrauchsgegenstand zwar in großen Mengen produziert, dann aber nur individuell verwendet, dann ist der Anspruch an die optimale Ausfüllung des formalen Freiheitsgrades – zumindest in einem weiten Bereich der Gebrauchsgegenstände – an der oberen Varianzgrenze zu suchen. Ein nur nachlässig gestaltetes Schmuckstück – nachlässig in Bezug auf die Ausführungsqualität, die formale Qualität, den Grad der Eigenwilligkeit oder der Innovation – oder ein nachlässig gestalteter Rasierapparat, ein nachlässig gestaltetes Kleidungsstück (Großserienerzeugnisse für den individuellen Gebrauch) haben weniger Aussich auf Akzeptanz und Marktbeständigkeit als Gegenstände, die mehr kollektive Verwendung finden. Die formalen Ansprüche an einen privaten PKW sind höher als an ein Firmenfahrzeug, das von verschiedenen Menschen abwechselnd gefahren wird, die an eine Armbanduhr höher als die an eine Bahnhofsuhr.

In der theoretischen Ausgangssituation können die formalen Freiheitsgrade der Bahnhofsuhr mit denen der Armbanduhr gleich sein. Da sie im ersten Falle jedoch weder gefordert noch genutzt werden, sind sie auch nicht gleichermaßen wirksam. Es kann also festgehalten werden, daß mit zunehmendem individuellen Gebrauch die Größe des formalen Freiheitsgrades und dessen Erfüllungsgrad zur oberen Varianzgrenze hin tendieren (Abb. 15).

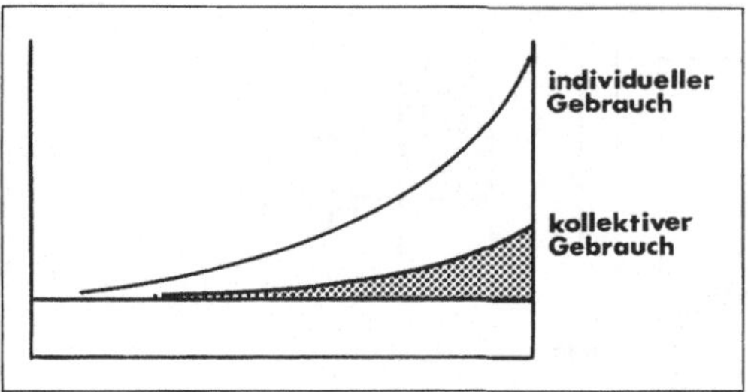

Abb. 15   Grenzwerte der Verwender-Varianz.

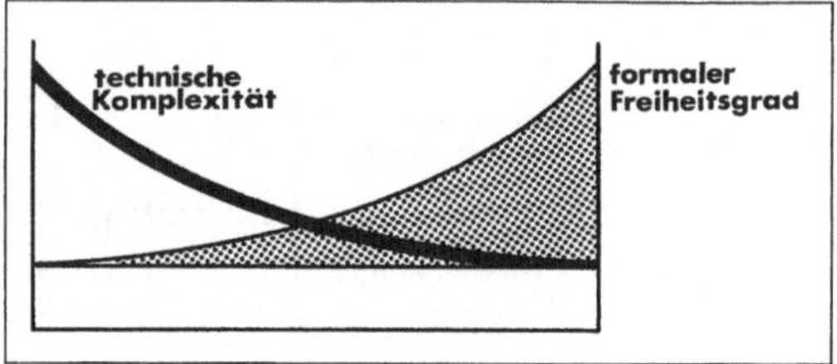

Abb. 16   Beziehung von technischer Komplexität zum formalen Freiheitsgrad.

Es wurde festgestellt, daß der formale Freiheitsgrad, respektive sein Umfang, am Beispiel Tonkrug, vom Künstler im Augenblick der Ausführung und entsprechend der augenblicklichen Intention, der bewußten oder der unbewußten Intention, bestimmt wird. Die gleiche intuitive Entstehung wäre auch bei technisch hergestellten Gebrauchsgütern denkbar. Bei bestimmten Möbelstücken, bei Automobilen (bedingt), bei Textilien, Urlaubsmode oder bei Kunstgewerbe findet man dafür ausreichende Bestätigung. Einschränkungen sind gering, es wird entworfen, produziert, verkauft und analog konsumiert: „erlaubt ist, was gefällt".

Sind jedoch Restriktionen durch das wirtschaftliche Risiko, durch die Gebrauchsfunktion, durch einen notwendigen hohen Aufwand, durch technische Gegebenheiten, durch eine geforderte Neutralität, ein Image, eine Umgebung, ein Prestige oder durch andere Gegebenheiten vorhanden oder zu erwarten, dann kann das Maß des formalen Freiheitsgrades nicht mehr beliebig festgelegt werden.

Als weitere Orientierung wird festgestellt, daß der formale Freiheitsgrad in unmittelbarem Zusammenhang mit der *Komplexität* eines Gegenstandes steht und zwar in umgekehrtem Maße. Je einfacher ein Gegenstand in der Summe seiner Anforderungen wird, desto höher ist der formale Freiheitsgrad (Abb. 16). Diese Orientierung kann nur sehr allgemein sein, da Ausnahmen in großer Zahl anzuführen sind. Außerdem ist für Komplexität eine relativ umfassende Definition verwendet, die über den technischen Gegenstand hinausgeht: „Die Komplexität ist ein Maß der Schwierigkeit, die ein Beobachter bei der Analyse der Struktur eines Organismus zu meistern hat. Es gibt ebenso viele Strukturen wie Gesichtspunkte zur Betrachtung des Objektes" [90]. Dabei ist für den Nachbarbegriff Kompliziertheit zu unterscheiden, daß „die Kompliziertheit eines Systems ... sich auf die Zahl unterschiedlicher Elemente, die Komplexität auf die Art und Zahl der zwischen den Elementen bestehenden Relationen" bezieht [91]. Hier ist anzumerken, daß die genannte Definition eine Mischung aus technischer und ästhetischer Komplexität betrifft. Für eine genaue Differenzierung der Abhängigkeit müßte hier ebenfalls präziser vorgegangen werden.

Darüber hinaus erscheint die Komplexität als Orientierung eine exakter festzulegende Größe als etwa die Unterscheidung zwischen Investitionsgütern und Gebrauchsgütern.

Die drei Abhängigkeiten: Grundfunktion, Varianz und Komplexität können in einem Diagramm dargestellt werden, das die Zuordnung aller Artefakte relativ zu einem gegebenen oder gewünschten formalen Freiheitsgrade gestattet (Abb. 17).

1.3.2 Zum Funktionsbegriff

Der formale Freiheitsgrad ist eine Voraussetzung für die im folgenden zu beschreibenden Gestaltungselemente und Gestaltungskriterien. Ihn mit diesen Elementen, das heißt rationalen Mitteln teilweise auszufüllen, kann auch als Erweiterung der technischen Grundwertigkeiten, oder als Erweiterung des Funktionsbegriffes verstanden werden. Die technischen Grundwertigkeiten sind – siehe oben – die vom Gegenstand zu erfüllenden

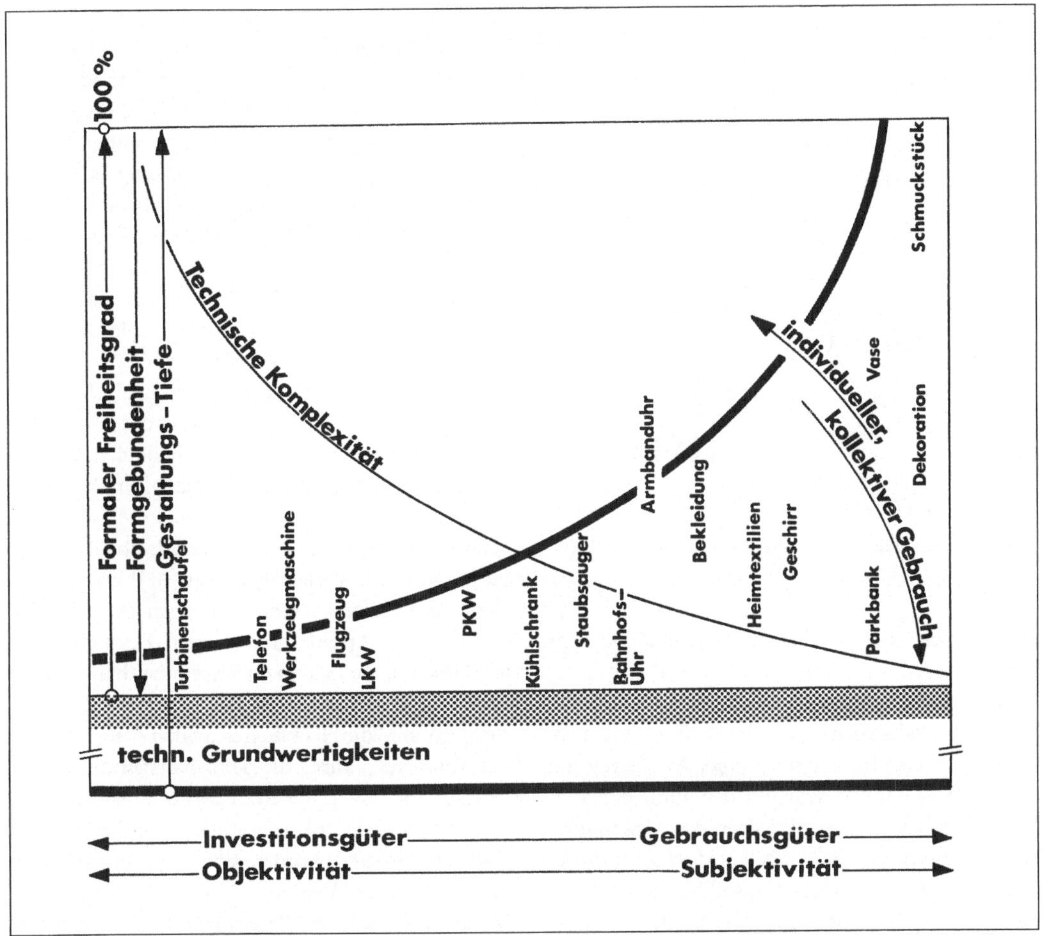

Abb. 17   Gesamtdarstellung der Parameter des formalen Freiheitsgrades.

technischen Funktionen. Die Befriedigung eines irrationalen Momentes, etwa durch Gestaltung, Schmuck, Dekoration, wird allgemein in diesem Sinne nicht als Funktionserfüllung aufgefaßt.

Würde der Funktionsbegriff durch Übereinkunft jedoch dahingehend erweitert werden, dann würde „... die Funktion als die Gesamtheit der materiellen, psychologischen, praktischen und hedonistischen Eigenschaften zu sehen (sein), so daß die Unterscheidung zwischen dem Schönen und dem Nützlichen viel von ihrer absoluten Gültigkeit" verlieren könnte [92].

Darüber hinaus könnten diese technischen Funktionen im Zusammenhang mit den Gestaltungselementen und Gestaltungskriterien zu Lasten des formalen Freiheitsgrades erweitert werden. Das Attribut technisch wäre dann allerdings durch ein anderes zu ersetzen.

1.3.3 Der intellektuelle Anspruch

Zu dem Beispiel des Tonkruges wurde gesagt, daß das Maß des formalen Freiheitsgrades erst in dem Moment feststellbar wird, in dem es ausgefüllt ist, daß die Intention dazu zwar schon zu Beginn der Arbeit vorhanden ist, daß ihr tatsächlicher Um-

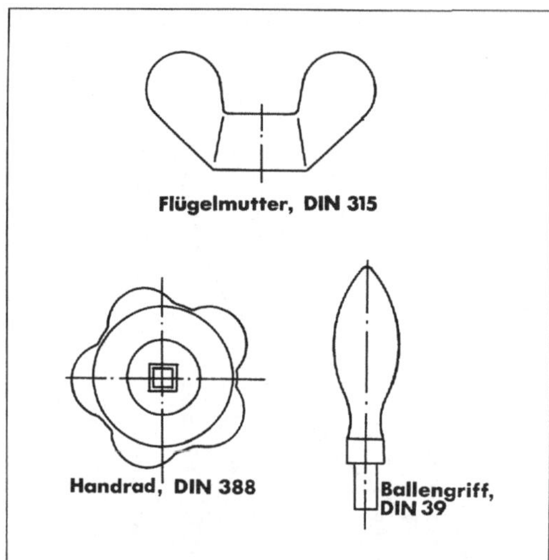

Abb. 18   Beispiele von Reißformen, die in den DIN-Normen zu finden sind.

Eine Reißform entsteht durch die Benutzung des Reißzeuges, zum Beispiel mit Zirkel und Lineal, im Zeichnungsriß, in der Regel in Grund-, Auf- und Seitenriß, wenn keine sachlichen, im zu entwerfenden Gegenstand begründeten, anderen Vorgaben vorhanden sind. Das Reißzeug liefert die sogenannten harten Konturen und bei der Arbeit nur im Riß, in der Fläche werden die Gesetze der dritten Dimension vernachlässigt. Die bekanntesten Beispiele für Reißformen sind in den DIN-Normen zu finden: Flügelmutter nach DIN 315, Handräder nach DIN 388, 950, 951, 3220, Ballengriffe nach DIN 39, Kegelgriffe nach DIN 99, Schmierköpfe nach DIN 3403 und andere (Abb. 18). Ist jedoch zur theoretischen Möglichkeit auch eine Absicht zur Ausfüllung des formalen Freiheitsgrades gegeben, fehlt aber der intellektuell-theoretische Zusammenhang respektive Überbau zu dem zu gestaltenden Objekt einerseits und zu der Absicht andererseits, dann entstehen Maschinen-Skulpturen, Applikationen von Formgebilden auf Objekte, die in keinem Zusammenhang zueinander stehen. Hier spricht man dann von Styling. Beispiele sind die Heckflossen an den Automobilen der fünfziger Jahre, die Haushaltsgeräte, deren Formen Geschwindigkeit ausdrücken sollten und Einzelstücke aus dem Maschinenbau, die künstlerisch überarbeitet worden sind, wie zum Beispiel die Gildemeister-Drehmaschine (Abb. 19).

fang jedoch erst mit ihrem Abschluß sichtbar wird.

Was geschieht nun, wenn ein formaler Freiheitsgrad theoretisch vorhanden, das heißt möglich ist, wenn aber keine Intention zu seiner Ausgestaltung existiert? Es handelt sich um den Fall, der zum Beispiel in bestimmten Bereichen des Maschinenbaus alltäglich ist. Es entstehen dort Zufallsformen und Zufallserscheinungsbilder und deren Spielarten, die als Reißformen bezeichnet werden.

M. Bense schreibt zu diesem Problem – allerdings im Hinblick auf die Entstehung eines Kunstwerkes,

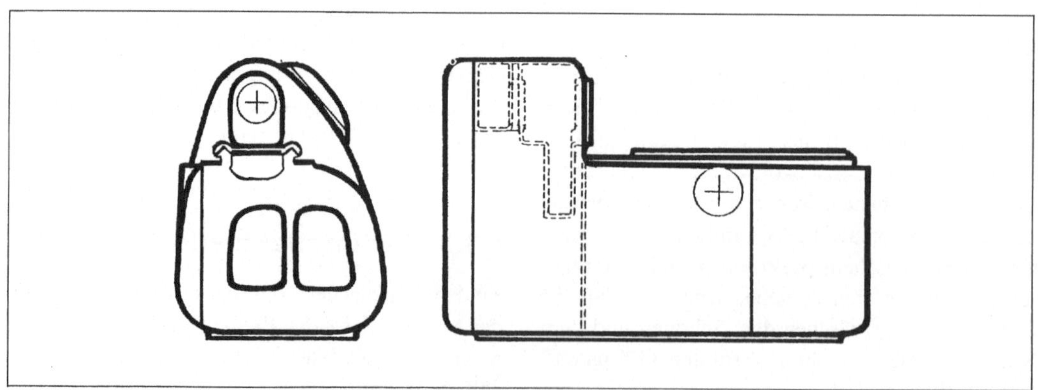

Abb. 19   Auf- und Seitenriß der Gildemeister-Drehmaschine.

und daher vielleicht auch auf Designobjekte übertragbar: „Festzuhalten ist in diesem Zusammenhang auch, daß Kunst, vom Standpunkt ihrer Realisation aus betrachtet, zweifellos vorwiegend eine Angelegenheit des Intellekts, weniger der Emotion ist, und es scheint, daß Kunst für die Interessen des Intellekts eben doch tiefer liegt als für die Interessen der Emotion. In diesem Falle hat sie es zur Erkenntnis und zum Genuß nötig, daß ihre Gebilde in einem leichten, hintergründigen Drahtgeflecht aus Theorie aufgehängt werden" [93].

Hier schließt sich der Kreis: um formale Freiheiten aufzuzeigen, das heißt ausfüllen zu können, ist ein intellektuelles Interesse für das Wesen des Objektes erforderlich. Ein intellektuelles Interesse aber baut auf geistiger Anstrengung, auf geistiger Durchdringung (dem Drahtgeflecht der Theorie), damit auf Rationalität, auf. Je größer der Stellenwert der intellektuellen Absicht wird, desto mehr verschwindet der emotionale, der sinnliche Anteil bei der Genese im Hintergrund, und desto größer wird das Feld an beschreibbaren, reproduzierbaren Einflußgrößen auf die Gestaltung.

Teil 2
Materialien

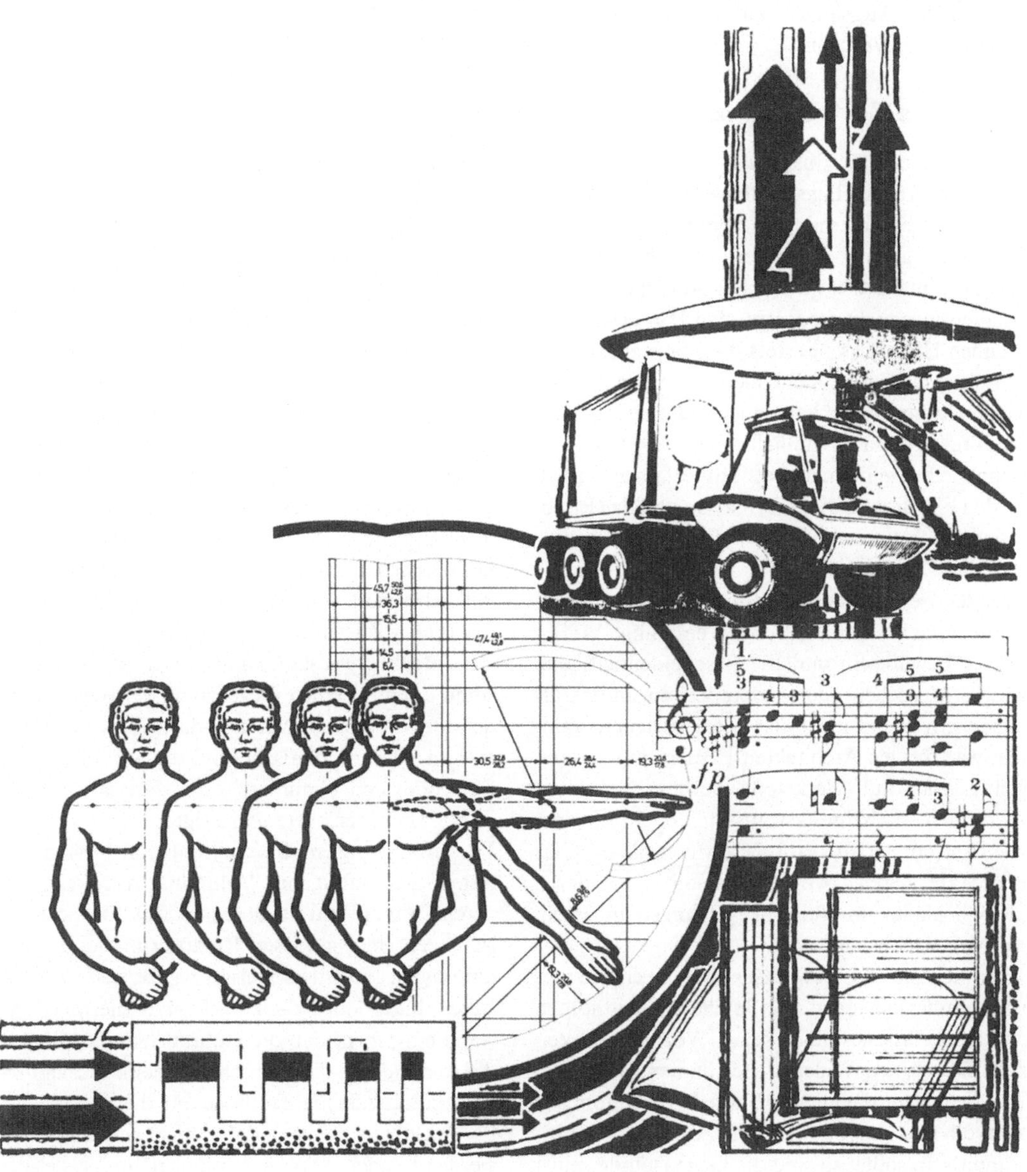

2.1 Input und Erscheinungsbild

Input und Erscheinungsbild werden im vorliegenden Falle von technischen Produkten bestimmt. Und der Tenor liegt auf den menschlichen Verhaltensweisen diesen Gegenständen gegenüber. Gegenstände sind dreidimensional. Demzufolge richtet sich das Augenmerk auf Räumlichkeit, auf Tiefe und auf Volumen.

2.1.1 Die Zeitrelevanz

Gegenstände als Produkte, als Artefakte sind vom Menschen künstlich geschaffene Dinge, künstlich geschaffenes Hinterlassenes. Immer wenn etwas modelliert, gebaut, produziert wird, bleibt etwas zurück, hinterlassen wir etwas – unübersehbar. Es ist allerdings nicht die Regel, daß Hinterlassenes, dinglich Hinterlassenes stets die Folge eines Tuns ist: ein Musikstück steht niemandem mehr „im Wege", wenn es verklungen ist und eine Fernsehsendung verursacht zunächst keine Müllhalden, wenn sie ausgeflimmert hat. Hinterlassenes ist in beiden Fällen zwar die Information und das Erlebnis, vielleicht noch der Bauplan (das ist die Partitur und das Drehbuch), aber so ausgeprägt, wie das Tun des Gestalters und Produzenten von Gegenständen die Welt vorstellt, ist es einmalig.

Dieses Bewußtsein und die Bescheidenheit, daß andere Menschen oder andere Zeiten anders als nur positiv über sein Hinterlassenes urteilen könnten, war für den Architekten E. Eiermann Grund genug, so absolute Werkstoffe wie Stein oder Beton zu meiden. Er baute fast ausschließlich mit den, wie er sagte, „aristokratischen Materialien" Glas und Stahl, deren „Wegnehmbarkeit" und deren „Möglichkeit zum Widerruf" [1] ihm so ungemein wertvoll erschienen.

Aber nicht nur das Bewußtsein um die eigene Unvollkommenheit oder nur Bescheidenheit sollten ein Hinterlassenes über seine Wegnehmbarkeit und über seinen Widerruf bestimmen lassen. So wie die Lebensdauer von Bauteilen ökonomisch sinnvoll und auf den ganzen Gegenstand abgestimmt sein sollte, so sind die Gegenstände selbst immer in ihrem Systemzusammenhang (technisches, wirtschaftliches, gesellschaftliches, ökologisches System), in dem sie sich befinden oder für den sie vorgesehen sind, zu sehen. Ändert sich ein System, aus welchen Gründen auch immer, ist es in der Regel wenig sinnvoll, Systemelemente über diesen Zeitpunkt hinaus erhalten zu wollen [2].

Diese Forderung erscheint zwar in einer Zeit, die sich anschickt, so verwerfliche Erfindungen wie die der geplanten Veralterung [3] zu überwinden, überflüssig. Sie gewinnt aber im Hinblick auf die Verwendung nicht nur von Stein oder Beton, sondern insbesondere auch von Kunststoffen für Geräte, Möbel und Verpackungen zunehmend an Bedeutung.

2.1.2 Der Gegenstand als Plastik

Dreidimensionales in der Kunst wird als Plastik, als Relief, Skulptur, Modell, Environment, Objekt, im wesentlichen aber als Plastik bezeichnet. Plastik wird definiert als „körperhafte Kunstwerke" und als „ein Bewußtmachen von Formzusammenhängen". Plastik will „isoliert gesehen werden als ein in sich geschlossener Formzusammenhang, dessen Konzeption und Entstehen in künstlerischer Arbeit der Betrachter sehend nachvollziehen soll, um selbst Bewußtheit im Erleben plastischer Zusammenhänge zu gewinnen" [4].

Vereinfacht dargestellt kann der Ausdruck Plastik somit auch für einen Gegenstand verwendet werden, dessen einzige Aufgabe darin besteht, Form zu sein. Die mechanische und die wirtschaftliche Funktion sind eliminiert, das Material und die Farbe wenigstens vernachlässigt.

Es wurde gesagt, daß sich Industrial Design mit Artefakten befaßt, mit Volumina, respektive bei deren Entwurf und bei deren Produktion beteiligt ist. Nach einer gewissen Reduzierung kann man nun sagen, Industrial Design befaßt sich mit Plastiken, hinterläßt Plastiken. Es mag hier der Einwand entstehen, daß die Gebrauchsfunktion und die Rendite und die Mensch-Maschine-Beziehung ganz entscheidende Einflüsse auf die Form eines Produktes ausüben und daher nicht vernachlässigt werden können. Das ist insofern richtig, als es die

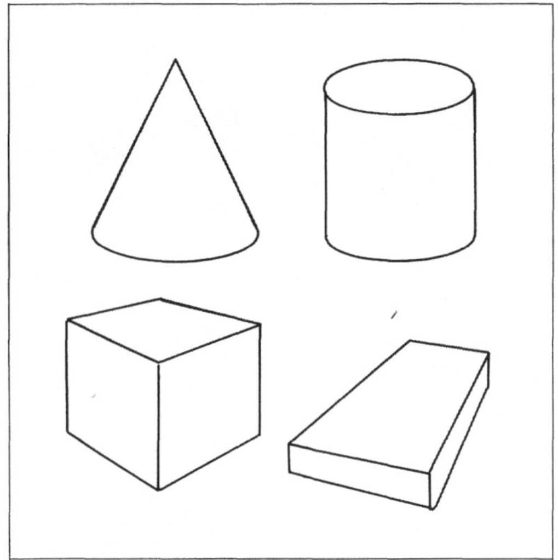

Abb. 20   Beispiele von blockhaften Plastiken.

Plastik vom Gebrauchsgegenstand unterscheidet. An der Form ändert sich dabei jedoch wenig oder nichts.

Die Gestaltung einer Plastik, die Volumengestaltung schlechtin, wurde von L. Moholy-Nagy in 5 Stadien bzw. Zustände unterteilt [5]:

Die *blockhafte Plastik.* Das ist der volle, geschlossene Block, die Flächen jeweils in nur zwei Richtungen verformt, konvex, und damit ohne Wendepunkt. Das ergibt im Wesentlichen die stereometrischen Figuren, die Urelemente der plastischen Gestaltung wie Kugel, Kegel, Zylinder, Würfel, Quader, Scheibe (Abb. 20).

Die *modellierte Plastik,* die ausgehöhlte, also mit Wendepunkten sowohl konvex als auch konkav verformt (Abb. 21).

Die *perforierte Plastik,* die durchlöcherte. Wenn man eine konkave Fläche so lange weiter in die Tiefe zieht, bis sie die gegenüberliegende Außenfläche durchschneidet entsteht die Perforation (Abb. 22).

Die *schwebende Plastik.* Das Statische, Schwere, Behäbige, das jedem Material zunächst anhaftet, wird überwunden, scheinbar aufgehoben. Das Mobile, das Jahrmarktskarussell, die Verkehrsmittel auf Rädern, im Wasser und in der Luft sind Beispiele schwebender Plastiken (Abb. 23).

Die *kinetische Plastik.* Sie ist noch einmal zu unterteilen in den nur bewegten, aus einer der vier vorangegangenen Plastiken abgeleiteten und sich selbst in der Bewegung darstellenden Gegenstand. Die genannten Verkehrsmittel in Betrieb gesetzt, ein Brunnen oder Wasserfall und ein sich langsam bewegendes Pendel sind bewegte Plastiken. Beschleunigt man das Pendel über ein bestimmtes Maß hinaus, dann nehmen wir nicht mehr die Gestalt des Gegenstandes Pendel als vielmehr die aus der Bewegung entstehende (kinetische) Plastik, eine vom Pendel umschriebene Dreiecksfläche, wahr. Diese Plastik ist nun keine reale mehr. Der Kinofilm oder ein schnell laufendes Speichenrad sind weitere Beispiele. Hier läßt sich der Anteil der Materie immer weiter gegen Null reduzieren. Eine schnell bewegte Lichtquelle, etwa in einer Fernsehröhre, oder eine Summe schnell bewegter Licht-

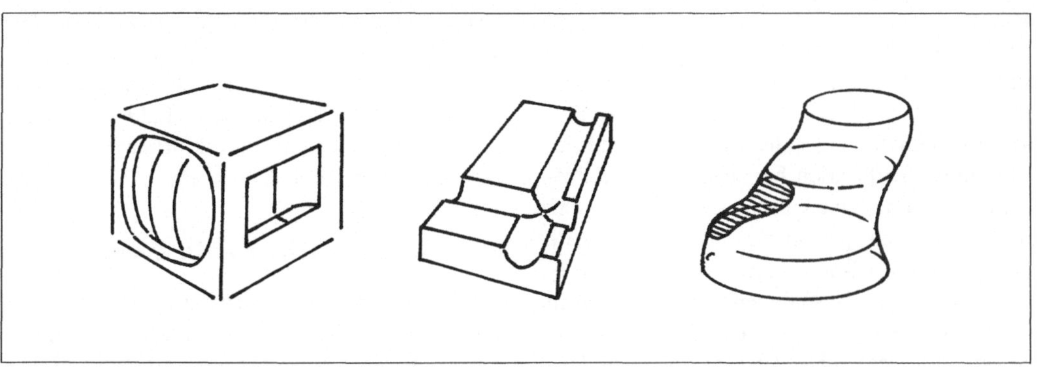

Abb. 21   Beispiele von modellierten Plastiken.

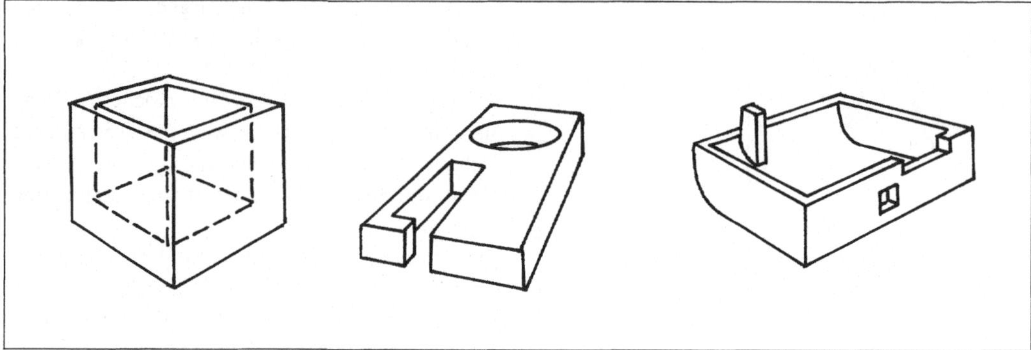

Abb. 22   Beispiele von perforierten Plastiken.

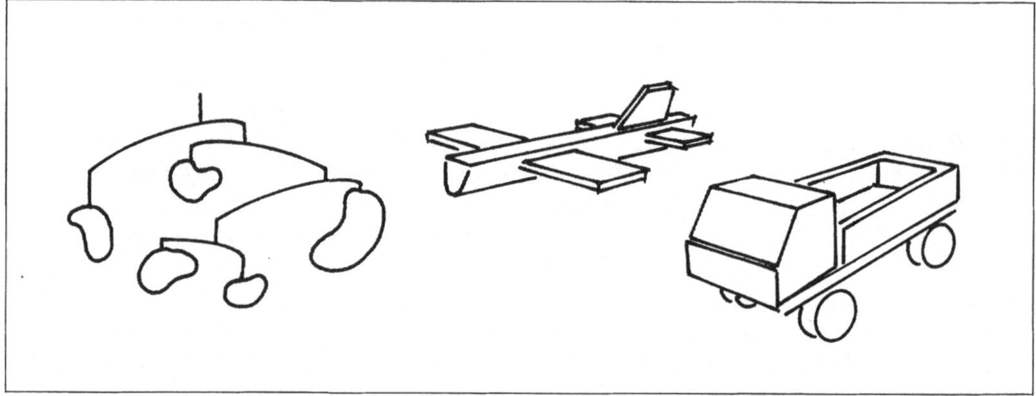

Abb. 23   Beispiele von schwebenden Plastiken.

quellen, etwa bei Dunkelheit auf der Straße, kommen mit nur sehr wenig Materie, der Lichtquelle, aus.

Diese Unterteilung in fünf Stadien nun wiederum zurückgeführt auf die Ausgangssituation, auf Objekte des Industrial Design, führt zu der Erkenntnis, daß wir uns fast ausschließlich in nur einem, im Stadium der Perforation bewegen. Fast alle Produkte, sofern sie Objekte des Industrial Design sind, können als perforierte, als durchlöcherte Plastiken beschrieben werden. Nur wenige Produkte bleiben die Ausnahmen für die restlichen vier Stadien: ein großer Teil der Werkzeuge und die einfachen Maschinenelemente, die Grundelemente zum Bauen und ein Großteil der Roh-, Halb-

und Verbrauchsstoffe (alle nur bedingt Objekte des Industrial Design) für die ersten beiden Stadien, die im Windkanal überarbeiteten Produkte für das vierte Stadium. Alle nicht im Windkanal überarbeiteten, das heißt nicht hinsichtlich ihres Strömungsverhaltens konzipierten, Fahrzeuge und Transportmittel sind als Plastik primär stationär, somit im dritten Stadium zu sehen.

2.1.3 Die Hohlform als Zweck

Der Zweck der künstlerischen Plastik ist im Gegenstand selbst zu sehen – im nicht funktionalen Zweck. Der des Gebrauchsgutes jedoch ist in der Regel dort zu suchen, wo der Gegenstand ausgespart ist, wo eine freie Stelle gelassen wurde, wo er perforiert ist. Der Gegenstand und sein Volumen sind zwar das Ergebnis der Bemühungen des Entwerfers/Gestalters, er ist damit aber, sollte er sich entsprechend kapriziert haben, vom Wesentlichen zum Unwesentlichen ausgewichen. Auch das Industrial Design scheint sich vorwiegend damit zu beschäftigen, Volumina zu formen, zu verändern, aufeinander-, aneinanderzubauen – nicht das materiale Volumen aber ist Sinn des Tuns und Aufgabenstellung, vielmehr der Leerraum dazwischen, das was zwischen den Volumina frei bleibt. Es erscheint notwendig, diesen Tatbestand an einigen Beispielen zu veranschaulichen:

Beim Entwurf eines Porzellangefäßes, einem Milchbecher etwa oder einer Teetasse, ist das gestalterische Ziel in der Realisation selbstverständlich ein Ding aus Porzellan, ein Volumen – wenn auch ein dünnes – und ein Gegenstand. Ziel und Aufgabe im ursprünglichen Sinne aber war das zu umhüllende Volumen, war der mittels Porzellan, einem harten, festen und formstabilen Werkstoff festzuhaltende, instabile Inhalt: eine Flüssigkeit, Milch oder Tee. Nicht die Tasse soll dargereicht und getrunken werden, sondern deren Inhalt. Somit ist der auszufüllende Freiraum in der Tasse, der Tee, das Ziel und die Absicht. Die Tasse, soweit sie zur Stabilisierung des Freiraumes bzw. der instabilen Flüssigkeit erforderlich ist, ist sekundär und in diesem Sinne ausschließlich Mittel zum Zweck. Um nun nicht die Vermutung zu provozieren, zum Teetrinken genüge ein einfacher Napf, erscheint der Hinweis angebracht, daß Randbedingungen und auch Zusatzbedingungen den Anforderungen entsprechend selbstverständlich Genüge getan werden muß [6]. Diese können sowohl technischer, herstellungstechnischer, werkstoffbedingter, wirtschaftlicher, durch den Markt bedingter, als auch physiologischer, hygienischer, repräsentativer, ethischer oder jeder anderen Natur sein. An der Priorität des Bezuges zur Aufgabenstellung – ein Gefäß zur Aufnahme von Tee – ändert sich dadurch jedoch nichts.

Vom Flüssigkeitsbehälter Tasse kann über die Kanne zur Flasche weitergegangen werden. In Flaschen kann auch Gas abgefüllt werden, dann sind es Gasflaschen. Am Auslaß der Gasflasche sitzt ein Druckminderer und ein Manometer. Ziel des Manometers ist nicht die Darstellung seines Gehäuses, seines Zeigers oder seiner Skala, Ziel und Aufgabe des Manometers ist die Inbezugsetzung des Zwischenraumes zwischen der Null-Lage des Zeigers und seiner augenblicklichen Stellung zu anderen, vergleichbaren und reproduzierbaren Zwischenräumen dieser Art, ist das Abstandsmaß, eine Länge oder ein Winkel, als Repräsentant für das Maß des Druckes.

Vom Manometer strömt das Gas durch einen Schlauch – es strömt durch den Freiraum innerhalb des Schlauches – in ein Druckluftwerkzeug. Das Gehäuse und die Turbine des Druckluftwerkzeuges sind Mittel zum Zweck. Primär interessant ist die Leistung, die die Turbine abgeben kann, ist das Drehmoment an der Welle. In größere Dimensionen weitergeführt wurden diese Beispiele von R. Neutra, der sagte: „... vom Kinderwagen bis zur Großstadt ... ist die vom Menschen geschaffene Umwelt stets Hohlform für unser Geschick" [7], und Lao-Tse drückte denselben Sachverhalt mit den Worten aus [8]:

„Dreißig Speichen treffen sich in der Nabe,
Auf dem Nichts daran beruht des Wagens Wirksamkeit.
Durch Tonkneten macht man Gefäße,
Auf dem Nichts darin beruht des Gefäßes Brauchbarkeit.
Durch Aushöhlen von Türen und Fenstern macht man Häuser,
Auf ihrem Nichts beruht des Hauses Brauchbarkeit.
Darum: das Seiende ist zwar nützlich,
Aber das Nichts ist das Wirksame."

2.1.4 Die Anstrengung

Das wirksame Nichts ist jedoch an Materie gebunden bzw. kann nur mit Materie realisiert werden. Das Ding, der Gegenstand ist dazu unerläßlich. Analog hierzu ist auch unser Wahrnehmungsverhalten ausgebildet, was D. Katz als das „phänomenale Primat der Figur" bezeichnet hat [9]: Wir sehen immer erst die Dinge, die Konturen, die Gegenstände „und nicht die Löcher dazwischen", die Freiräume. Es ist die Tasse, die uns auffällt und nicht der Innenraum für den Tee (der uns eigentlich interessiert).

Und das, was uns auffällt, wird wahrgenommen bzw. es fällt auf oder hat den höchsten Wert an Prägnanz, weil es wahrgenommen wird. Auf diese Zusammenhänge wird in folgenden Kapiteln ausführlicher eingegangen. Sie sind lediglich vorweggenommen, um eine Schlußfolgerung zu ermöglichen:

Der Input, das was wahrgenommen wird, wird nicht als räumlicher Gegenstand wahrgenommen. Die Netzhaut des Auges, die die Projektionsfläche für das Wahrzunehmende darstellt, ist, wie das Wort schon sagt, eine Fläche, genauer: eine Kugelfläche. Der vom Auge weitergemeldete Input ist somit das flächige Bild eines räumlichen Gegenstandes, ist das visuelle Erscheinungsbild des Gegenstandes – auch bei der kortikalen „Räumlichmachung" aufgrund der Doppelung der Augen.

Als Folgerung ist zweierlei festzuhalten: Das Primäre der meisten Gebrauchsgegenstände sind nicht die Gegenstände selbst, sondern die Freiräume, die Kräfte und Wirkungen, die sie ermöglichen, bzw. die durch sie zur Verfügung gestellt werden. Es bedarf einer ständigen geistigen Anstrengung beim Entwurf eines Gegenstandes, nicht diesen selbst zum Objekt des Entwurfes werden zu lassen. Und zweitens ist unsere Wahrnehmung darauf eingerichtet, phänomenologisch zunächst die Gegenstände zu sehen und nicht die primären Freiräume und Wirkungen. Darüber hinaus werden die Gegenstände physiologisch als flächige Bilder wahrgenommen. Es bedarf daher einer zweiten ständigen Anstrengung beim Entwurf eines Gegenstandes, die in die Gegenstände transponierten Freiräume und Wirkungen in ihrer optimalen räumlichen Ausprägung zu sehen.

2.2 Wahrnehmungstheoretische Grundlagen

Die Wahrnehmung von Gegenständen erfolgt über die Sinnesorgane, zum größten Teil über unsere Augen. Die Sinnesorgane sind die Empfänger in einem kybernetischen System [10] und arbeiten wertneutral. Das heißt, daß sie ein Wahrzunehmendes innerhalb des Auges auf der Netzhaut in nervöse Erregungen, in Impulse transformieren [11] und ohne Beurteilung ob gut oder böse, schön oder häßlich, über die optischen Bahnen ins Gehirn weiterleiten (Abb. 24).

Die Impulse bewirken dann zweierlei Reaktionen: sie lösen ein Programm und einen Steuerungsmechanismus aus, die im Zusammenwirken das Wahrzunehmende abtasten, ein Scanning-Programm abfahren, wie die Wahrnehmungstechniker es bezeichnen. Im Gedächtnis oder Speicher angekommen werden sie mit dem Gelernten, dem

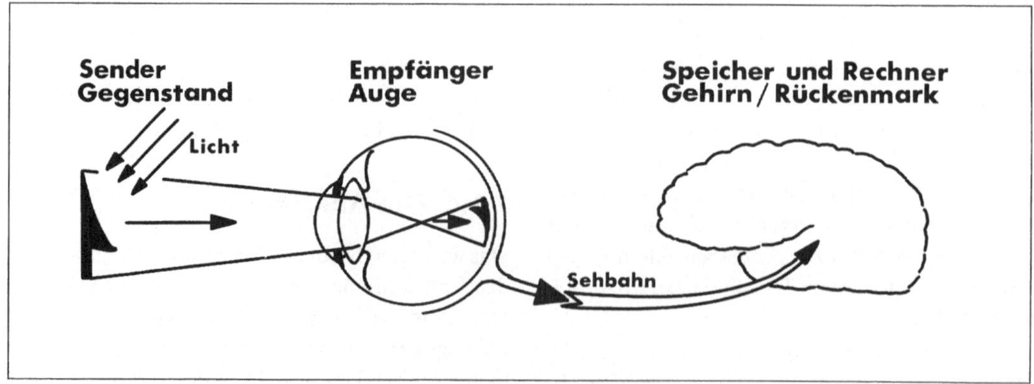

Abb. 24   Physiologisches Schema der Wahrnehmung.

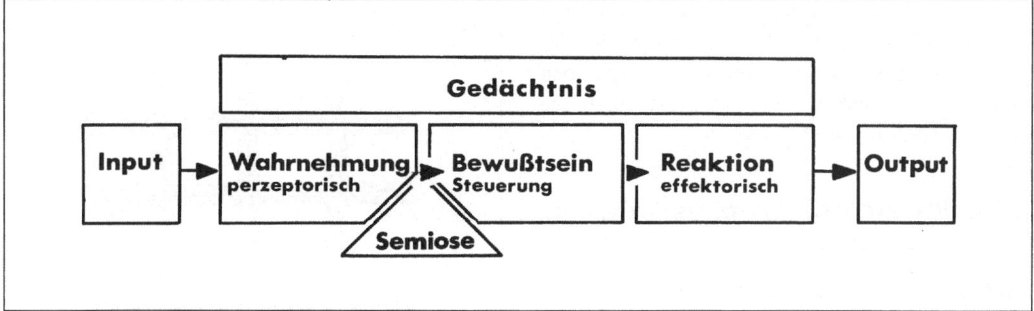

Abb. 25   Definitorisches Schema der Wahrnehmung.

Schon-einmal-dagewesenen, den „Lagerbeständen" verglichen und so ihre Identität ermittelt, ihre Ähnlichkeit festgestellt, Assoziationen ausgelöst, kurz: sie werden hier erst bewertet. Sie werden nicht willkürlich oder spontan bewertet, sondern analog einem bereits vorhandenen, eventuell ähnlichen Urteil respektive Vorurteil.

2.2.1 Definition und Abgrenzung

Die Ergonomie hat sich des Vorganges der Wahrnehmung, primär des physiologischen Teiles, besonders angenommen. Dort findet sich auch die heute verbreitetste Definition bzw. Abgrenzung. Wahrnehmung ist danach die Beziehung zwischen Input und Output eines Organismus [12]. K. Murell spezifiziert das weiter, indem er Wahrnehmung auf die mit physikalischen Methoden meßbaren Reize und Wirkungen, somit den wertfreien Teil, beschränkt bzw. dort enden läßt, wo „die einkommenden Daten eine Entscheidung darüber ermöglichen, welcher Output als Reaktion gebracht werden soll". Bewertung der einkommenden Daten und die Organisation einer Reaktion als Teil der Motorik fallen somit nicht mehr in die Kategorie der Wahrnehmung.

Diese Abgrenzung wird in einem einfachen Modell derart dargestellt, daß Informationsverarbeitung im Organismus in die drei Stufen Wahrnehmung (Perzeption) durch rezeptorischen Anstoß, Bewußtsein (Steuerung im Gedächtnis) und Reaktion durch effektorische Ausführung eingeteilt wird (Abb. 25) [13].

Die beschreibende Vorstellung des Wahrnehmungsvorganges vermittels Scanning – der tatsächliche Vorgang ist wesentlich komplizierter und erst teilweise erforscht und bekannt –, dem chronologischen Abtasten eines Bildes, basiert auf der Ähnlichkeit zwischen dem Aufbau technischer Lösungen, etwa in der Fernsehtechnik, und dem der menschlichen Retina. In beiden Fällen ist eine Fläche, die Abbildfläche, in einzelne Punkte – in die Rezeptoren des Auges [11] oder den Abtaststrahl in der Fernsehröhre – aufgelöst, die jeweils nur einen Impuls hell oder dunkel feststellen können. Die Summe aller Punkte ist eine Voraussetzung für das Bild.

Die technische Lösung sieht aus Gründen eines ökonomischen Aufwandes vor, daß nicht alle Punkte gleichzeitig ihren Impuls weiterleiten, sondern horizontal nacheinander und zeilenweise von oben nach unten fortschreitend von einem einzelnen Strahl abgefragt werden. Die Geschwindigkeit dieses Vorganges ist so hoch gehalten, daß das Nachbild, das aufgrund der Trägheit der menschlichen Sinnesorgane nach dem Entfernen des Reizes weiterwirkt, so lange besteht, bis das Abtastprogramm über das ganze Bild erfolgt ist und am Ausgang erneut ein Impuls gesetzt werden kann [14]. Weiterhin muß die Geschwindigkeit so hoch gehalten werden, daß die Bildfolge und Reizfolge, die zu einem Bild notwendig sind, ebenfalls aufgrund der Trägheit unseres Auges noch nicht als ruckartige Veränderung empfunden wird, sondern als kontinuierlicher Übergang.

Der tatsächliche Ablauf der Reizleitung von der

Retina zum Gehirn, ob nacheinander analog dem technischen Modell, ob gleichzeitig oder ob nach bestimmten Gesetzmäßigkeiten selektiv, ist noch nicht eindeutig geklärt. (Siehe hierzu auch die nachfolgenden Kapitel).

2.2.2 Physiologisch-physikalische Vorgänge

Im Bewußtseinsbereich des Sehens, also in der Bewertungsphase im Anschluß an die Wahrnehmung, wird ein Anschauungsbild bewußt, das heißt, es ist bereits mit den gespeicherten und vorhandenen Informationen verglichen worden. Das hat zur Folge, daß das Gesehene mit einer Bewertung belastet ist, daß es durch eine Bewertung unter Umständen verzerrt, korrigiert, oder in eine andere Form verändert worden ist. Das Anschauungsbild, das wir von der Wirklichkeit erhalten, ist daher mit der Wirklichkeit nicht identisch. Dieser semiotische Bereich soll an späterer Stelle beschrieben werden. Der physiologisch-physikalische Vorgang der Wahrnehmung hat aber ebenfalls Auswirkungen auf das Anschauungsbild, die entsprechende, für eine Gestaltung unter Um-

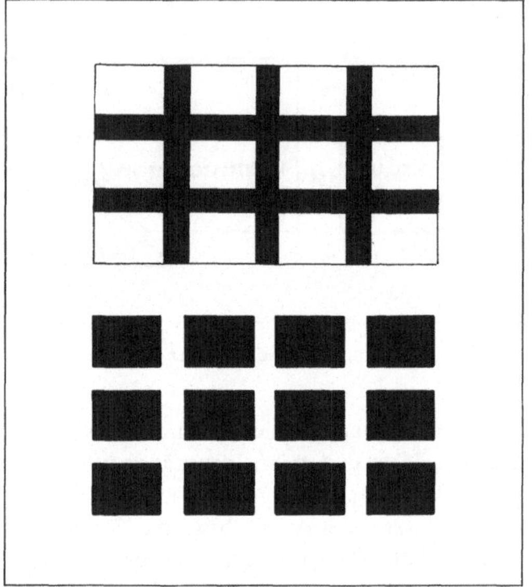

Abb. 27   Simultankontrast Rand

ständen bestimmende Veränderungen zur Folge haben:

Simultankontrast Helligkeit: Die Helligkeit eines Gegenstandes ist relativ zu seiner Umgebung: Ein graues Feld scheint auf dunklem Hintergrund heller zu sein als dasselbe Feld auf einem hellen Grund (Abb. 26) [15].

Simultankontrast Rand: Grenzen zwei Flächen mit verschiedener Leuchtdichte eng aneinander, dann erscheinen an der Übergangszone in einem schmalen Streifen die hellen Flächen heller, die dunklen Flächen dunkler als das übrige Feld. Eine Begründung dafür wird – wie auch für die anderen Phänomene des Simultankontrastes – durch die gegenseitige Beeinflussung benachbarter Sinneszellen über laterale Nervenverbindungen gegeben [16]. Ein Beispiel dafür sind die verwaschenen grauen Flecken an den Kreuzungsstellen der Streifen beim Betrachten von Gittern (Abb. 27).

Simultankontrast Irradiation: Der Randkontrast führt dazu, daß bei Irradiation, das heißt bei Abweichungen von der punktförmigen Strahlenvereinigung im Auge, ein helles Feld auf dunklem

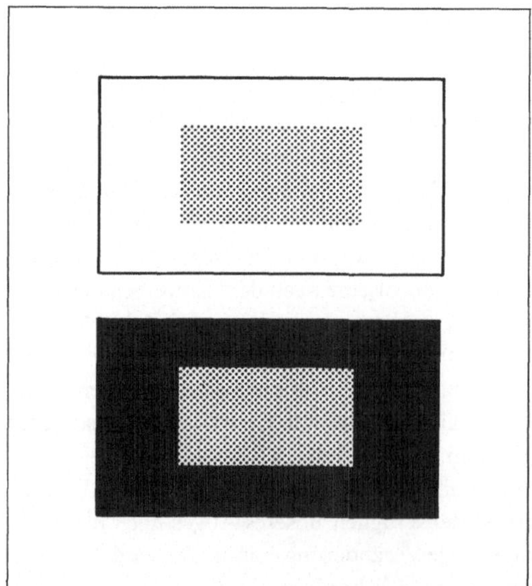

Abb. 26   Simultankontrast Helligkeit

Grunde größer geschätzt und gesehen wird als ein gleichgroßes dunkles Feld auf hellem Hintergrund. Die unscharfen Randgebiete werden vom Auge dem hellen Feld zugeschlagen (Abb. 28) [17].

Sukzessivkontrast (Nachbild): Fixiert man ein Bild einige Zeit, zum Beispiel einen dunklen Kreis auf heller Fläche und blickt dann auf eine weiße Fläche unmittelbar daneben, so erscheint hier ein graues Negativbild, das heißt eine helle Kreisfläche auf einem grauen begrenzten Hintergrund (sukzessiver Helligkeitskontrast).

Nimmt man anstelle eines schwarzweißen Bildes ein farbiges, so erscheint ein Nachbild in der Komplementärfarbe – ein roter Gegenstand erscheint grün und umgekehrt (Farbenkontrast) [18].

Weber-Fechnersches Gesetz: Wenn man auf einem großen Gegenstand ein kleines Detail zu entwerfen hat, kann es geschehen, daß die Relation so extrem ist, daß das Detail aus einiger Entfernung nicht mehr gesehen wird. Abstufungen in der Oberflächenstruktur, Farbdifferenzen, Helligkeitsunterschiede, insbesondere bei Dunkelheit oder bei Ton-in-Ton-Gestaltungen, sind ähnliche Beispiele extremer Relationen.

Die Grenze der Erkennbarkeit, die unterste Schwelle dessen, was gerade noch erkennbar ist,

was wir gerade noch als verschieden erkennen, wird als absolute Reizschwelle oder als Reizzuwachs ΔR bezeichnet. Das Verhältnis von Reizzuwachs zu einem Ausgangsreiz R wird in Prozenten ausgedrückt und zeigt Konstanz im mittleren Intensitätsbereich. Es wird als Webersches Gesetz bezeichnet [19]:

$$\text{Webersches Gesetz:} \quad \frac{\Delta R}{R} = \text{konstant}$$

Muß man somit einen Reiz von 10 Einheiten, zum Beispiel Helligkeit oder Gewicht oder Strichstärke, um 10 % erhöhen, um damit den Schwellenwert zu erreichen, beträgt der erforderliche Reizzuwachs 1 Einheit, bei einem intensiveren Reiz derselben Gattung, zum Beispiel von 100 Einheiten, wird $\Delta R = 10$.

Will man nun eine gleichmäßige Zunahme der Wahrnehmung bzw. der Sinnesempfindung E erzielen, dann ist eine logarithmische Abhängigkeit herzustellen, die Fechnersches Gesetz genannt wird:

$$\text{Fechnersches Gesetz:} \quad E = \log \frac{\Delta R}{R} \, (= \text{konstant})$$

Beide Gesetze sind in neuester Zeit (der Webersche Quotient ist schon über 100 Jahre alt) in ihrer ursprünglichen Form durch Verfeinerungen in Frage gestellt worden [20]. Solche Verfeinerungen beziehen sich sowohl auf die Meßmethoden, als auch auf die Aussagen, die mittels zusätzlicher Faktoren, die als Konstanten eingehen, korrigiert wurden. Eine einheitliche Aussage ist daher heute in der Literatur nicht festzustellen.

Albers hat die Zusammennahme beider Aussagen zum Weber-Fechnerschen Gesetz für den ihn interessierenden Bereich der Farben vereinfacht und leicht verändert so dargestellt, daß er sagt: „die visuelle Wahrnehmung einer arithmetischen Reihe ist bedingt durch eine physikalisch-geometrische Reihung." [21].

Für eine Gestaltung ist die Tatsache, daß sich ein Reiz, und Reize in diesem Sinne sind: Gestalten, Striche, Schatten, Konturen, Zeiger, Trennfugen, Radien, Oberflächen usw., nicht linear mit der Veränderung des Schwellenwertes ändert, von

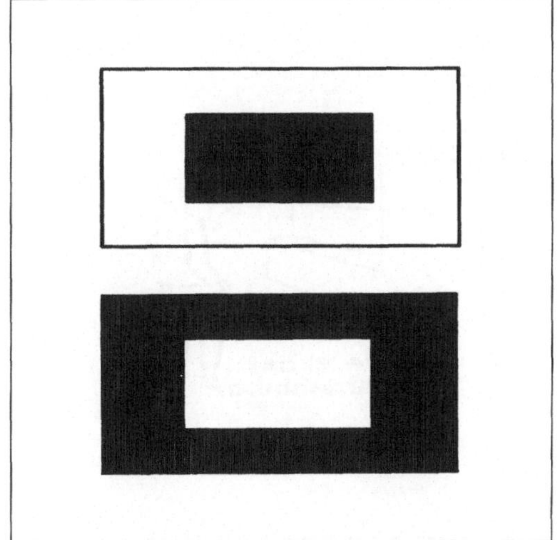

Abb. 28   Simultankontrast Irradiation

weitreichender Bedeutung. Insbesondere die Modell- und Darstellungstechniken, die schematisch durchgeführten Abstufungen von Typenreihen und Größenanpassungen sind davon betroffen. Die letzte Verfeinerung der metrischen Abhängigkeiten kann jedoch, da sie pragmatisch unwesentlich ist, in diesem Zusammenhang vernachlässigt werden.

2.2.3 Vorgänge mit kortikaler Beteiligung

Räumliches Sehen: Die Rezeptoren auf der Netzhaut sitzen dicht nebeneinander und bilden insgesamt eine Fläche. Das von ihnen empfangene und weiterzuleitende Bild kann somit auch nur ein flaches Bild, das heißt, kein räumliches Bild sein. Das bedeutet nicht, daß wir nicht in der Lage sind, Räumlichkeit und Tiefe zu erkennen. Wir sehen natürlich trotzdem, ob wir eine Fläche oder ob wir einen Gegenstand vor uns haben. Die von beiden Augen entworfenen Bilder sind etwas verschieden voneinander, und diese Verschiedenheit wird kortikal, das heißt von der Gehirnrinde ausgehend, zu einem räumlichen Eindruck vereinigt [22].

In der Gehirnrinde sitzt das Gedächtnis, sitzt die Erfahrung, und diese Erfahrung hat unbewußt geholfen [23]. Wir wissen, daß ein Auto dreidimensional ist, und dieses Wissen korrigiert das von der Netzhaut entworfene flächige Bild. Wenn wir dieses Wissen noch nicht haben und trotzdem einmal versuchen, etwa ein Haus zu zeichnen, als Kleinkind von 4 oder 5 Jahren, dann zeichnen wir wie die Expressionisten oder die frühen Griechen, die Längsseite und den Giebel unverzerrt nebeneinander. Der Zusammenhang der beiden Flächen, die Relation des Winkels, und damit die Wahrnehmung von Tiefe, sind in diesem Stadium noch nicht bewußt.

Und wir versagen kläglich, wenn uns die Hilfsmittel, mit denen wir Räumlichkeit und die Entfernungen in der Räumlichkeit ermitteln, genommen sind – zum Beispiel Winkel oder Linien oder Zunahme/Abnahme von Flächen oder Helligkeiten. Es ist schwer, zum Beispiel bei Nacht und auf gerader Straße, die Entfernung eines entgegenkommenden oder eines vorausfahrenden Fahrzeuges abzuschätzen, wenn nichts sichtbar ist, zu dem wir die Scheinwerfer oder Rückleuchten in Beziehung setzen können.

Die Unfähigkeit zur Wahrnehmung von Räumlichkeit ohne Hilfsmittel hat für den Gestalter Konsequenzen insofern, als er solche Hilfsmittel mitgestalten muß: ein stark gerundetes Gebilde wird stets schwerer in seiner räumlichen Ausdehnung zu bestimmen sein als ein eckiges, durch Flächen und Linien, durch Kanten bestimmtes (Abb. 29).

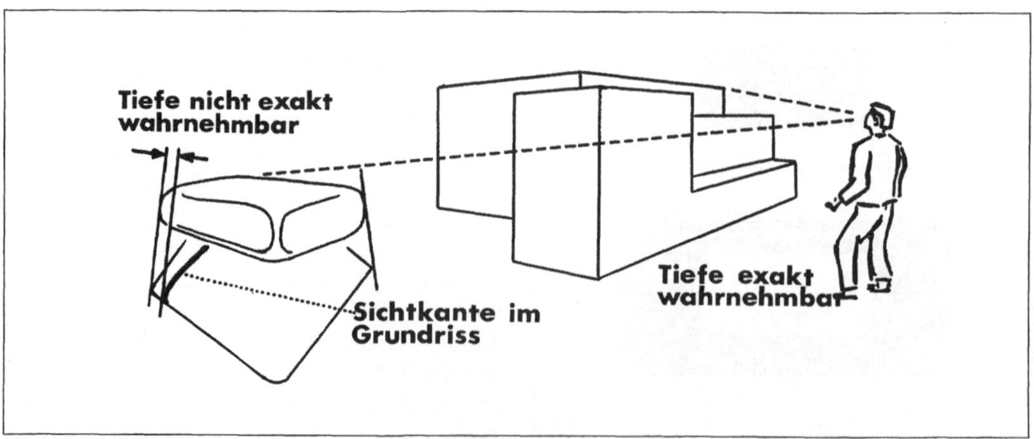

Abb. 29   Beispiele für ungenügend und für gut wahrnehmbare Ausdehnung eines Gegenstandes in die Tiefe.

Abb. 30 Hilfsmittel für das Sehen (und Zeichnen) in Relationen.

Absolute Werte: Im unmittelbaren Zusammenhang mit der Wahrnehmung von Räumlichkeit durch Relationen steht die Wahrnehmung von Größen oder Werten. Es gelingt nur sehr wenigen Menschen, einen bestimmten Ton wiederzugeben oder aus einer Sammlung von verschiedenen Rotwerten ein bestimmtes, vorher schon einmal gesehenes Rot, auszuwählen [24]. Analog verhält es sich bei Längen, Flächen oder Körpern.

Wesentlich einfacher ist es, auch ohne große Übung Tonunterschiede, eine Quinte, die Richtung von Tonunterschieden oder eine Zusammenstellung von mehreren Farben aus der Erinnerung wieder anzugeben. Diese ausgeprägte Fähigkeit zum Sehen und Erkennen, und auch zum Denken, in Relationen zwischen verschiedenen Werten macht man sich bei vielen Gelegenheiten zunutze:

Wenn wir Freihandzeichnen lernen, besteht ein Großteil der „Schule des Sehens" [25] im Sehen von Relationen: die Oberkante des Ohrs muß etwa auf Höhe der Wimpern, die Unterkante des Ohrläppchens etwa auf der Unterkante der Nase zu liegen kommen, wenn wir ein Portrait zeichnen wollen. Die Kopfgröße wird als Teil der Körperlänge relativiert und das Standbein senkrecht unter den Kopf gezeichnet – um ein Kippen der Figur zu vermeiden, und Winkel und Längenvergleiche üben wir mit Streckenabschnitten auf dem mit gestrecktem Arm gehaltenen Bleistift (Abb. 30) [26].

Adaptation: „Ungleich einem physikalischen Strahlungsempfänger vermag das Auge seine Empfindlichkeit in beträchtlichem Umfang der jeweils herrschenden Beleuchtung anzupassen, das heißt sich zu adaptieren." Das kann bis zu Empfindlichkeitsveränderungen von $1 : 10^6$ ausmachen [27] und erfolgt über die verschiedenen Faktoren Pupillenreaktion, räumliche und zeitliche Summation, die ihrerseits wiederum durch Änderungen der Rezeptorenempfindlichkeit verursacht werden. Der letztere Faktor beinhaltet, daß das Auge in der Lage ist skotopisch zu sehen, das heißt sich an Dunkelheit anzupassen und dadurch in Dunkelheit, auch in partieller Dunkelheit, etwa durch Schatten verursacht, zu differenzieren und photopisch zu sehen, das heißt sich auch der Helligkeit anzupassen und auch auf überstrahlten Flächen noch einigermaßen zu unterscheiden.

Dabei ist die Reaktionszeit auf den Hellreiz, die „photopische Antwort" ungleich kürzer als die „skotopische Antwort" [28].

Für den Gestalter ist die Adaptation, insbesondere in Teilbereichen eines Wahrzunehmenden, insofern relevant, als ein Gegenstand nicht nur direkt, vielmehr in zunehmendem Maße indirekt, das heißt über die Abbilder Zeichnung, Photographie, Film und Fernsehen, wahrgenommen wird.

Vital-Tendenz: Der menschliche Körper ist auf vielfältigste Art und Weise darauf eingerichtet, immer wieder
– konstante Werte einzunehmen und aufrechtzuerhalten und
– Gleichgewichte herzustellen.
Konstante Werte sind der Blutdruck, die Körpertemperatur, der Kalium- und Natriumspiegel und andere. Gleichgewicht ist für die aufrechte Körperhaltung notwendig. Das Gesichtsfeld wird automatisch derart ausbalanciert, daß die Fixierung eines Gegenstandes stets in der Mitte zwischen den Augen erfolgt, und beim Hören eines Tones wird der Kopf durch Drehen ebenfalls automatisch symmetrisch zur Richtung, aus der der Ton kommt, eingestellt [29]. Aus diesem vielfach lebensnotwendigen Streben ist zu schließen, daß der Ausgleich bzw. das Gleichgewicht eine der bestimmendsten und der zu einer vitalen Entfaltung notwendigsten Eigenschaften des menschlichen Körpers ist.

Stimulus error: Und als weiteres, hier anzumerkendes Beispiel eines Gestaltungskriteriums, das sich im positiven Sinne an den unbewußten und mehr oder weniger unbeeinflußten Neigungen und Reaktionen des menschlichen Körpers orientiert, ist die Korrektur vorgegebener Schwächen und Fehler zu nennen. Es sind systembedingte Schwächen, daß wir, wie bereits dargestellt, Tiefe nicht unmittelbar wahrnehmen können, daß wir einem Stimulus error unterliegen und „unser Wissen um physikalische Ursachen von Empfindungen mit diesen selbst vermischen" [30], daß wir optischen Täuschungen unterliegen, daß unser Gedächtnis für absolute Größen ungenügend ist usw. ... Und es ist nur folgerichtig, wenn solche Fehler mit entsprechender Unterstützung durch Gestaltgesetze und andere Möglichkeiten ausgeglichen werden.

Farbe: Die Abweichungen zwischen Farbfoto und menschlich Wahrgenommenem sind noch größer, als die der Helligkeitswerte. Blau und Rot werden

vom Farbfilm, auch wenn Entwicklung und Reproduktion einwandfrei stimmen, betont wiedergegeben. Ihre Intensität wird übertrieben [31]. Für die Hersteller der Materialien ist das kein Nachteil, da solche Abweichungen dem Empfinden vieler Menschen entgegenzukommen scheinen [32]. Weiß wird durch die Überstrahlung von Farbintensitäten fast nie weiß wiedergegeben, so daß Diapositive etwa von Bildern Mondrians, der fast ausschließlich auf weißen Gründen gemalt hat, von Josef Albers einmal als grundsätzlich unerträglich bezeichnet wurden [32]. Reine Grautöne sind schon aus technischen Gegebenheiten, wie dem Aufbau der Film- und Papierschichten mit ausschließlich farbwiedergebendem Material, nicht möglich.
Das Thema Farbe ist hier nur der Vollständigkeit halber angeführt worden. Das ganze Gebiet, die physiologischen, physikalischen und technischen Vorgänge und Hintergründe sind komplex und nicht Gegenstand der vorliegenden Abhandlung.

2.3 Zeichentheoretische Grundlagen

Zeichen und Signale reichen für menschliche Kommunikation nicht aus. Sie genügen Tieren als „angeborenes Schema" [33], als rituelle Zweckbewegung oder im animalischen Bereich schlechthin – also den Menschen inbegriffen – als Mimik, als interjektive, dazwischenrufende, empfindungsbedingte, oder expressive Gestik. Signale im zwischenmenschlichen Bereich müssen jedoch im rein physikalischen Sinne verstanden werden, sozusagen als materialisierte Botschaften, und sind damit ungenügend. Die Zeichen beheben diesen Mangel.
Kommunikation ohne Signale, ohne animalische und ohne physikalische Signale konnte bis heute noch nicht festgestellt werden [34]. Sollte sie möglich sein, ätherisch, para- oder metapsychologisch mit dem sogenannten psychischen Fluidum müßte zu gegebener Zeit geprüft werden, ob es sich dabei nicht doch auch um Zeichen und Signale, eventuell in einem erweiterten Modus handelt.

Wenn wir uns also mit Dingen unterhalten, Informationen über die Dinge erhalten, mit Gegenständen kommunizieren wollen, dann ist „eine der ersten Maßnahmen, die ... notwendig, ja unerläßlich sind, ... in der Semantisierung der einzelnen Elemente" zu sehen. Sie „erscheinen uns heute zumeist unentzifferbar, das heißt ohne einen authentischen semantischen Wert, der es erlaubt, sie spontan zu erkennen und leicht zu enträtseln" [35]. W. Haug spricht im selben Zusammenhang vom „Bedeutungsding", von der Ware, die mehr sein möchte als nur Gebrauchsgegenstand [36]. Hier ist zu ergänzen, daß der Gebrauchsgegenstand – um als Gebrauchsgegenstand überhaupt zu funktionieren – dieses Mehr haben muß, die Bedeutung, die Semantisierung, den Zeichencharakter. Denn nur über eben dieses Mehr kann Kommunikation stattfinden.

„Jedes ästhetische Merkmal äußert sich als Zeichen", aber nicht nur das, jede Information überhaupt, die ein Gegenstand, den es zu gestalten gilt oder der bereits als Artefakt vorliegt, „vermittelt", wie C. Morris sagt, äußert sich als Signal oder als Zeichen. Wenn also im folgenden das Zeichen in seinen verschiedenen Ausprägungen dargestellt ist, ist es gleichzeitig notwendig, in zwei sich anschließenden Kapiteln auf den Informationscharakter des Zeichens, speziell des Produktes, und auf den ästhetischen Gehalt des Zeichens respektive Produktes einzugehen. Denn nicht nur Kunstwerke haben Zeichencharakter [37]. Nach den vorangegangenen Betrachtungen ist jedes Produkt, soweit eine Kommunikation mit ihm oder durch es stattfindet oder stattfinden kann, gleichzeitig Zeichen und/oder Träger von Zeichen.

2.3.1 Definition von Zeichen

Zeichen gehören in der Regel bestimmten Zeichensystemen, das heißt Zeichenordnungen mit bestimmten Inhalten oder bestimmten anderen Zusammenhängen, an. Derartige Systeme sind zum Beispiel: Sprache, Schrift, Straßenverkehr, Luft-, Wasser-, Schienenverkehr, Mathematik, Physik, Telegraphie, Geldverkehr, Musik usw. ... (Abb. 31).

Zeichen eines Systems sind immer in irgendeiner Form institutionalisiert und sanktioniert. Ihre Bedeutung und Wertigkeit ist auf die Mitglieder der Bedeutungsgemeinschaft beschränkt, das heißt die Mitglieder können mittels der Zeichen nur deshalb kommunizieren, weil sich die „Zeichenvorräte" der einzelnen Individuen überlappen bzw. in einem bestimmten Maße gleich sind (Abb. 32) [38].

Im Idealfall, der allerdings nur in einigen künstlichen und technisch-maschinellen Sprachen verwirklicht ist, wäre die Überlappung vollständig. Daß die Zeichenvorräte zwischen den Menschen nicht deckungsgleich sind, kennt man aus dem täglichen Erlebnisbereich. Man muß Mitteilungen mehrmals wiederholen, umschreiben und anders ausdrücken, um einigermaßen sicherzugehen, daß die mitzuteilende Information auch tatsächlich so ankommt, wie beabsichtigt

Die Sprache ist einer ständigen Veränderung unter-

Abb. 31   Beispiele für verschiedene Zeichensysteme.

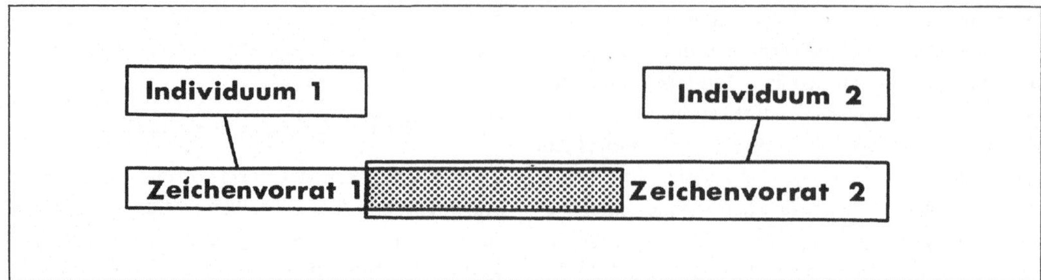

Abb. 32   Nur wo sich die Zeichenvorräte von Individuen überdecken, das heißt gleich sind (punktierte Fläche), ist Verständigung möglich.

worfen – und mit ihr ihre Zeichen. Sie wird verbessert und veränderten Situationen angepaßt. Und das wiederum beeinflußt die Deckungsgleichheit der Zeichenvorräte ungünstig. In letzter Konsequenz bedeutet dieser Sachverhalt, daß keiner den anderen jemals ganz verstehen kann. Die vorhandene und natürliche Ambivalenz jedoch ist es auch, die die Sprache und die Kommunikation am Leben erhält und lebenswert macht. Ihrer kommunikativen Funktion schuldet sie somit offene und freie Zeichenkomplexe, die sich in fortwährender Transformation und Ausdehnung befinden, diese Ausdehnung ermöglichen und mitmachen [39].

Der Grund für Transformationen sind die vielen Subsysteme von Zeichen, die zur präziseren Beschreibung, zu Spezialisierung der Sprache hinsichtlich der Erfüllung bestimmter Zwecke, gebildet werden. Diese können dann für den Alltagsgebrauch untauglich sein, weil sie ohne den speziellen Zusammenhang unverständlich sind. Sie

werden als Indexzeichen (index signs) bezeichnet – im Gegensatz zu den unverändert weiterbenutzbaren Nicht-Index-Zeichen (Abb. 33) [40].

Beispiele derartiger Subsysteme finden sich recht anschaulich in wissenschaftlichen Abhandlungen, in politischen, mystischen, poetischen, religiösen, philosophischen, technischen oder anderen Bereichen. Sie sind in einer starken Expansion begriffen, was wiederum zur Folge hat, daß immer mehr Menschen immer weniger verstehen. Jegliche Kommunikation leidet darunter.

Zur Eindämmung dieses „anarchischen Pluralismus" [41] sind schon vielerlei Versuche unternommen worden. Extremisten dabei sind die logisch-mathematischen Formalisten, die dem ausschließlichen Kalkül den Vorrang einräumen wollen. Hobbes und später Leibniz waren die ersten Verfechter einer Richtung, die, zwar in abgewandelter Form, aber ähnlich radikal, in den künstlichen und maschinellen Sprachen des Elektronikzeitalters ihre Realisation fanden. Der Lochstreifen bzw.

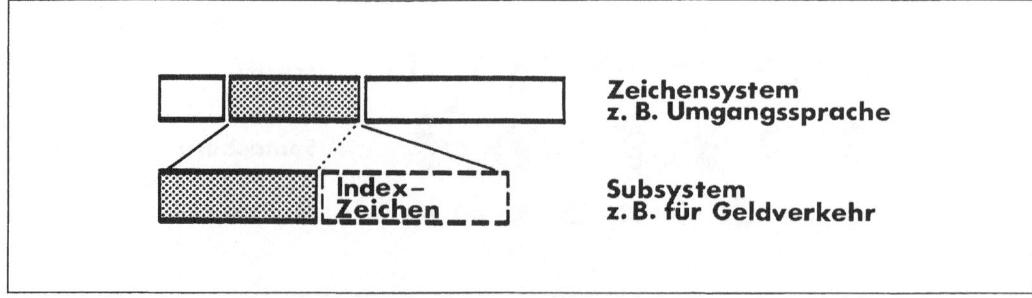

Abb. 33   Indexzeichen als Subsystem zur Erweiterung bzw. Spezialisierung von Kommunikation.

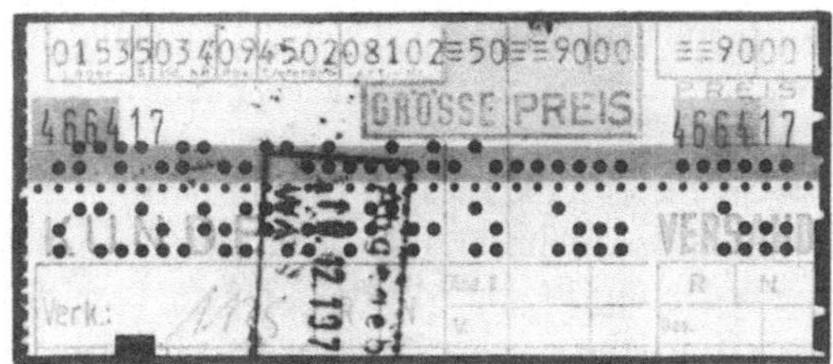

Abb. 34   Beispiel einer Lochkarte in Kombination mit Klartext, verwendet zur Warenauszeichnung in einem Kaufhaus.

die Ja-nein-Codierung ist hier als die extremste Ausführung zu nennen (Abb. 34).

Die Schrift- oder Wortzeichen wurden so wieder zu Signalen. Es wurde aber oben gesagt, daß im menschlichen Bereich Signale alleine nicht zur Kommunikation ausreichen. Man sucht daher nach anderen Wegen. Die Allerweltssysteme wie etwa die Sprache Esperanto, die „Semantographie" von Bliss oder die „Isotypen" von Neurath [42], um zwei Beispiele aus der neueren Zeit zu nennen, sind nicht zum Zuge gekommen. Alle diese Beispiele waren Initiativen von einzelnen Personen oder kleinen Gruppen.

Zum Durchbruch gekommen ist schließlich die pragmatisch-empirische Lösung, an der fast die gesamte Menschheit mitgearbeitet hat und die lange Zeit ob ihrer Theorielosigkeit in krassem Gegensatz zu den theoretisch-systematisch aufgebauten, aber ohne Spezialwissen unverständlichen, Subsystemen stand. Gemeint sind die Symbole oder Bildzeichen als eine Kategorie der allgemeineren Klasse Zeichen.

Die ersten Symbole werden den Römern und den Ägyptern zugeschrieben, die damit einfachste und vitalste Dinge kenntlich machten [42]. Das römische Reich hatte viele Ausländer und noch mehr Analphabeten in seinen Grenzen. Analphabeten gibt es heute nur noch wenige. Das Symbol als Kurzsprache und auch als internationales Verständigungsmittel hat sich jedoch gut gehalten und erfährt neuerdings, im Zeichen der Entfernungsemplosion, einen großen Aufschwung.

Symbole haben primär funktionale Absichten. Das ist nur möglich, wenn sie interpretierbar sind, wenn sie eine Bedeutung haben, das heißt wenn ihre „Feststellung, Wahrnehmung in Wahrheit auf einer Deutung beruht", wenn das Symbol „Rufcharakter" [43] hat und „nicht nur semantisch als Beschreibung eines in der Quelle existierenden Willens" verstanden wird, sondern wenn das Individuum auch pragmatisch die „Befolgung der Forderung" erwägt. Ihre Aufgabe ist hauptsächlich die Mitteilung von Kommandos: Stop, Rechts, Links oder von Hinweisen: Achtung, Ziehen, Schule oder von Empfehlungen.

Werden Symbole institutionalisiert, so nennt man sie Embleme. Flaggen (Abb. 35), Wappen, Firmenzeichen [44] sind piktographische Embleme. Gemeinplätze, zum Beispiel in akademischen oder politischen Reden, sind verbale Embleme und Filmarchetypen, zum Beispiel Gangster oder Vamp, sind eindeutig eine Mischung piktographischer und verbaler Embleme.

Je höher der Grad der Institutionalisierung eines Symbols wird, desto mehr entfernt er sich von sei-

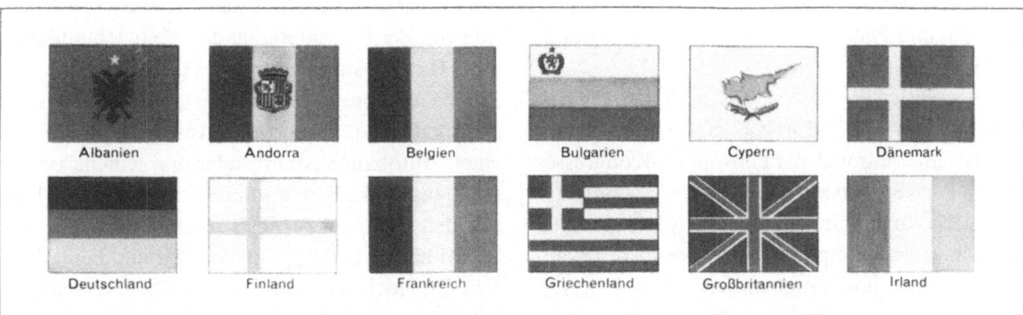

Abb. 35   Beispiele für Embleme, das heißt für institutionalisierte Symbole: Länder-Flaggen.

ner funktionellen Bedeutung [45]. Embleme sterilisieren eine Kommunikation – man denke an das Protokoll aus staatlichen Anlässen oder an die Etikette – und eine absolute Stereotypisierung wäre, analog den genannten eingefrorenen Sprachen und Schriftzeichen oder der perfekten Reduktion derselben auf die Plus-Minus-Schaltung der Elektronik, auch gleichzusetzen einer Reduktion der menschlichen Entfaltung.

Die einzelnen Sparten, die die verschiedenen Aspekte der Kommunikation untersuchen, sind: Linguistik, Logik, Rhetorik, Behaviorismus (Sozialpsychologie), Informationstheorie, Kybernetik und die gesamte Informationstechnik schlechthin. Sie tendieren alle zu einer engen interdisziplinären Zusammenarbeit. Ein gemeinsames Interesse besteht an der Natur, an der Funktion und an der Wirksamkeit der Zeichen – und dafür existiert seit geraumer Zeit eine spezielle Wissenschaft: die Semiotik.

2.3.2 Definition und Gliederung von Semiotik

Semiotik ist die Lehre und die Theorie von den Zeichen, den formalisierten Sprachen. Synonyme Begriffe dafür sind: Semiologie (de Saussure), Sematologie (Bühler) und Wissenschaft vom Zeichen. Man kann sie als wissenschaftliche Philosophie bezeichnen, deren Hauptaufgabe darin zu sehen ist, die vielen Aspekte, die die Zeichen betreffen, zu koordinieren und zu integrieren. Sie gehört „dem verzweigten Gebiet der allgemeinen Kommunikationsforschung an, das den Soziologen ebenso interessiert wie den Nachrichtentechniker, den Psychologen und Pädagogen ebenso wie den Ästhetiker" [46].

Der Begründer der Semiotik ist C.S. Peirce. Auf Initiative von C.W. Morris (USA) wurde anläßlich des Internationalen Philosophen-Kongresses 1935 in Paris eine erste öffentliche Darstellung und Definition vorgenommen. Dabei erfolgte auch die Aufteilung des komplexen Gebietes in 4 Teilgebiete, die hier übernommen sind (Abb. 36) [47]. Diese Aufteilung ist in der Literatur in den unterschiedlichsten Zusammenhängen wiederzufinden,

jedoch mit dem Unterschied, daß die Sigmatik, die Relation des Objektes zum Zeichen häufig fehlt.

Die *Sigmatik* ist die Relation, die die Qualität des Zeichens beschreibt und somit für den Gestalter von Bedeutung ist. Die Identifikation des Bezeichneten durch das Zeichen ist entweder ein semantischer Aspekt, dann kann der erforderliche Lernaufwand groß sein und wird anderen Gesichtspunkten untergeordnet, oder sie ist ein Aspekt der Sigmatik, dann ist die Qualität und Treffsicherheit des Zeichens abhängig von seinem Grad der Identität respektive der Identifizierbarkeit mit dem Bezeichneten. Die Sigmatik ist ein qualitativer Aspekt.

Die *Semantik* oder Bedeutungslehre hat ihren Ursprung und ihr Hauptbetätigungsfeld in der Linguistik, der Sprachwissenschaft. Mit logischen und logisch-mathematischen Sprachanalysen versucht sie die Bedeutung, das heißt das Definieren, das Erfüllen, das Wahrsein usw. der Sprache und ihrer Elemente zu untersuchen [48].

C.W. Morris hat sie auf Zeichen und Symbole und deren Bedeutung, das ist deren inhaltlicher Bezug ausgedehnt [49] und wiederum differenziert in formative, designative, appreziative (schätzende, beurteilende) und präskriptive (vorschreibende) Semantik. Ohne hier tiefer in die Materie eindringen zu wollen, sind doch einige Begriffe und Eigenschaften zu beschreiben, die bei der Gestaltungsarbeit relevant sein können:

Das „Wachstum der Bedeutsamkeit", wobei Wachstum auch mit negativem Vorzeichen möglich ist, also als Abnahme, ist die örtliche oder zeitliche Relation eines Zeichens oder aber einer Relation von Zeichen untereinander. Beim Countdown eines Raketenstarts wächst die Bedeutsamkeit der Zahlen mit abnehmendem Wert, bei einer Versteigerung ist es umgekehrt. Bei Anzeigeschildern vor einer Autobahnausfahrt oder vor einem Bahnübergang ist die Bedeutsamkeit des ersten Schildes mit den drei Balken noch gering. Beim zweiten Schild hat sie bereits zugenommen und beim dritten, nur noch mit einem Querbalken versehenen Schild, ist die Bedeutsamkeit der vermittelten Information so stark angestiegen, daß sie eine Reihe

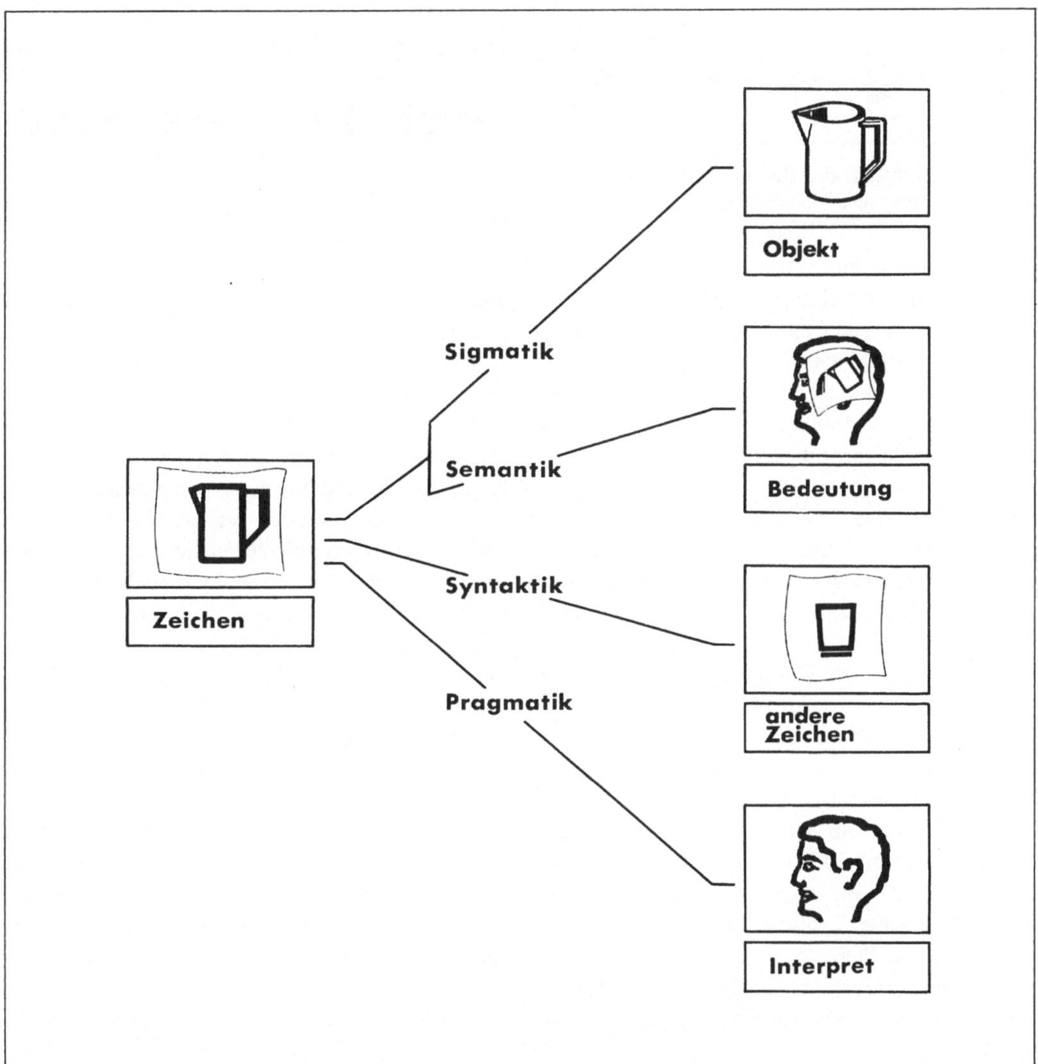

Abb. 36   Aufgliederung der Semiotik in ihre 4 Hauptteile.

erheblicher Veränderungen im Fahrzustand zur Folge hat (Abb. 37).

Designatum, Denotatum und Signifikatum sind die drei wesentlichen Inhalte, die ein Zeichen haben kann oder die durch ein Zeichen, oder auch ein Signal, vermittelt werden können. Der Interpret ist der Zeichenempfänger – in der Regel ein Mensch – und der Referent ist das zu Bezeichnende, das mit dem Zeichen Darzustellende oder durch das Zeichen zu Vermittelnde (Abb. 38).

Die *Syntaktik* oder Lehre vom Satzbau ist ebenfalls in der Linguistik beheimatet. Sie hat es im vorliegenden Falle mit der Art und der Anordnung von Zeichen zu tun und ist primär strukturell und logisch orientiert [50]. Zeichen treten nur selten alleine auf. Die Relation der Zeichen untereinan-

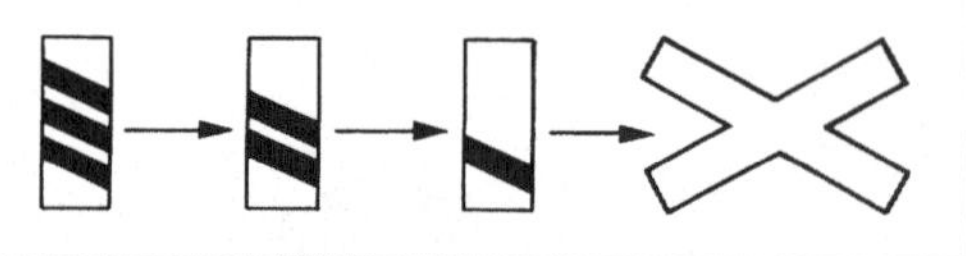

Abb. 37   Wachstum der Bedeutsamkeit am Beispiel einer Verkehrszeichen-Konstellation.

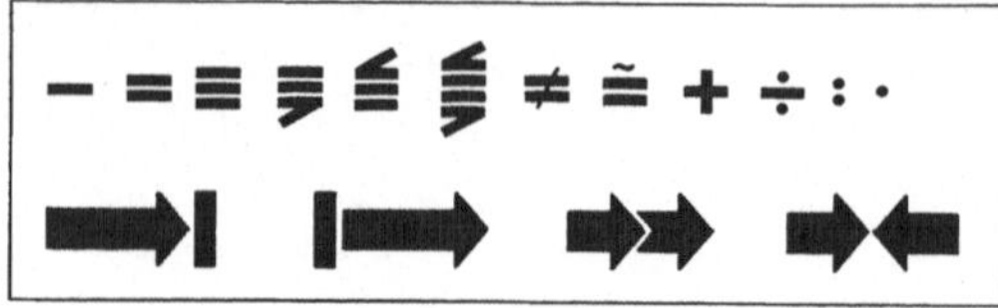

Abb. 39   Veränderung von Zeicheninhalten durch verschiedene Zuordnung (Satzbau, Syntax) ihrer Elemente.

der ist somit von hinreichender Bedeutung um so mehr, als die Bestrebungen auch bei Symbolen mehr und mehr dahin gehen, aus wenigen Grundelementen ganze Symbolsprachen zu entwikkeln [51]. Bei Verkehrszeichen, in der Mathematik, den Bildschriften des fernen Ostens und anderen Anwendungsfällen ist die Syntax der Zeichen unmittelbar evident (Abb. 39).

Bei der Zuordnung der Zeichen zueinander werden drei Prinzipien unterschieden, das Transfer-, das Positions- und das Kontextprinzip (Abb. 40). Beim Transferprinzip wird die Bedeutung eines Zeichens dadurch verändert, daß einzelne Elemente innerhalb des Zeichens verschoben oder verdreht, das heißt transferiert werden.

Das Positionsprinzip ist im engen Zusammenhang mit dem Transferprinzip zu sehen. Hier bestimmt entweder die absolute Lage, die Position, eines einfachen Zeichens im alltäglichen Koordinatensystem mit: oben–unten etc., oder aber eines Zeichens zu einem oder mehreren anderen Zeichen dessen Bedeutung. Typische Beispiele hierzu: die Zahl 6 oder der Pfeil.

Beim Kontextprinzip verändert sich der Inhalt eines Zeichens mit der Hinzufügung von anderen

Zeichen. Das Zeichen „Mann" plus das Zeichen „Angel" in einen Kontext gebracht ergeben den neuen Inhalt „Angler". Das Zeichen „Angel" durch „Lanze" ausgetauscht ergibt „Soldat".

Neben dieser Unterscheidung, die sich im strukturellen oder topologischen Bereich abspielt, das heißt, daß gleiche Elemente unterschiedlich an- bzw. zugeordnet werden, können Zeichen selektiv bzw. statistisch differenziert werden. Die selektive Differenzierung verwendet dieselbe Struktur, verändert aber die Elemente (siehe hierzu auch das Kapitel über numerische Ästhetik).

Die Beziehung zwischen dem Zeichen und seinen Interpreten ist die *Pragmatik*, gleichgültig, welche semantischen und/oder syntaktischen Gesichtspunkte darüber hinaus zur Geltung kommen. Sie wird in die reine oder formale und in die deskriptive Pragmatik unterteilt. Die reine Pragmatik erarbeitet logisch-methodologisch allgemeine Begriffe und Regeln, die für die exakte Behandlung der deskriptiv-pragmatischen Fragen erforderlich sind. Und die deskriptive Pragmatik „untersucht die Zusammenhänge zwischen den (Sprach-)Zeichen einerseits und den individuellen wie gesell-

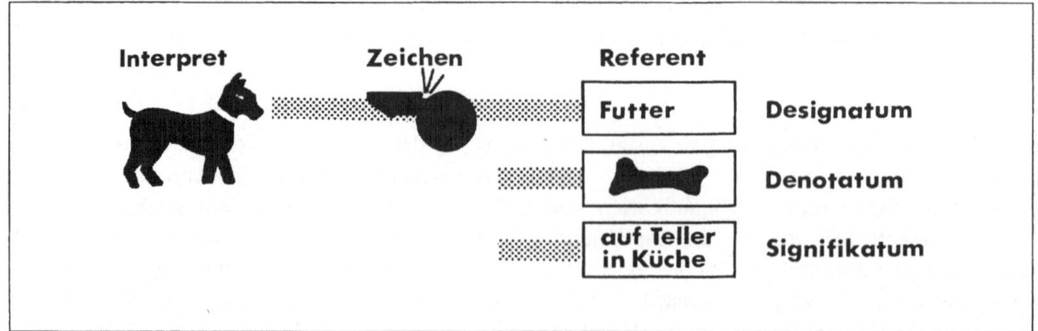

Abb. 38   Zeicheninhalte, definitorisches Schema.

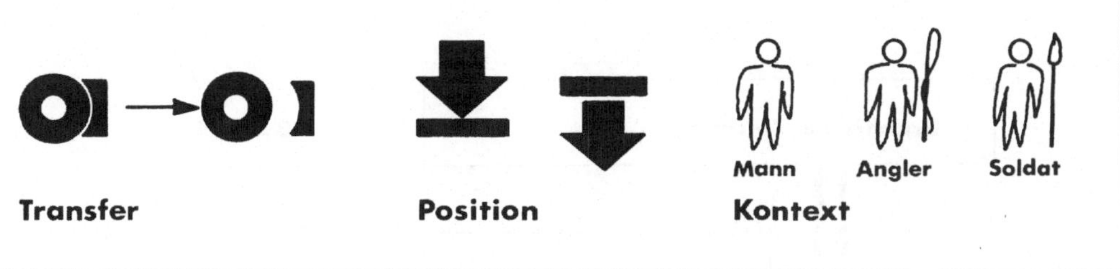

Abb. 40   3 Zuordnungs-Prinzipien einzelner Zeichenelemente.

schaftlichen Verhältnisse der Zeichenbenutzer andererseits" [52]. Einige Begriffe und Regeln sind im folgenden dargestellt.

2.3.3 Klassifikation der Zeichen

Der allgemeine Begriff Zeichen sei hier eingeschränkt auf graphisches Zeichen. Lichtzeichen und andere, graphisch oder dreidimensional nicht darstellbare Zeichen, sind für die Gestaltung von Produkten von untergeordneter Bedeutung. Es wird differenziert in Phonogramme, Zeichen nicht für Sachen sondern für Laute, zum Beispiel „a" oder „Vorsicht", die sprachlich gebunden sind, und in Logogramme. Die Logogramme wiederum teilen sich in Diagramme, abstrakte und/oder symbolhafte Darstellungen, die erlernt werden müssen, und in Piktogramme. Piktogramme, auch: ikonische Zeichen, haben Ähnlichkeit mit, oder erzeugen Assoziationen zu ihren Referenten. Es können Fotos, Zeichnungen, Schattenrisse, Vignetten oder auf andere Art vereinfachte und/oder abstrahierte Darstellungen sein (Abb. 41).
Die Kombinationsmöglichkeiten, die sich daraus auch im Zusammenhang mit den Prinzipien der Syntaktik ableiten lassen, sind reichhaltig.
Alleine ohne diesen erweiterten Zusammenhang und unter der Voraussetzung von jeweils nur einem Element sind bereits sieben Varianten möglich, die, zum Beispiel in Form der Verkehrszeichen, auch häufig vorkommen: Phonogramm, Piktogramm, Diagramm, Phonogramm plus Piktogramm, Phonogramm plus Diagramm, Phonogramm plus Diagramm plus Piktogramm.

2.3.4 Kollektivierung von Zeichen

Was bei H. Dreyfuss, P. Wildbur und W. Diethelm noch rein ideelle Absicht war, bei O. Rechenauer [53] einen kommerziellen Beweggrund nicht ganz verheimlichen konnte, hatte mit der katalogartigen Zusammenstellung von Symbolen der Arbeitsgemeinschaft Deutscher Verkehrsflughäfen [54] bereits eine übergeordnete kommunikative Absicht: einheitliche Zeichen bei gleichem Inhalt – wenigstens im Bereich des Luftverkehrs. Weitergehende Vorschläge wurden von H. Dreyfuss gemacht [55] und werden vom Deutschen Institut für Normung (DIN) mit einem Katalog von mehr als 10 000 Zeichen und einer speziellen DIN-Norm seit einiger Zeit realisiert [56].

2.3.5 Einige gestalttheoretische Kriterien

Die Beziehung Zeichen–Interpret ist gleichlaufend mit der Beziehung Objekt–Mensch im engeren Sinne, die sich die Psychologie der Gestalt zur Aufgabe gesetzt hat. Das impliziert, daß alle dort gewonnenen Erkenntnisse unmittelbar hierher übertragen werden können und müssen. Die für die Gestaltung wichtigsten Schlußfolgerungen und Konsequenzen daraus sind im folgenden, auf den Anwendungsfall Symbol modifiziert, vorweggenommen kurz dargestellt.

Lesewiderstand und Erlernbarkeit. Sie sind zunächst abhängig von Qualität und Spezifik des Leserkreises bzw. der Kommunikanten. Für typische oder charakteristische soziale Gruppen lassen sich Vorzugsregeln ableiten:

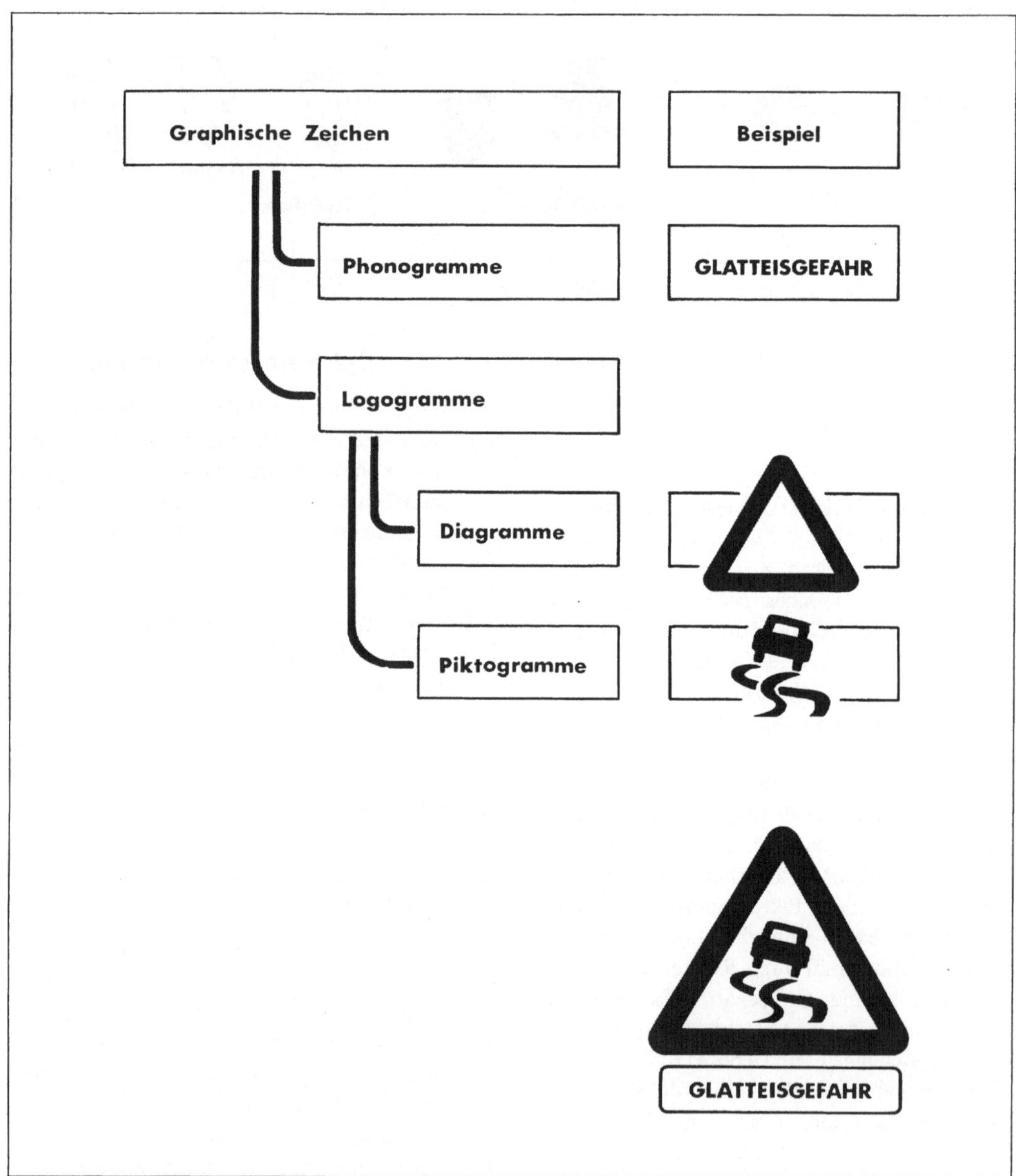

Abb. 41   Klassifikation der Zeichen.

So ist zum Beispiel die Entscheidung für ein Symbol „Trinkglas" von den Trinkgewohnheiten abhängig zu machen, die ihrerseits wiederum soziale Bezüge gestatten oder notwendig machen: Bierglas oder Weinglas.

Lesewiderstand, Erlernbarkeit und *Merkbarkeit* insgesamt sind abhängig von der Prägnanz und Gestalthaftigkeit, speziell der Tendenz zur einfachen Gestalt des Zeichens. Unter Gestalthaftigkeit ist die optimale Einhaltung der Bedingungen für eine Gestalt und der Gestaltgesetze zu verstehen. Tendenz zur einfachen Gestalt bedeutet zusammengefaßt: geometrisch einfache Formen und eine sichere Transponierbarkeit in andere Erscheinungs- und Ausführungsformen und in Gedächtnisinhalte.

Für beide Kriterien ist der mögliche Formenvorrat nur begrenzt optimal einzusetzen. Prioritäten für die besser lern- und merkbaren Zeichen, die einfachen und prägnanten Symbole, sollten daher den am häufigsten vorkommenden und den wichtigsten Zeichen, den Hauptbegriffen, eingeräumt werden [57].

Im speziellen wurden 4 Kriterien abgeleitet, die die Gestalthaftigkeit von Zeichen wesentlich beeinflussen:

Kohärenz der Elemente, abgeleitet von den Bedingungen für Zusammengehörigkeit und Ordnung: Die heute gebräuchlichsten Symbole, zum Beispiel die Verkehrszeichen, stellen eine Mischung aus Diagrammen, Piktogrammen und Phonogrammen dar. Das wurde gemacht, weil ein Großteil der Zeichen in irgendeiner Form schon vorhanden und der Lernprozeß bereits vollzogen war und weil die Erkennbarkeit in dieser Zusammenstellung und in der kleinen Menge optimal zu sein scheint.

Hätte man dieselbe Mischung mit unseren Schriftzeichen gemacht, wäre die Erkennbarkeit der einzelnen Zeichen auch nicht schlechter, wohl aber deren Kombinierbarkeit: die Erweiterung zum System. Das bedeutet, daß eine Kohärenz von Elementen, ein formales Verwandtschaftsverhältnis, um so eher eingehalten werden muß, je mehr Elemente es werden und je mehr Kombinationen der Zeichen untereinander möglich sein sollen.

Kohärenz der Elemente bedeutet: ein Prinzip für alle: entweder nur Piktogramme oder nur Diagramme, oder aber, unter formalen Gesichtspunkten [58], die Verwendung graphischer Konstanten wie zum Beispiel identische Umfassung, Farbe oder gleiche Strichstärke (Abb. 42). Daraus lassen sich drei Kohärenzprinzipien ableiten: die Kohärenz der Hierarchie, zum Beispiel nur Diagramme, der graphischen Merkmale und der Erkennbarkeit,

Abb. 42   Beispiel eines Zeichensystems, bei dem graphische Konstanten dominieren. Konstant sind: Hierarchische Ebene (Piktogramme), Konstruktionsraster, Bildformat (Quadrat), Bildbegrenzung, Strichstärke, Korpusstärke, Gliedmaßenstärke, Kopfgröße, Radien, Farben und anderes.

zum Beispiel durch Formdifferenz oder Prägindizes, im Falle von wenigen Elementen bzw. geringen Ansprüchen an eine Kombinierbarkeit.

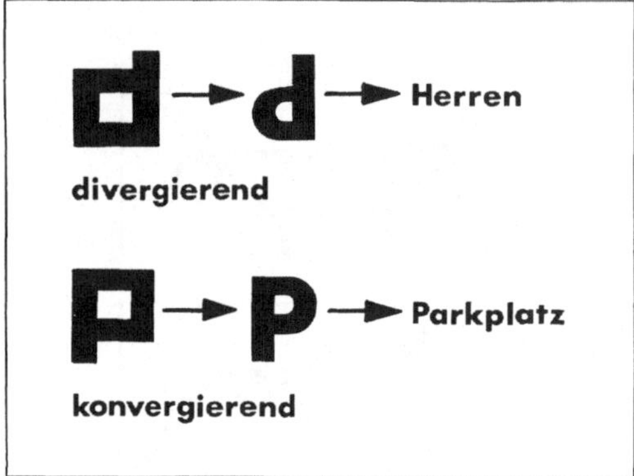

Abb. 43   Beispiele für konvergierenden und divergierenden Assoziationsgehalt von Zeichen.

Assoziationsverhalten, abgeleitet vom Gesetz der Erfahrung: Der Assoziationsgehalt kann relativ zum Bedeutungsinhalt eines Zeichens drei verschiedene Wertigkeiten annehmen (Abb. 43). Er kann konvergierend, das heißt unterstützend wirken, eine Wirkung, die in aller Regel erwünscht und angestrebt wird. Sie wird am sichersten mit naturalistischen oder mit ikonischen Darstellungen, Piktogrammen erzielt.

Der Assoziationsgehalt kann divergierend, negativ, störend wirken und damit die Information gefährden. Negativ und störend sind nicht nur alle verfälschenden Wirkungen sondern auch verniedlichende und das Lächerliche provozierende Assoziationen (Abb. 44).

Und ein Assoziationsgehalt kann gleich Null sein und damit eine Zuordnung des neutralen Zeichens zu allen denkbaren Inhalten gestatten. Im unmittelbaren Zusammenhang dazu steht die Assoziation bzw. Informationsverfremdung im Extremfall, die zur Verwechslung führt:

Verwechslung oder Unverwechselbarkeit: Lageabhängige Zeichen sind leichter zu verwechseln als lageunabhängige. Typische und positiv assoziationsträchtige Zeichen sind sicherer in ihrem Aussagegehalt.

Konfigurations-Einfluß, abgeleitet von der Bedingung „Abgehobenheit" und dem sekundären Ge-

staltphänomen „Mehrdeutige Figuren": Bei dreidimensionalen Gestalten ist dieses Kriterium von untergeordneter Bedeutung, da wir zunächst den Gegenstand sehen und erst danach das Umfeld, die Restfläche oder die Räume und Öffnungen, die der Gegenstand frei läßt. Bei einer zweidimensionalen Gestalt kann die Doppelwertigkeit entweder zu Täuschungen im Sinne einer Informationsfehlinterpretation führen, oder sie kann als gestalterisches Element mit herangezogen werden (Abb. 45). Die dominierende Figur ist entscheidend für die semantische Bedeutung, wobei dafür – aus Gründen des Gesetzes der Erfahrung und anderer individueller Momente – keine absoluten Werte greifbar sind.

2.3.6 Gebrauchsprüfung und Rückkopplung

Nach dem Entwurf eines Zeichens oder zur Kontrolle bestehender Symbole sind die vorgenannten und berücksichtigten Aspekte einer Prüfung zu unterziehen, einer Prüfung auf ihre Wirksamkeit in dieser neuen, bisher unbekannten Konstellation.

Eine Gebrauchsprüfung von Symbolen wurde zuerst von R. Loewy erwähnt. Er erzählt die Geschichte einer Zigarettenpackung (Lucky Strike), deren Änderung ihm aufgetragen wurde. Die Packung war einseitig mit einem Symbol versehen, einem mehrfarbigen Kreisring mit dem darin eingeschlossenen Schriftzug und war durch seine große Verbreitung bereits selbst zum Symbol geworden. Ein Neuentwurf wäre daher ein untragbares wirtschaftliches Risiko gewesen (Abb. 46) [59].

Loewy hat die Packung einer systematischen Gebrauchsprüfung unterzogen, die er sich erst erarbeiten mußte. Unter Gebrauchsprüfung muß hierbei mehr verstanden werden als nur eine mechanisch-funktionale Prüfung im üblichen Sinne. Das entscheidende Mehr für ihn war die der Graphik und der Packung inhärente Redundanz, diejenige Eigenschaft also, die nach einer Störung oder Zerstörung eines Teiles des Erscheinungsbildes immer noch so viel ausreichende und positive Information

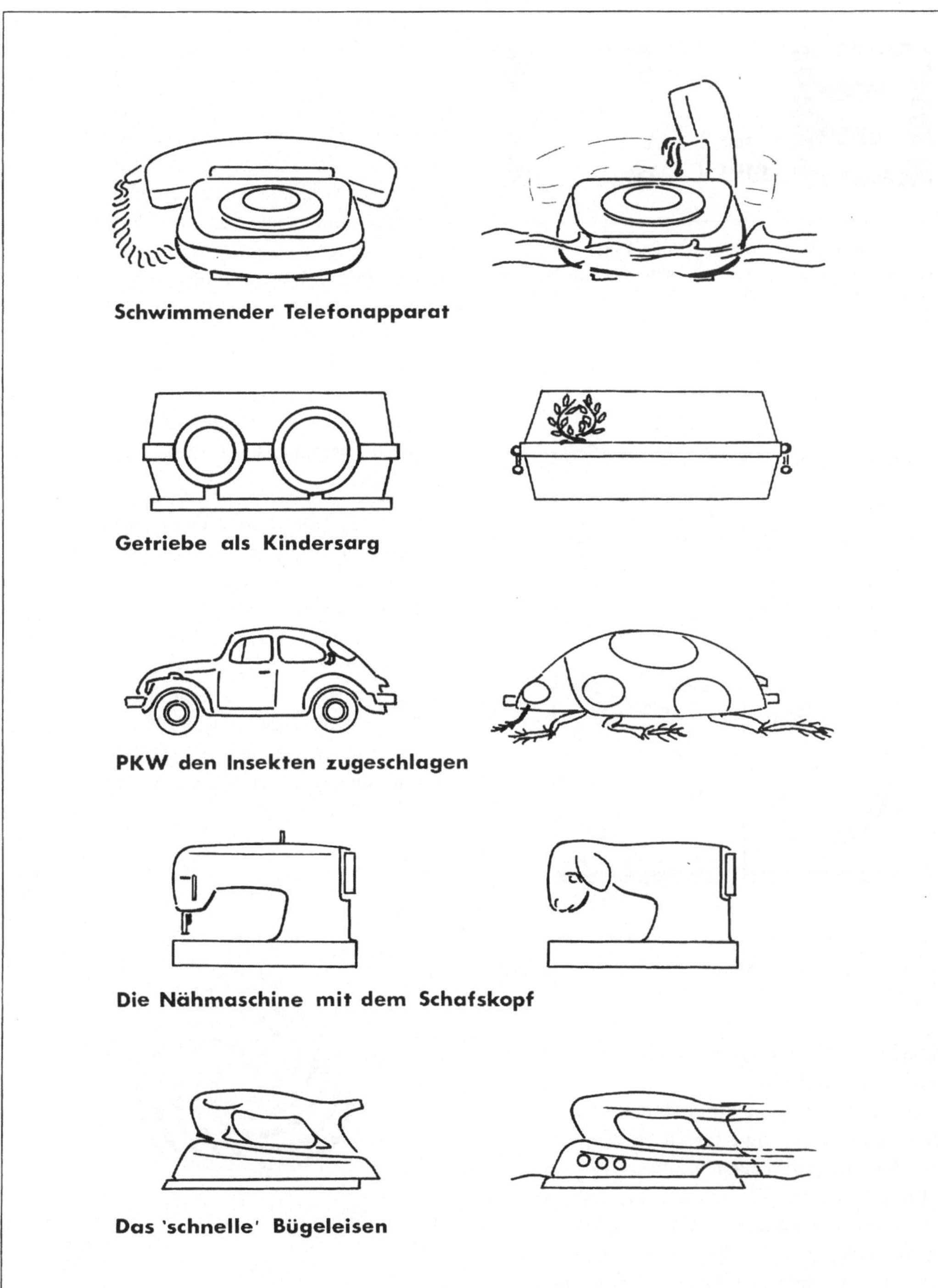

Abb. 44 Divergierende und gleichzeitig negative Assoziationen zu Produktsymbolen.

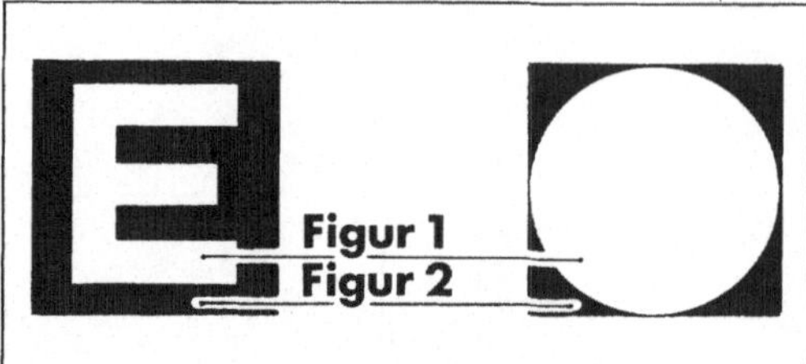

Abb. 45   Primat der dominierenden Figur. Es ist im Falle des Buchstaben gegeben, beim zweiten Beispiel jedoch nicht offensichtlich.

Abb. 46   Zigarettenpackung vor und nach der Überarbeitung.

darstellt, daß Stimulation – hier zum erneuten Kauf – erfolgen kann.

Loewys Arbeit bestand darin, daß er alle erkennbaren Mängel beseitigte und nach rein funktionalen Kriterien eine Packung entwarf und eine Gestaltung realisierte, die heute, nach mehr als 40 Jahren, noch verwendet wird.

Zur Darstellung der Größenordnungen, die dabei zum Tragen kommen können, sei erwähnt, daß Loewy für die Packungsverbesserung im Jahre 1940 50 000 Dollar nur für den Entwurf erhielt. Umstellungskosten wurden bei einem anderen Beispiel (Philips) 1971 mit 12 Mio. DM, aufzubringen in 3 Jahren, angegeben [60]. Das Wollsiegel (Abb. 47) wurde 1964 von dem Italiener Francesco Saroglia für das Internationale Woll-Sekretariat entworfen. Da Qualität alleine nicht ausreicht – es wurden umfassende Tests und Prüfungen mit allen Entwürfen durchgeführt, die schließlich zum vorgelegten Ergebnis führten –, zur Bewußtseinsbildung vielmehr auch ein hinreichendes Maß an Publizität erforderlich ist, wurden in 5 Jahren 150 Mio. Dollar aufgewendet, um diesen Bewußtseinsprozeß zu erzeugen. Den Wert solcher Anstrengungen beschreibt J. Pilditsch lakonisch so: „... and the woolmen know they have a very good thing" [61].

Qualitative Prüfung (Redundanz): Gegenstand der qualitativen Prüfung ist die Redundanz; die Faktoren sind den üblichen und möglichen Umwelteinflüssen nachempfunden (Abb. 48) [62]. Eine Quantifizierbarkeit wäre mit den Mitteln der Statistik denkbar. Die Parameter sind:

normalerweise zur Anwendung kommende Größe positiv, normalerweise zur Anwendung kommende Größe negativ, stark verkleinerte Ausführung, stark vergrößerte Ausführung, u.a.

Abb. 47   Das Wollsiegel.

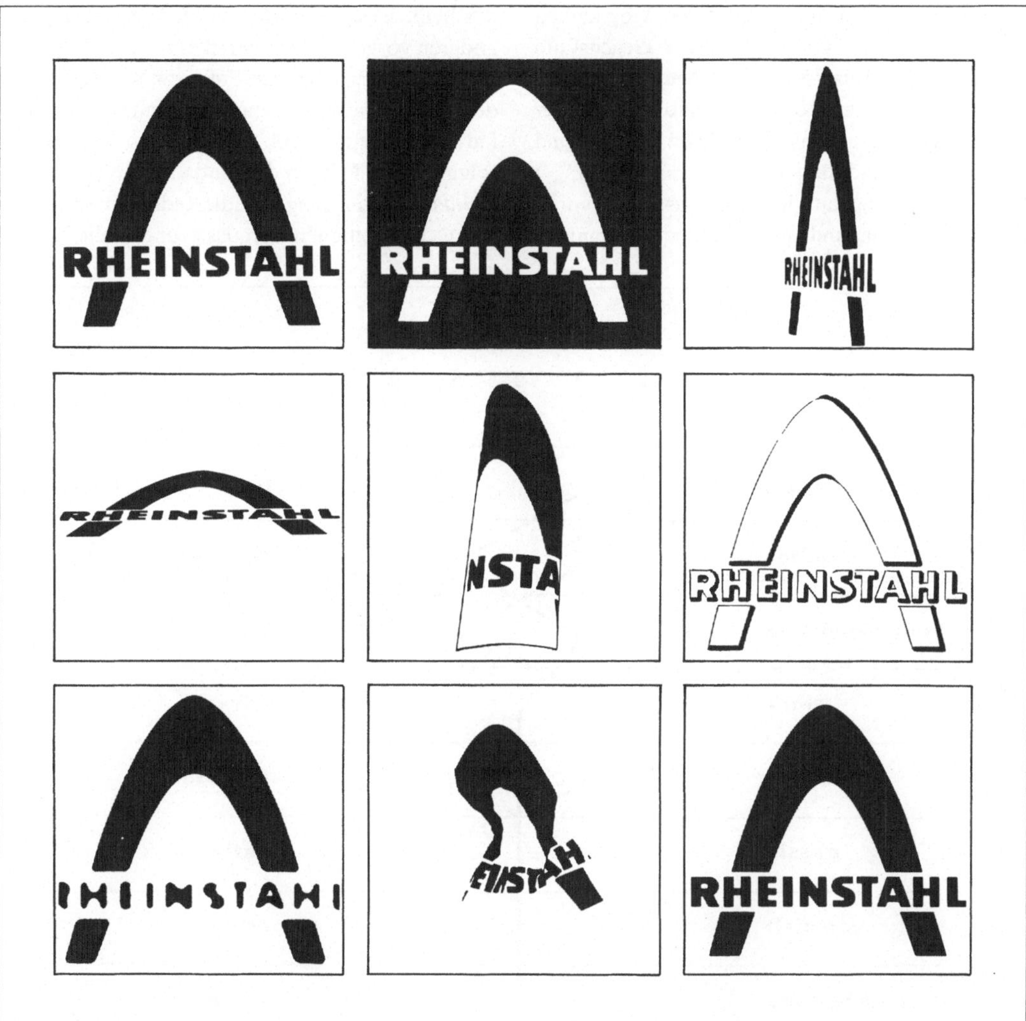

Abb. 48   Qualitative Prüfung eines Firmenzeichens durch Verwendung möglicher Umwelteinflüsse.

Und an Ausprägungen kommen u.a. vor:
Verhalten der Restflächen gestaltpsychologisch,
Verhalten der Restflächen technisch (Zulaufen),
Bewegung aus oder auf Fahrzeugen gesehen,
Unschärfe (Brillenträger, Regen), Plastifizierung, das heißt dreidimensional durch Prägung
oder Fräsung, Farben, aufgerastert und verschiedene Druckverfahren, aufgelöst, zum Beispiel in
Hohlschrift oder Schablonenschrift, als Leuchtröhre mit Wirkung am Tage und in der Nacht,
Schrägstellen um alle Achsen, Verzerren, Zerknüllen, Verschmutzen, Verstümmeln.

Quantitative Prüfung (Polaritätsprofil, Semantik):
Gegenstand der quantitativen Prüfung ist die Semantik, die Faktoren sind den den üblichen und
möglichen Zielgruppen entsprechenden Spezifikationen analog, und ein Mittel dafür ist das Polaritätsprofil, auch semantisches Profil genannt.
Ursprünglich auf sozialpsychologische Probleme

angewandt [63], hat man bald deren Möglichkeiten auch für den Kontext Mensch–Gegenstand erkannt und genutzt. Sie gehört heute zum Standardrepertoire überall dort, wo soziologische oder psychologisch-emotionale Einflüsse schnell und einfach erfaßt und dargestellt werden müssen.
Eine Anwendung auf Kunstgegenstände wurde von W. E. Simmat und auf technische Erzeugnisse,

das heißt Designobjekte von H. Jüptner [64] und anderen vorgelegt. Danach ist es zweckmäßig, eine Einstufung zwischen den Polen, zum Beispiel modern-konservativ oder modisch-neutral, in 7 Stufen vorzunehmen (Abb. 49). Eine Auswertung erfolgt mit den Mitteln der Statistik.
Zeitadäquate Prüfung: Wie die Redundanzkriterien von technologischen Voraussetzungen, die seman-

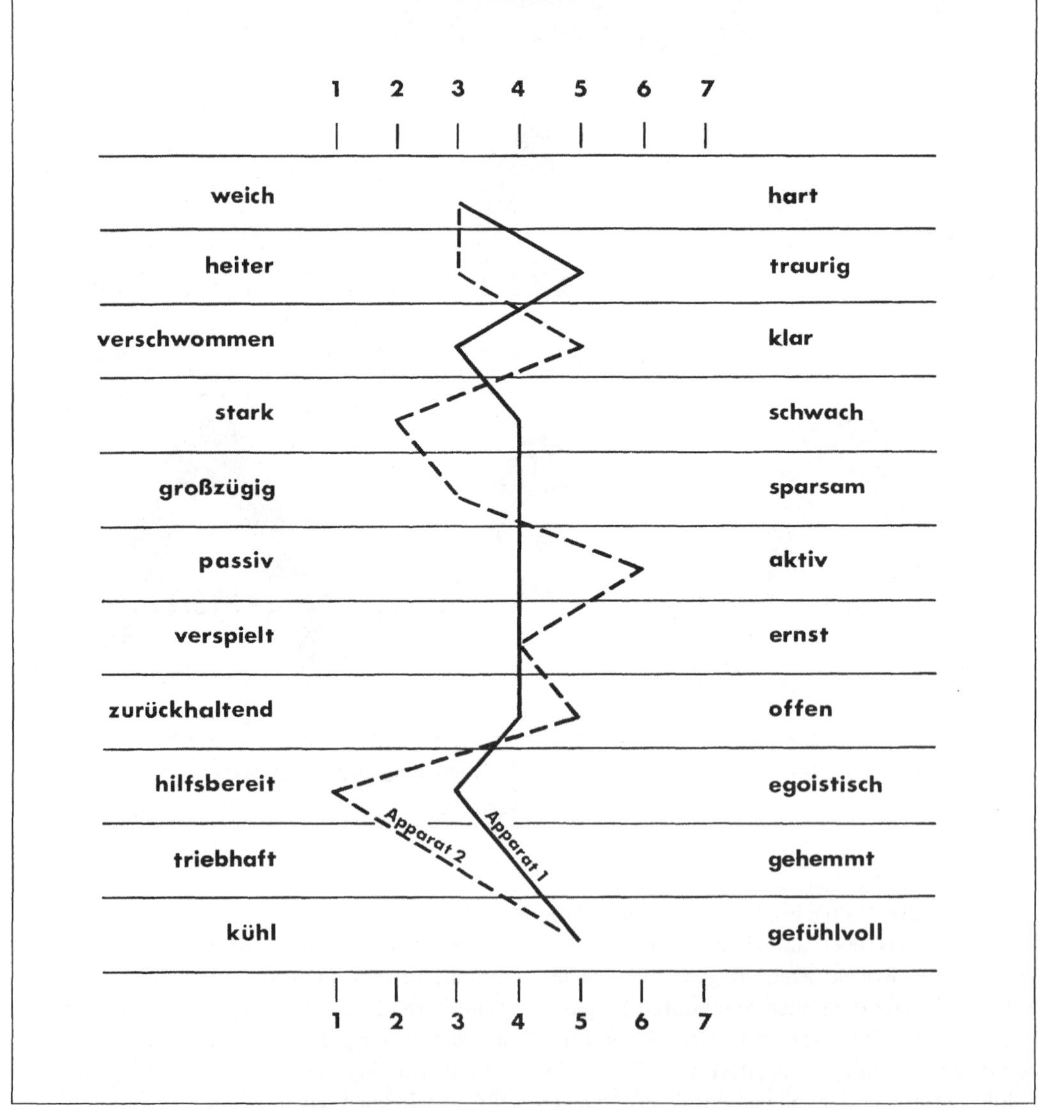

Abb. 49   Polaritätsprofil von 2 verschiedenen Gestaltungen desselben Gerätes (vereinfacht).

tischen Kriterien von soziologischen Voraussetzungen abhängig, mithin beide zeitlichen Veränderungen unterworfen sind, so sind auch die optimalen Ergebnisse aus den Kriterien Veränderungen unterworfen. Ein Zeichen, ein Gegenstand, eine Gestalt ist, auch ohne modische Attribute, relativ zu einer Zeit zu sehen. Der Anspruch an ein Symbol, durch eine Leuchtstoffröhre dargestellt, dieselbe Prägnanz aufzuweisen wie auf dem Papier, ist zum Beispiel vergleichsweise älter, als der der Erkennbarkeit bei hoher Vorbeifahrgeschwindigkeit [65]. Beide haben erheblichen Einfluß auf die Gestaltung. Demgegenüber kann die Forderung nach einfacher Reproduzierbarkeit mit Zirkel und Lineal heute mehr in den Hintergrund treten.

Neben die technologischen Veränderungen treten Wechsel innerhalb der soziologischen Struktur – extrem bedingt durch gesellschaftliche Veränderungen. Das Hakenkreuz zum Beispiel hat heute nicht mehr den semantischen Gehalt wie etwa im Jahre 1940. Auch veränderte unternehmenspolitische Absichten, zum Beispiel in der Zielgruppenorientierung, können hier bestimmend sein (Abb. 50).

Eine Prüfung unter diesen Gesichtspunkten wird

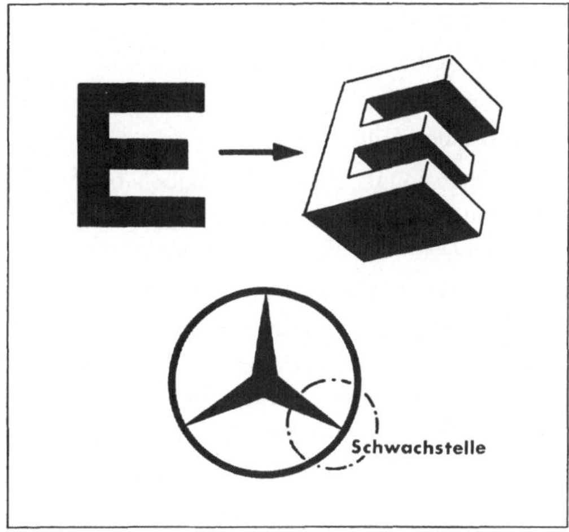

Abb. 51 Das Kriterium Räumlichkeit und Herstellbarkeit eines Zeichens.

Abb. 50 Veränderung eines Zeichens im Laufe der Zeit trotz gleichbleibenden Inhaltes.

von Institutionen, die ein Image pflegen, beobachten und damit arbeiten, regelmäßig vorgenommen, notwendige Veränderungen und Retuschen werden vorsichtig und planvoll durchgeführt. Die Mittel und Methoden dazu sind neben Redundanz- und semantischer Kontrolle alle, insbesondere in der Werbung zum Einsatz kommenden, Untersuchungs- und Auswertungsverfahren.

Ökonomischer Bezug: Die Realisierbarkeit ist Voraussetzung an die Gestalthaftigkeit und ist eine der drei Forderungen der „triadischen Zeichenfunktion" [66]. Die ökonomische Realisierbarkeit ist eine Forderung unseres Wirtschaftssystems. Sie wird optimaler, je einfacher die Mittel und Methoden sind, die zur Reproduzierbarkeit eines Zeichens herangezogen werden müssen. Das sind im einzelnen die Parameter:

- Dimension groß, auszuführen mit Raster, Schablone oder Projektor,
- Dimension klein, ausführbar in allen Details, auch in den extremen Feinheiten, ohne Verfälschung,
- labiler Grund, zum Beispiel Fahnenstoff oder Overall, ausführbar in allen Details. Auszuführen mit Raster, Schablone oder Projektor.

Und das sind die Modalitäten:

- Skizze, freihändige Ausführung,

- Reißbrett, mit Zirkel und Lineal oder nur mit zusätzlichen Hilfsmitteln,

- dreidimensional: versenkt, erhaben oder freistehend, können zum Beispiel Spitzen gefräst werden (Abb. 51),

- mathematisch abstrahierbar. Ist das Zeichen digital programmierbar, bei komplizierteren Formen, zum Beispiel eine Parabel, über eine Funktion darzustellen oder nur mechanisch, zum Beispiel über Schablonen, umzusetzen?

2.4 Informations-theoretische Grundlagen

Designobjekte sind immer auch Informationsträger. Und eine Information kommt beim Empfänger um so schneller und sicherer an, je besser sie für diesen Empfänger gemacht und gestaltet ist. Ein sinnloses Aneinanderreihen von Silben ist ungleich schwieriger aufzunehmen und zu lernen, als zu Worten geordnete Silben. Das Sinnlose ist dann jedoch leichter zu merken, wenn es gelingt, ihm ein Ordnungsschema unterzulegen oder es zu einer Gestalt zu organisieren. Und eine weitere Steigerung der Lern- und Merkbarkeit – und damit ist immer gleichzeitig auch die kurzfristige und spontane Aufnahmefähigkeit, zum Beispiel die Erkennbarkeit beim raschen Vorbeifahren gemeint – besteht in der Möglichkeit, die Prägnanz der Gestalt zu erhöhen: durch einfache und regelmäßige geometrische Grundkörper oder Flächen [67].

Das Organisieren und Reduzieren der Gestalten hat Grenzen, die nicht unter- und nicht überschritten werden sollten. Die Skala der Wahrnehmungsreize reicht von der Reizsättigung (der Grenze zum Chaos) bis zur Reizarmut (Monotonie). Beide Zustände stellen Grenzwerte unseres Wahrnehmungsprozesses dar. Sie sind nicht fest umrissen und von den unterschiedlichsten Voraussetzungen abhängig, so daß auch hier ein Mittelwert erstrebenswert zu sein scheint, zumal eine „Reiznotwendigkeit" ganz generell besteht [68].

Die Unbestimmbarkeit der exakten Grenzen, sowohl der zum Chaos als auch der zur Monotonie hin, haben dazu geführt, daß sich die Vertreter der beiden Richtungen hinter schützenden Dogmen plaziert haben. Was den ersteren das „Weniger ist mehr", ist den letzteren die reizüberflutete Welt der Freizeitarchitektur eines Oktoberfestes oder der Stadt Las Vegas.

Für Gestaltung gilt derselbe Grundsatz, der auch im übrigen Umweltbezug unbestritten ist: eine Entscheidung ist so gut wie die Informationen, die dazu zur Verfügung stehen. So kann zum Beispiel eine Entscheidung beim Gebrauch einer Maschine im ungünstigsten Falle zur Fehlentscheidung, das heißt zum Ausschuß führen.

Es kann sich um die Entscheidung für eine Alternative bei der Entwicklung von Produkten handeln, die aufgrund von Vorgaben, das heißt Informationen durch Vertrieb, Marketing, Fertigung etc., getroffen wird, oder es kann sich um die Entscheidung des Käufers respektive des Marktes für oder gegen ein Produkt handeln, die über die Informationen, die das Produkt über sich selbst zu vermitteln vermag oder auch nicht vermag, gefällt wird.

Im Kapitel über die wahrnehmungstheoretischen Grundlagen sind neben den Arten und Wegen der Wahrnehmung auch die Veränderungen des Wahrgenommenen beschrieben. Ohne Willensleistung kann es verändert, verzerrt oder gar verfälscht werden. Eine Untersuchung dieser Vorgänge aufgrund naturwissenschaftlicher Forschung nennt man Messung. Eine Messung liegt auch dann vor, wenn solcherart Vorgänge von einem anderen Individuum ausgelöst werden, wie zum Beispiel bei psychologischen Untersuchungen, ihre Bezeichnung ist dann: Test [69].

Gegenstand der Wahrnehmung sind Impulse, die aufgenommen und weitergeleitet werden. Sie werden zu einem Verarbeitungszentrum, zu den Nervenzellen im Gehirn geleitet. Die Summe der Impulse und die Kombination der Impulse „kann subtilere Qualitäten als die bloße Energie enthalten. Diese werden Information genannt", das heißt sie haben einen Inhalt, eine Bedeutung. Und das wiederum hat zur Folge, daß wir neben und parallel zur Wahrnehmung der Gegenstände auch weitergehende Informationen von den und über die Gegenstände empfangen, über die „durch eine Untersuchung des der Messung zugänglichen pragmatischen Zweiges dieses Vorganges allein nicht entschieden werden kann. Für das Informativwerden sind vielmehr außerphysikalische, semantische, logisch-syntaktische und psychologische Gegebenheiten verantwortlich" [70].

Information meint: Nachricht, Mitteilung, Auskunft, Unterrichtung über Tatsachen, Ereignisse, Zustände oder Veränderungen, die von einem Individuum über ein physikalisches Medium einem anderen Individuum vermittelt werden und sich in irgendeiner Form darstellen lassen. Dabei ist es unerheblich, ob ein zeitlicher Versatz hinzukommt, so daß es durchaus geschehen kann, daß das vermittelnde Individuum nur noch über die Konserve innerhalb eines physikalischen Mediums, zum Beispiel die Schallplattenaufnahme einer verstorbenen Sängerin, erreichbar ist.

Diese Konserve, das physikalische Medium, etwa ein Gegenstand, kann so weit seines individuellen Charakters enthoben, neutralisiert werden, daß die Nachricht nicht mehr vom vermittelnden Individuum sondern vom Gegenstand auszugehen scheint. Wir nennen diese Information dann Produktinformation. Sie „umfaßt eine nahezu unbegrenzte Vielfalt verschiedenartigster Nachrichten, die von der Mitteilung über die bloße Existenz des Produktes bis zu einer Totalinformation über sämtliche wahrnehmbaren Produkteigenschaften reichen" [71].

2.4.1 Definition und Abgrenzung

Im weiteren Verlauf wird vorwiegend die Produktinformation dargestellt. Da sie ihre theoretischen Grundlagen aus allen Bereichen der Informationstheorie bezieht, diesen jedoch nur schwer zuzuordnen ist, erscheint es notwendig, einen als Definition und Abgrenzung zu verstehenden kurzen Überblick über verschiedene Informationsbegriffe zu geben.

Die einzelnen Ausprägungen von Information sind vom jeweils beteiligten Individuum, vom physikalischen Träger oder von der zugrunde gelegten Theorie abhängig. Einige Beispiele: ästhetische Information, materielle Information, subjektive, übertragene, memorale [72] Information. Sie wird in die drei [73] notwendigen Bauelemente gegliedert (Abb. 52), die nicht nur auf Zeichen bezogen, sondern auf alle Dinge, die wir als Zeichen verstehen, zu verallgemeinern sind:

- Der sinnliche Stoff, das Mittel oder die geistig-psychologische Realität, als semantische Information bezeichnet. Der semantische Inhalt des Gegenstandes Auto kann Prestige sein, der einer Goldmedaille der erste Preis und der eines graphischen Verkehrzeichens die Aufforderung zu halten.
- Die abstrakte Form und/oder die metaphysische Realität, hier als Zeichen benannt. Wenn es visualisiert ist, kann es arithmetisch, geometrisch oder topologisch nach graphischen, mathematischen oder anderen Gesetzen dargestellt wer-

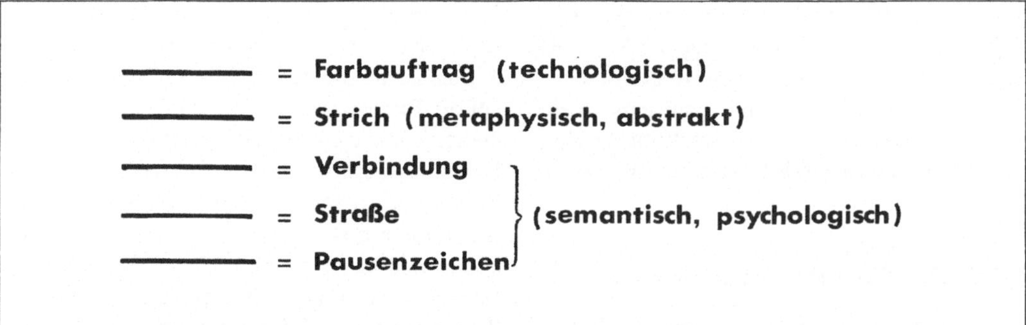

Abb. 52 Dreifache Zeichenfunktion am Beispiel einer kurzen geraden Linie.

den. Das Beispiel Auto als Form- und Farbelement, die Medaille als Kreis mit Relief und das Halteschild als Oktogon mit Schrift und Farbe.

- Der technologische Inhalt oder die Gegenständlichkeit, hier als Signal bezeichnet, ist häufig ein physikalisches Signal. Das Auto als Maschine, die Medaille als Metallstück und das Verkehrszeichen als Blech mit einem Lackauftrag.

Neben den für die menschliche Verständigung entstandenen Sprachen sind auch formale Sprachen, zum Beispiel Programmiersprachen einbezogen, deren Zeichen und Syntax auf die Besonderheiten der jeweiligen technischen Einrichtung abgestimmt sind.

Informationstheorie: Information ist quantifizierbar. Die mathematische Theorie dazu ist die Informationstheorie. Sie stellt die Grundlagen der Nachrichtetechnik und ist ein Zweig der allgemeinen Kybernetik sowie der Wahrscheinlichkeitsrechnung. Als Einheit eines statistischen Maßes der Information führte sie das Bit ein. Vereinfacht ausgedrückt bedeutet 1 bit eine Alternativentscheidung Plus oder Minus, Ja oder Nein.

Informationspsychologie: Die Informationspsychologie drückt Sachverhalte der Kommunikation, der Wahrnehmungs- und der Gedächtnispsychologie in informationstheoretischen Begriffen aus und leitet daraus Anwendungsmöglichkeiten ab. Sie ist im Gegensatz zur geisteswissenschaftlichen Psychologie vorrangig an quantitativen Resultaten interessiert. Sie arbeitet theoretisch und versucht, die Theorien und Hypothesen empirisch abzusichern.

Mit anderen Worten: die Informationspsychologie beschäftigt sich mit dem Weg und den Veränderungen einer Information von der Reizaufnahme, der Perzeption durch unseren Organismus bis zur Aktion bzw. Signalisation. Dieser Vorgang läuft in gewissen Stadien parallel zu dem der Wahrnehmung [74].

2.4.2 Die Produktinformation

Ein Produkt verfügt über ein umfangreiches Repertoire an Zeichen und Symbolen, mit denen und über die es seine Information mitteilen kann. Das Repertoire ist die „Produktsprache" [75]. Beispiele aus dieser Sprache sind so verschiedenartige Ausdrucksformen wie etwa Dimension, Form, Farbe, Materialbeschaffenheit, Oberfläche, Bewegung, Produktgraphik, Art und Weise der Funktionserfüllung, Geräusch, Geruch, Verpackung und andere. Partner in diesem Dialog ist stets ein Mensch, nicht ein beliebiger, sondern ein Mensch einer ganz bestimmten Zielgruppe, der Zielgruppe der potentiellen Interessenten oder Käufer dieses Produktes. Die Produktionssprache bzw. die durch sie vermittelte Produktinformation beeinflussen positiv oder negativ sein Entscheidungsverhalten.

Das neutralisierte informationsvermittelnde erste Individuum ist der Hersteller respektive Gestalter des Produktes. Insofern ist Gestaltung Informationsdarstellung, ist Gestaltung eines Gegenstandes vergleichbar mit Gestaltung einer Produktsprache, und ist die Bedeutung der Produktinformation für das Industrial Design unmittelbar evident.

Der Dialog des Interessenten mit dem Produkt wird auf verschiedenen Kanälen geführt. Er ist vielfältigster Art, und er wird nicht nur direkt geführt. Durch die vielen Medien, die uns heute zur Informationsvermittlung zur Verfügung stehen, ist er komplex und verzweigt (Abb. 53) [75].

Zu dieser Verzweigtheit kommt die zeitliche Determinante. Nicht alle Produktinformationen erfolgen gleichzeitig. Sie ergänzen sich insgesamt, und das dabei zu erzielende Maximum ist die zu einer Entscheidung, zum Beispiel einem Kaufentschluß, führenden Gesamtbeeinflussung (Abb. 54).

Die Vielfalt aller Produktinformationen wird von T. Ellinger auf drei große Gruppen zurückgeführt, auf die Existenzinformation, die Herkunftsinformation und die Qualitätsinformation.

Die *Existenzinformation* vermittelt die grundlegende Nachricht, die ein Produkt überhaupt auszusenden vermag: die seiner bloßen Existenz. Sie ist das erste Signal, das erste „Schaut her, ich bins" eines Produktes und geht jeder differenzierteren Betrachtung voran. Für die Gestaltung ist es dabei unerheblich, ob dieser Existenznachweis direkt

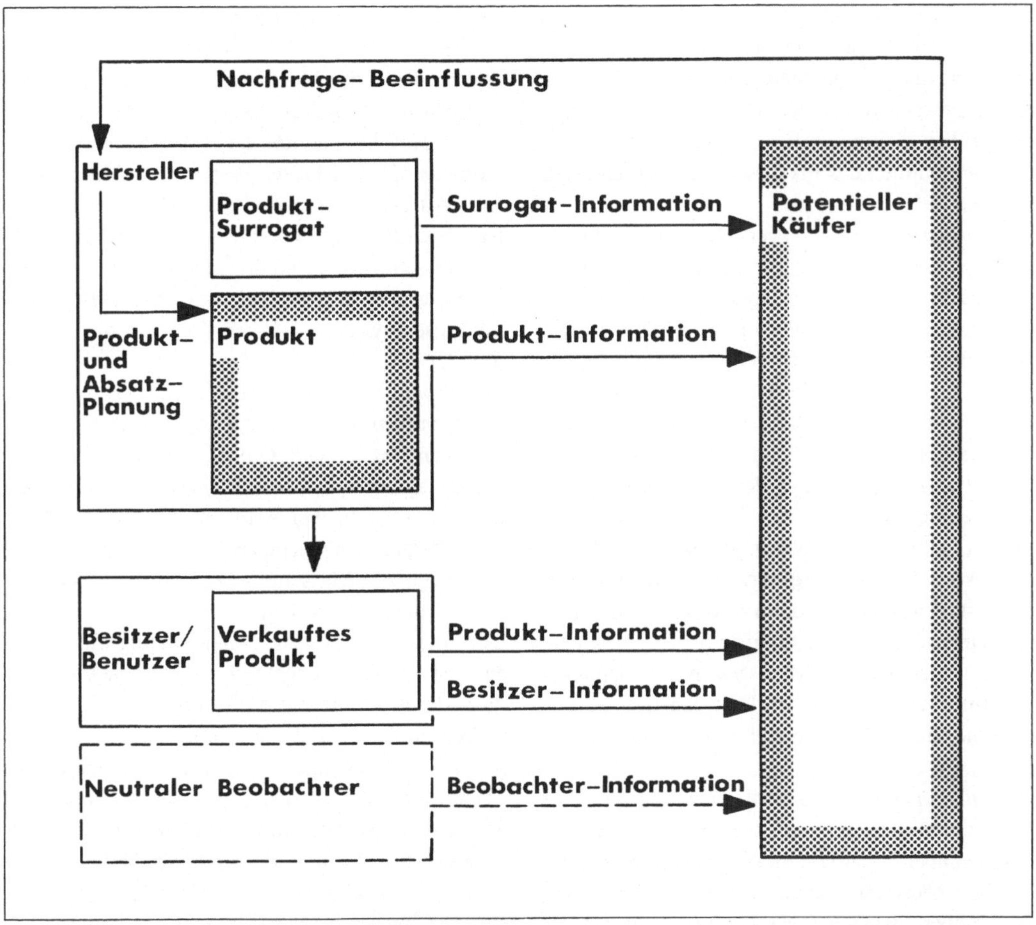

Abb. 53   Informations-Kreisprozeß und einige der verschiedenen Übertragungs-Kanäle zwischen Produkt und Interessent.

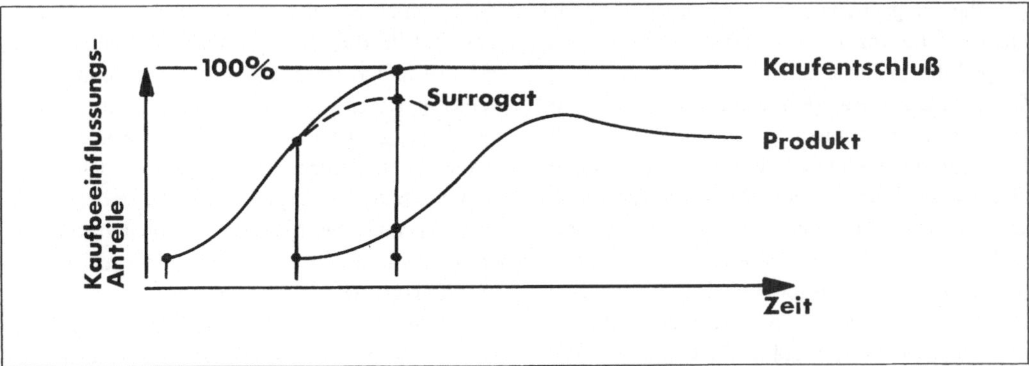

Abb. 54   Addition von Beeinflussungs-Anteilen, die durch die verschiedenartigen Produktinformationen verursacht werden.

oder über ein Surrogat erfolgt. Erheblich aber sind die mit dem Lebenszeichen gleichzeitig vermittelten und in der Regel mehr unbewußt aufgenommenen übrigen Informationen, die bereits zu diesem frühen Zeitpunkt für das Ankommen oder Nichtankommen des Produktes bestimmend sein können.

Die *Herkunftsinformation* vermittelt die Nachricht über den Gestalter oder Hersteller. „Weitverbreitete Produkte, die schon längere Zeit am Markt sind, geben ohne besondere Kennzeichnung eine Herkunftsinformation ab, wenn sie Eigenschaften aufweisen, die nur für sie charakteristisch sind. So kann zum Beispiel die allein bei ihnen zu findende Produktgestaltung oder Farbkombination eine eindeutige Auskunft über den Hersteller geben" [76]. Beispiele sind: Coca-Cola-Flasche, VW-Karosserie, gelb-rote Verpackungsfarben von Maggi-Produkten. Ist ein Charakteristikum nicht ausreichend stark ausgeprägt, dann wird zur Vermeidung von Herkunftsverwechslungen die Formsprache durch wettbewerbsrechtlich geschützte, semantische Informationen wie Markenzeichen, Produktsymbole oder verbale Herstellerbezeichnungen ergänzt (Abb. 55).

Die *Qualitätsinformation* stellt die größte der drei Informationsgruppen dar. Sie „umfaßt die Gesamtheit aller Nachrichten, die über die Funktion und alle sonstigen Eigenschaften des Produktes nach außen dringen. Die Qualitätsinformation zeigt sich besonders bei dem Vollzug oder Ergebnis der Grundfunktion eines Erzeugnisses, zum Beispiel die Ganggenauigkeit einer Uhr, und bei der Ausstrahlung von anderen Leistungsdaten, zum Beispiel die Lichtstärke eines Kameraobjektives. Zur Qualitätsinformation gehören schließlich alle sonstigen Informationen, wie diejenigen über stoffliche Zusammensetzung, äußere Gestalt, Oberflächenveredelung, Gebrauchseigenschaften und Lebensdauer. Die Skala dieser Informationen reicht bis zu den feinsten Verästelungen sinnlicher Wahrnehmbarkeit. Gegenüber dem einheitlichen Charakter der Existenz- und Herkunftsinformation vereinigt die Qualitätsinformation also ein heterogenes Bündel von Einzelnachrichten" [76]. Der Qualitätsbegriff ist hierbei ausschließlich vom

Produkt her und damit enger als gemeinhin üblich zu fassen.

Ankommen oder Nicht-Ankommen des Produktes wird durch die Ausgewogenheit der Informationen und die Qualität der Produktsprache, und damit der des Produktes, bestimmt. Beides zusammen, Ausgewogenheit und Qualität, wird als Nachfragebeeinflussung bezeichnet und läßt sich quantitativ fassen. Dabei sind drei charakteristische zeitliche Verläufe festzustellen, die durch die drei Produkttypen A, B und C repräsentiert sind (Abb. 56) [77].

Der *Produkttyp A* wird sofort akzeptiert und stürmisch aufgenommen. „Er kommt dem Publikum entgegen" bzw. „läßt sich gut verkaufen", – wie die Schlagworte für dieses Phänomen lauten. Man findet ihn häufig bei Artikeln, die ihre Existenz einer Mode, zum Beispiel bei Bekleidungsstücken, oder einer Art Massenpsychose, zum Beispiel das Skate-Board, verdanken.

Der Produkttyp A verschwindet häufig wieder genau so schnell, wie er gekommen ist. Eine Variante dazu, der Produkttyp A' wird zwar ebenfalls schnell aufgenommen, behält dann aber über einen längeren Zeitraum einen einigermaßen konstanten Marktanteil. So werden etwa neue Automarken oder neue Zigaretten mit viel Vehemenz und schnell eingeführt. Für einige Produkte ist die plötzliche Einführung und breite Akzeptanz überhaupt die einzige Chance, am Markt Eingang zu finden.

Den *Produkttyp B* kann man als den Normalfall bezeichnen. Seine Nachfrage steigt langsam aber stetig an und mündet in einen flachen Bogen ein. Das sind Produkte, die durch ihre Produkt- und Benutzerinformation einen steten Nachfragezuwachs erzeugen, die sowohl halten, was sie versprechen, als auch in irgendeiner Form ein Grundbedürfnis befriedigen. Das sind in erster Linie modeunabhängige Erzeugnisse mit hohem Substanzwert und einer relativ zeitunabhängigen, neutralen Gestaltqualität. Beispiele: Gebrauchsgüter, Haushaltsgeräte.

Der *Produkttyp C* ist der seltenste unter den genannten Typen. Er ist durch seine Extravaganz zunächst auf Ablehnung gestoßen – Extravaganz meist aufgrund der äußeren Gestaltung –, konnte

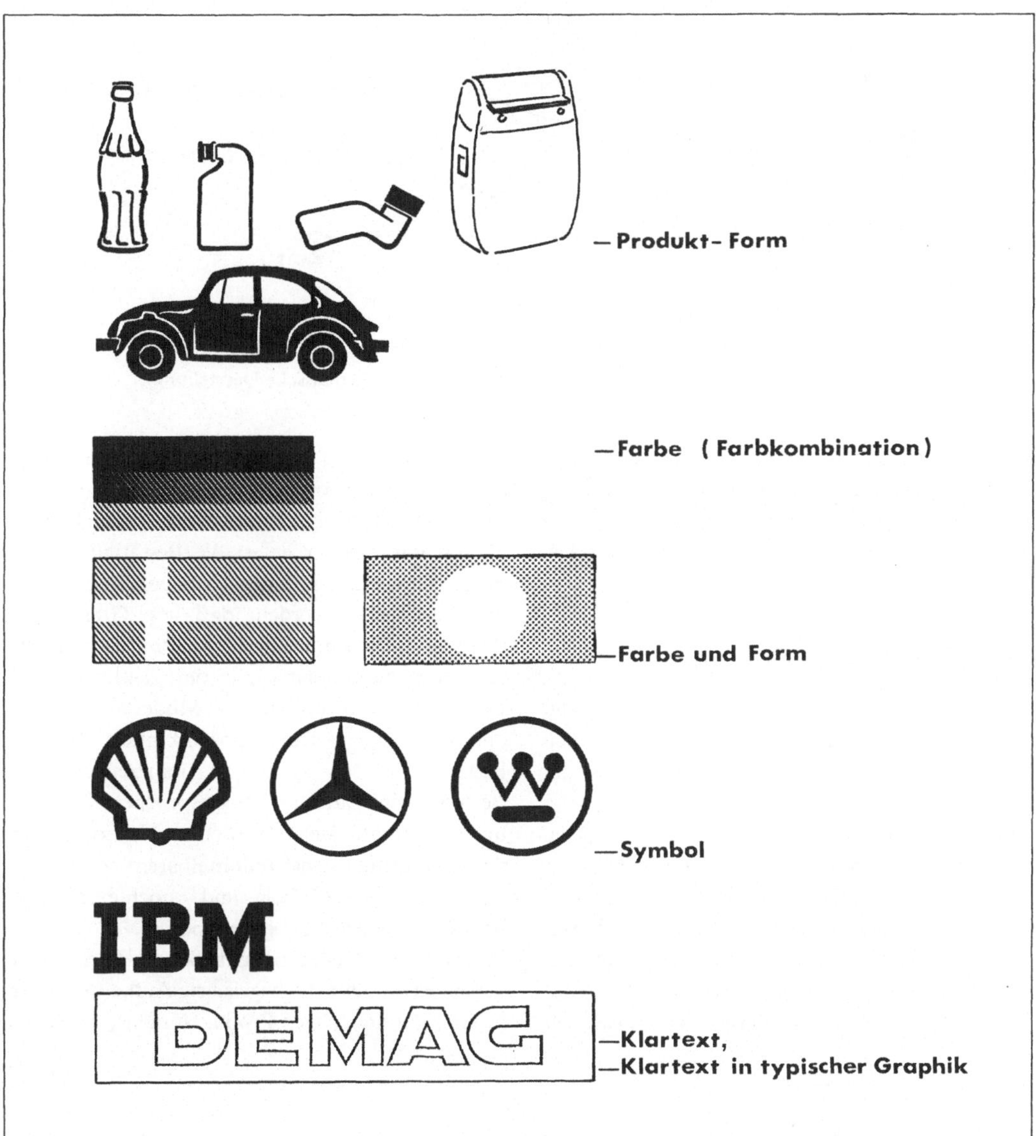

Abb. 55   Einige Darstellungsmittel der Herkunfts-Information.

dann aber durch andere, positiv wirkende Informationen oder durch eine Änderung der Beurteilungsmaßstäbe, zum Beispiel durch technische Vorteile, doch noch Anerkennung finden. Bekanntestes Beispiel: Citroen ID/DS, 1954.

Eine Variante zu C ist das als Eintagsfliege bezeichnete Produkt, der Produkttyp C′, der, nicht akzeptiert, erfolglos wieder vom Markt genommen verschwindet. Bei den heutigen Serienstückzahlen und den dafür notwendigen hohen Investitionen, die bereits vor jeder Martkeinführung voll zu tätigen sind, hat ein solches Schicksal oft auch verheerende wirtschaftliche Folgen für das betreffende Unternehmen. Sie besser abschätzen zu kön-

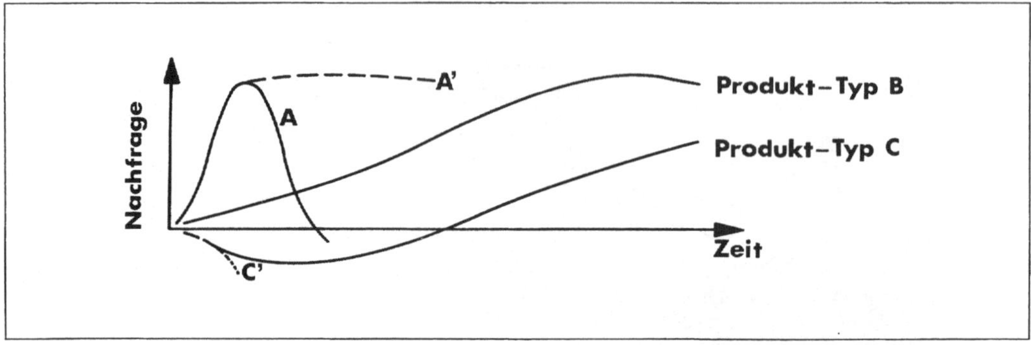

Abb. 56   3 verschiedenartige Produkttypen und ihr zeitlicher Verlauf (schematische Darstellung).

nen, die Wahrscheinlichkeit und auch den Grad einer Akzeptanz zumindest in der Größenordnung bzw. in der Tendenz vorher kennenzulernen, festzustellen, hat sich die Produktplanung zum Ziel gesetzt.

2.4.3 Die MAYA-Schwelle

Der Produkttyp C ist eine Erscheinung bzw. zeigt einen Verlauf, der die Grenze des wirtschaftlich Machbaren darstellt, und der erheblich von der Gestaltung abhängig ist. Es soll vorausgesetzt werden, daß der Produkttyp C nach modernsten Erkenntnissen entwickelt und gebaut worden ist. Der Verbraucher sollte damit in keiner Weise hintergangen werden, – kurz, alle Beteiligten haben sich die größte Mühe gegeben, ein gutes, modernes und einwandfreies Produkt zu schaffen. Das Produkt ist nicht nur neu, sondern es sieht auch neu

und neuartig aus. Sein Bild ist zwar ungewohnt, aber nicht hausbacken oder ältlich.

Der Produkttyp C ist kein Ausnahmefall, er kommt täglich vor, und er liefert die Bestätigung, daß unser Wunsch und Drang nach Neuem eine Grenze hat. Fest steht außerdem, daß diese Grenze fließend und für unterschiedliche Produkte unterschiedlich ausgeprägt ist. In der Elektronik, der Luftfahrttechnik und in der Mode werden fast alle Neuerungen vorbehaltlos akzeptiert. Zurückhaltender werden wir bei den Fahrzeugen, zum Beispiel beim Auto, und ausgesprochen skeptisch und konservativ steht der Mensch Neuerungen in der Ausstattung seiner unmittelbaren Umgebung, zum Beispiel bei Möbeln, und – noch extremer – bei den Lebensmitteln gegenüber.

Dieser Grenzstreifen oder fließende Bereich, auf dessen einen Seite die begeisterte Aufnahme einer neuen oder neuartigen Produktsprache, das heißt

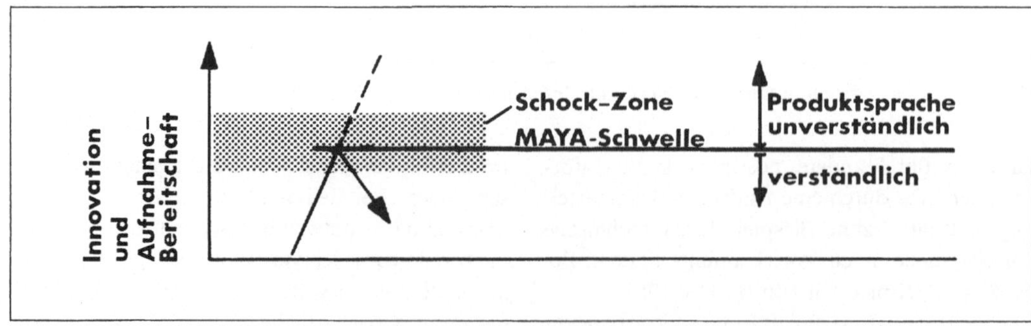

Abb. 57   Schock-Zone und MAYA-Schwelle in der Produktsprache.

Gestaltung, einer abrupten Ablehnung gegenübersteht, wurde von R. Loewy als „Schockzone" bezeichnet (Abb. 57) [78]. Sie ist die Grenze für den Innovationsgehalt einer Gestaltung, deren Überschreitung auch bei funktionalen, wirtschaftlichen und logisch-richtigen Lösungen für das Produkt tödlich sein kann.

Die Grenze innerhalb der allgemeinen Schockzone, die für das entsprechende Einzelprodukt Gültigkeit hat, wird – auch diese Definition stammt von R. Loewy – als MAYA-Schwelle bezeichnet (MAYA = *m*ost *a*dvanced *y*et *a*cceptable) [78]. Sie ist eine Erfahrungsgröße und metrisch – zumindest im voraus – nicht faßbar.

Das Überschreiten der MAYA-Schwelle stellt eine Verfremdung der Produktinformation ins Unverständliche dar. Der Aussagegehalt des Produktes und die Produktsprache werden so sehr verändert, daß sie unverständlich werden, und die Reaktion ist mit der zu vergleichen, die man bei der Konfrontation mit einer unbekannten Sprache zeigt: man wendet sich ab.

2.4.4 Evidenz und Latenz

Existenz-, Herkunfts- und Qualitätsinformation lassen sich ohne quantitative Einbuße an Inhalt in ihrem Aufmerksamkeitswert verändern. Mit der Veränderung kann gleichzeitig der Abstand zur MAYA-Schwelle bzw. zur Schockzone reguliert werden. Die Mittel dazu sind Evidenz und Latenz [79].

Eine evidente Produktinformation ist für einen sichtbaren Gegenstand immer gegeben (evident = sichtbar, offensichtlich). Die Existenzinformation eines PKW ist für den Benutzer in der Regel evident. Sie wird in dem Moment latent (unsichtbar), in dem er ihn in der Garage verschließt. Die Existenzinformation des Motors des PKWs aber ist für den Benutzer nur bei Inbetriebnahme, das heißt durch Geräusch und die Leistung evident, die des Kolbens aber latent. Trotzdem ist er notwendigerweise vorhanden.

Evidenz und Latenz der Qualitätsinformation bestimmen unmittelbar die Funktion eines Produktes. Wird diese Relation bereits beim Kaufentscheid offensichtlich, dann bestimmen sie auch das Schicksal des Produktes. Beispiele dazu wären in sehr großer Zahl zu nennen.

Ökonomisch sinnvoll kann nur der jeweils evidente Informationsanteil eines Produktes sein. Er ist der subjektiv wahrnehmbare Informationsanteil. T. Ellinger hat ihn als Maßzahl, als „Informationsgrad des Produktes" in Form eines Quotienten von subjektiv wahrnehmbarer Information zu objektiv vorhandener Information ausgedrückt.

Genauso wichtig wie die jeweilige Entscheidung über die Gewichtung der einzelnen Informationen bei der Gestaltung eines Produktes, die Abstimmung untereinander und der Kompromiß zwischen Nutzenstiftung für den Gebrauch und Werbesendung für den Produzenten ist die Entscheidung gegen überflüssige, störende und zufällige Informationen, die im Widerspruch zur Forderung nach Prägnanz und Gestalthaftigkeit, das heißt nach Einfachheit, stehen. Ein Scharnier an einem Schaltschrank, ein Flansch an einem Meßgerät, Nieten und Schrauben, Absätze und mehrfache Umrandungen sind Informationen, die herstellungsbedingt, für eine Gebrauchsfunktion zufällig und für alle drei Informationsgruppen meist überflüssig sind, und daher latent werden können (Abb. 58). Nicht nur latent werden können, sondern latent werden müssen sie in dem Moment, in dem psychologische Kriterien mit herangezogen werden, denn „der Käufer beurteilt ein neues Produkt nämlich nicht allein nach der aufaddierten Summe der Teilinformationen, sondern ... nach dem momentanen Gesamteindruck ..." [80] und, indem sie objektiv notwendige Informationen behindern oder gar verdrängen, ist ihre Anwesenheit störend, hinderlich und negativ.

Die Produktinformation ist, da sie innerhalb der Informationstheorie nicht eindeutig zuzuordnen ist, da sie Begriffe und Erklärungen auch anders einsetzt und definiert, umstritten. Sie ist hier deshalb so ausführlich dargestellt, weil ihr praktisch anwendbarer Gehalt relativ hoch erscheint, und weil die Sammlung des vorhandenen Materials dem dogmatischen Standpunkt zunächst vorgehen sollte.

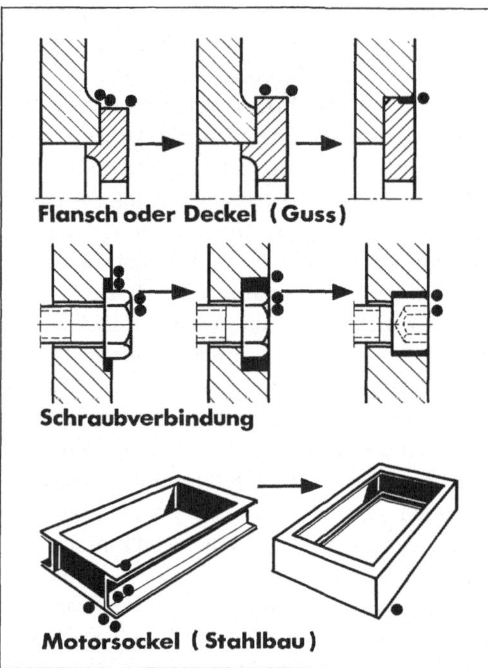

Abb. 58   Beispiele für die Reduzierung überflüssiger Information durch konstruktive Maßnahmen. Ein Punkt in der Darstellung entspricht einem Informationselement.

2.5 Ästhetische Grundlagen

Der Begriff Ästhetik wird oft dann angewandt, wenn man für den Ausdruck schön einen anderen haben möchte oder wenn man mehr ausdrücken will. Wie weit dieses Mehr geht, und was es noch beinhalten könnte – neben einer eingestandenen Gefühlsregung –, wird allgemein als vernachlässigbar betrachtet und selten spezifiziert.

Diese Unsicherheit einem Begriff und einem in jedem Menschen sich abspielenden emotionalen Vorgang gegenüber hat eine Scheu zur Folge, die den Terminus und die Erörterung seines möglichen Inhaltes insbesondere unter Industrial Designern nahezu ganz aus deren Sprachschatz getilgt hat. Wer „schön" sagt, gilt als suspekt. So erscheinen zum Beispiel in der offiziellen Präsentation und deren teilweise umfänglichen Beschreibung der Einzelobjekte der Ergebnisse des Bundespreis

Gute Form, der höchsten Auszeichnung für gut gestaltete Produkte in der BRD, äußerst selten die Begriffe Ästhetik oder schön. Ersatzvokabeln respektive Ausweichvokabeln sind: hervorragend gestaltet, überzeugend, originell, selbstverständlich, bestechend, einfach, hervorstechend, und immer wieder: hervorragend [81].

B. Archer hat als einer von ganz wenigen unter den Designern zumindest versucht, Hinweise zu geben und eine gewisse Abgrenzung zu ähnlich verstandenen Begriffen herbeizuführen: „Sehr eng mit den Gestaltungsproblemen sind die ästhetischen Probleme verbunden. Ästhetik ist die Theorie von der Wahrnehmung des Schönen. Obgleich dieser Begriff im allgemeinen nur mit einem Appell an die Augen verbunden wird, kann er ebenso zur Freude der anderen Sinne dienen. Guter und schlechter Geschmack ist Gegenstand der Ästhetik" [82].

Wenn man sich mit Gestaltung jedweder Art beschäftigt, stößt man immer wieder und unweigerlich auf den Begriff, das Faktum Ästhetik – aber nicht nur auf sie alleine, vielmehr auf eine Vielzahl von Abwandlungen bzw. attributive Einschränkungen derselben. Beispiele sind: Numerische, exakte, mathematische, generative, normative, rationale, technologische, wissenschaftliche Ästhetik und andere.

2.5.1 Definitionen und Abgrenzung

Ästhetik und Schön: Das Wort Ästhetik meint im Griechischen (Aisthesis): Wahrnehmung. Diese wörtliche Übersetzung war nie so ganz richtig, da unter Wahrnehmung ein fast ausschließlich physiologischer, ein kybernetischer Vorgang, die „Aufnahme von Informationen aus den Sinnesorganen ins Bewußtsein" [83] verstanden und weniger das Sehen, das Erfahren, das die Grenzschichten zum Metaphysischen tangiert, definiert wird.

V. Papanek spricht von „ästhetisch befriedigend" und meint natürlich schön, wenn er von der Fibonacci-Sequenz, den Spiralmustern der Natur an Tannenzapfen, Ananasfrüchten oder Sonnenblumen, berichtet, und H. Hertl enthält sich der Stimme, wenn er die funktionale Perfektion seiner Untersuchungsobjekte, aller Lebewesen von Interesse für die Bionik, hervorhebt und wunderschöne Fotos und Zeichnungen dazu beifügt [84]. Was er meint ist aber klar: diese Dinge sind schön. Wenn wir aber die Frage nach der Entsinnlichung unserer Produktwelt, der Natur- und Geisteswissenschaften und der Künste im Sinne A. Gehlens [85] als unabänderlich und zwangsläufig hinnehmen, dann ist die Definition von schön respektive der Bezug des Begriffes schön auf unsere dinggewordenen Absichten gar nicht mehr interessant. Dann interessiert wirklich nur noch Ästhetik – und die Dinge werden eben beiläufig schön.

Ästhetik ist die Wissenschaft, die sich mit dem Schönen in allen seinen Erscheinungsformen befaßt. „Was ist schön?" ist eine philosophische Frage – entsprechend philosophisch fallen die Antworten aus. Schön ist das Gegenteil zu häßlich – jedoch ausschließlich im Sinne einer semantischen Interpretation. Das impliziert, daß häßlich lediglich eine andere Wertigkeit von schön ist, individuell zugeordnet und dementsprechend variabel, und: häßlich kann gleich schön werden, sofern der Bezugspunkt entsprechend verschoben wird – und der ist abhängig vom Betrachter, vom Engagement des Individuums. „Das Häßliche bedeutet jedoch im Verhältnis zum Schönen nicht unbedingt einen Verlust des ästhetischen Ausdrucks", es ist vielmehr „eine andere Qualität des Ästhetischen verglichen mit dem Schönen." [86]

Aus der Physik sind viele ähnliche Beispiele bekannt: Wie Ästhetik der Oberbegriff für die Werte Schön und Häßlich, ist Beschleunigen dort der Oberbegriff für die positiven und negativen Werte Anfahren und Bremsen. Die Lage des Nullpunktes ist relativ zum Bezugssystem – in der Regel die Erdbeschleunigung – und dementsprechend veränderbar: Bremsen kann den Wert Beschleunigen annehmen und umgekehrt. Weitere Beispiele sind: hell–dunkel, laut–leise.

Zwischen den beiden Extremen sind eine ganze Reihe feinerer – auch wieder relativer – Unterteilungen möglich: erhaben – *schön* – hübsch – nett – na ja – merkwürdig – komisch – tragisch – *häßlich* – obszön.

Wo in dieser Skala der Nullpunkt liegt, vielleicht das „na ja" numerisch den anderen Werten zugeordnet, läßt sich nicht genau bestimmen. Er ist vom Objekt und vom Betrachter abhängig. Und diese beiden sind wiederum von einer Unzahl weiterer Faktoren abhängig, die in ständiger Veränderung begriffen sind [87].

Ästhetik befaßt sich mit dem Schönen bis hin zur semantisch völligen Umkehrung, zum Häßlichen und bezeichnet somit eine Sache, etwa eine Summe von Daten und Aussagen von Objekten, zum Beispiel von Kunstwerken oder Designobjekten, oder eine Summe von Gefühlsregungen. In diesem Sinne ist Ästhetik ein Sammelbegriff ohne Angabe von Wertigkeiten.

Derselbe Sachverhalt in den Worten M. Benses („Der Name Bense ist untrennbar mit der neuen Ästhetik verbunden" [88]; er wird als Wegbereiter einer mit den Mitteln der Naturwissenschaften faßbaren Ästhetik verstanden):

„Das Schöne und das Häßliche deuten gleichermaßen die Existenz einer Zeichenwelt an, die mehr ist als das komplette Signalement der puren Wirklichkeit, für deren Sein unser menschliches Dasein im Prinzip völlig gleichgültig ist, während die Seinsweise der Ästhetik gerade darin besteht, nicht nur stumme, traurige Szene zu sein, sondern beständiges Ereignis einer fast ontologisch determinierten Kommunikation mit dem, was wir Geist zu nennen gewohnt sind. Ob dabei das Schöne als eigentliches Zeichen ästhetischen Seins (eine menschliche Schwäche) und das Häßliche als Zeichen eines Seins, durch welches das Nichts hindurchschimmert, aufgefaßt wird, bleibt eine spätere Frage der Theorie, die feststellt, daß sowohl das Schöne wie das Häßliche bereits semantische Interpretationen des ästhetischen Seins sind, abhängig von Erfahrungen und Verhältnissen, die außerhalb seines Modus liegen" [89].

M. Bense kommt zu seiner Aussage über zwei ähnlich gelagerte Fälle, die Logik und die Entropie der Thermodynamik. In der Logik bedeutet eine Aussage einen sprachlichen Ausdruck, der die Eigenschaft besitzt, wahr oder falsch zu sein. In

der Ästhetik bedeutet eine Aussage ein Arrange-
ment von Zeichen, das die Eigenschaft besitzt,
schön oder häßlich zu sein. Und: wie das Fehlen
einer der beiden Aussagen, der wahren oder der
falschen, nichts über das Vorhandensein oder
Nichtvorhandensein der Aussage selbst mitteilt,
ist auch das Fehlen einer der beiden Aussagen
schön oder häßlich keine Angabe über das Fehlen
von Zeichen respektive Ästhetik. Das heißt, daß
auch beim Fehlen der Aussage schön, das ästhetische Moment vorhanden sein kann, bei der
gleichzeitigen Anwesenheit der Aussage häßlich
aber vorhanden sein muß.

Man kann zusammenfassend sagen: Ästhetik bezieht sich nicht auf einen Gegenstand als Ding oder
als physikalische Realität, vielmehr auf sein Mehr,
das den menschlichen Geist und auch dessen Gefühl anspricht. Ästhetik ist der Oberbegriff für
schön und häßlich. Schön oder häßlich ist die
semantische Interpretation des Ästhetischen.

Ästhetik und Ethik: Ästhetik ist die Theorie des
Schönen. Der ästhetische Wert eines Gegenstandes kann schön oder häßlich sein. Als was der
Gegenstand innerhalb dieser Skala empfunden
wird, ist in Grenzen individuell verschieden und
wird mit Geschmack bezeichnet. Guter oder
schlechter Geschmack manifestiert sich somit in
ästhetischen Kriterien.

Ethik ist die Lehre von der „rechten Sitte" [90].
Sie kommt nur dann mit der Ästhetik in Berührung, wenn es um die Frage geht, welcher Geschmack denn nun schicklich ist, oder, „welchen
Geschmack die Leute haben sollten" [91]. Anders
ausgedrückt: ob ein Gegenstand schön oder häßlich *ist*, ist eine Frage an die Ästhetik, ob man ihn
nach gängigen Moral-, Anstands-, Sitten- oder
Gesellschaftsnormen als schön oder häßlich *empfinden* darf oder soll, ist eine Frage der Ethik.

Es war nicht immer gängige Vorstellung, Ästhetik
und Ethik derart getrennt voneinander zu sehen.
Im Verständnis der Zeitgenossen Platons waren
Eigenschaften wie schön und gut voneinander ab-
hängig. Ein schöner Mensch war auch ein guter
Mensch bzw. hatte ein guter Mensch zu sein. Die
Kunst, vielfach synonym mit Ästhetik, diente der
sittlichen, der ethischen Erziehung.

2.5.2 Objektivistische Ästhetik

Ästhetik hat es mit einem zweifachen Gegenstand
zu tun: sie kann das ästhetische Verhalten untersuchen, erkenntnistheoretisch die Bedingungen
des ästhetischen Verhaltens erforschen oder psychologisch oder auch philosophisch den ästhetischen Erlebnisvorgang ausloten und interpretieren, kurz: auf den Menschen bezogen sein, dann
sprechen wir von subjektivistischer Ästhetik.

Ist sie auf die Objektwelt bezogen, dann handelt es
sich um die objektivistische Ästhetik. Objektiv ist
dabei weniger im Sinne von absolut und richtig zu
verstehen, als mehr im Sinne von vergegenständ-
licht, sachlich, dingbezogen. Ihr Gegenstand sind
die das ästhetische Erleben erzeugenden und an-
regenden Eigenschaften der Objekte, diejenigen
Eigenschaften, die sichtbar, greifbar, hörbar,
riechbar und damit rational und metrisch faßbar
sind. Das sind Dinge und physikalische Effekte.

An dieser Dingbezogenheit, an der Notwendigkeit, Ästhetik als einem Ding inhärent zu betrachten und vorauszusetzen – ganz im Gegensatz
zur klassischen, philosophischen, schöngeistigen
Ästhetik – zweifelt heute kaum jemand mehr.
Selbst J. Mukarovsky gesteht: „Dennoch muß der
objektive ästhetische Wert, wenn es ihn gibt, im
materiellen Artefakt gesucht werden ...". [92] Und
das ganze Gebäude der exakten Ästhetik wäre ohne
diese Prämisse nicht denkbar.

Sowohl die subjektivistische als auch die objektivistische Ästhetik können wiederum Objekt der
einzelwissenschaftlichen oder empirischen Ästhetik sein. Beide unterscheiden sich nur in der Vorgehensweise: idealistisch-spekulativ oder aber
empirisch-experimentell [93].

Für den weiteren Verlauf interessieren hier nur die
objektivistische Ästhetik nach einzelwissenschaftlichen Methoden.

Die Beschreibung des ästhetischen Zustandes eines
ästhetischen Gegenstandes geschieht in vier Stufen, die als Numerische, Semiotische, Semantische und Generative Ästhetik bezeichnet werden [94]. Da ästhetische Werte letztlich immer Informationen darstellen, bedient man sich für Erklärungen auch mit Vorliebe informationstheore-

tischer, genauer: zeichentheoretischer Modelle. So wird ein ästhetischer Gegenstand in weiten Bereichen primär als Zeichen definiert. Die semiotische und insbesondere einer ihrer Teile, die semantische Ästhetik beschreiben denn auch ausschließlich die Relationen und die Bedeutung von Zeichen. Die numerische Ästhetik entspricht schwerpunktmäßig der syntaktischen Zeichendimension, die generative Ästhetik der pragmatischen [95], obwohl beide mehr oder weniger das gesamte Gebiet der Ästhetik bestreichen.

2.5.3 Numerische Ästhetik

Die numerische Ästhetik beschreibt die dinglichen Vorgaben eines ästhetischen Gegenstandes, sie hat es mit den metrischen Verhältnissen visueller Bauteile untereinander zu tun, also mit Maßverhältnissen, mit Kompositionen, mit statistischen Informationen und mit Redundanzen und meint damit alle vier Beziehungen des Zeichens zu seiner Umwelt. Die numerische Ästhetik beschäftigt sich sowohl mit der objektivistischen als auch mit der subjektivistischen Ästhetik [96].

Überspitzt ausgedrückt könnte man sagen, daß die numerische Ästhetik den Versuch anstellt, exakt anzugeben, im Idealfall sogar in Zahlen anzugeben, wieviel Ästhetik meinem Verhalten gegenüber einem Gegenstand innewohnt, und welcher Stellenwert ihr zukommt – jeweils bezogen auf bestimmte Parameter.

Diese überspitzte Darstellung, dieser Versuch oder Wunsch, steht in krassem Gegensatz zu vielen Autoren, die die mathematische Zugänglichkeit der Ästhetik grundsätzlich in Frage stellen. Hier wird häufig der Fehler gemacht, daß man sich vor der Urteilsbildung nicht über die Definition der einzelnen Termini vergewissert. Die Verwendung des Begriffes Ästhetik ist ebenso schillernd und vielgestaltig wie der sich dahinter verbergende Sachverhalt selbst. Die numerische Ästhetik hat ihn für ihre Zwecke beschnitten, vereinfacht und in Teilbereichen auch stark verändert.

Das ästhetische Maß: Alle quantifizierbaren Werte haben eine Maßeinheit. Wollen Kunst und Ästhe-

tik – oder Teilbereiche daraus – in die exakten, meßbaren Bereiche der Wissenschaften eindringen, müssen sie sich eine Maßeinheit und eine Relativierung gefallen lassen. Die Sozialpsychologie sagte das Eindringen voraus, und Hegel konstatierte: „Die Kunst erhält in der Wissenschaft erst ihre echte Bewährung" [97]. Kunst und Ästhetik waren damals schon anschauliche Wissenschaften. Vielleicht meinte Hegel den darüber hinausgehenden, noch unbekannten, meßbaren Teilbereich.

Das ästhetische Maß wurde 1932 von dem Mathematiker G.D. Birkhoff formuliert [98]. Er verarbeitete dabei Erkenntnisse, die A. Speiser bereits vorher niedergeschrieben hatte. A. Speiser plädierte damals schon dafür, die mathematische Denkweise auch auf die Ästhetik anzuwenden, das heißt für die Zertrümmerung eines emotional stark aufgeladenen Gedankengutes, in kleinste, quantifizierbare Einheiten. Es ist das Verfahren der Integral- und Differentialrechnung bzw. der Feldtheorie der Physik, wo auf das kleinste Element, auf den kleinsten Bestandteil dx zurückgegangen wird, um ihn dann entlang einer Funktion f(x) und innerhalb definierter Grenzen a und b zu integrieren.

Birkhoff definierte das ästhetische Maß als einen Quotienten aus Ordnung O und Komplexität C.

$$M = \frac{O}{C} \ (= \text{ästhetisches Maß})$$

Er ging davon aus, daß wir einen Gegenstand desto „leichter und vergnügter" zur Kenntnis nehmen, je leichter wir eine in ihm steckende Ordnung erkennen können. Und: je mehr Ordnung im Gegenstand steckt, desto einfacher und vollkommener erscheint er uns. Die Ordnungselemente sind die „lusterzeugenden harmonischen Elemente", die nicht offensichtlich, sondern versteckt auftreten, aber real, also nicht nur psychologisch, vorhanden sein müssen. Diese, seine Beobachtung, fand er bestätigt von Euler, Helmholz, Poe und anderen [99].

Die zweite, als Axiom hingenommene Beobachtung war, daß ein Kunstwerk, ein ästhetischer Gegenstand um so eher gefallen kann, je geringer die zu seiner sinnlichen Wahrnehmung erforderliche Anstrengung ist. Und: eine Anstrengung zu sinnlicher Wahrnehmung ist proportional der Komplexität des Gegenstandes.

Am Axiom selber, an der empirischen Formel, wurden danach vielfach Zweifel angemeldet. Trotzdem entwickelten sich eine Reihe von Aktivitäten mit dem Ziel, den mathematischen Ansatz nun auch mit unzweideutigem Zahlenleben zu füllen. Dabei gerieten sowohl Divisor als auch der Dividend des Bruches, von Birkhoff noch als abzählbare Summen vorgeschlagen, zu komplizierten statistischen, informationstheoretischen, mathematischen, kybernetischen und sogar pädagogischen Theorien [100].

Eine Untersuchung über die Praktikabilität der verschiedenen Ansätze des ästhetischen Maßes ergab, daß ein von K. D. Bodak vorgeschlagener Weg sowohl der technischen Produktwelt als auch den konstruierenden Entwurfsmethoden am besten gerecht wird [101].

Inwieweit die Ausgangssituation selbst, das Axiom, stimmt, und inwieweit dieser Quotient tatsächlich eine Aussage über Ästhetik machen kann, kann hier nicht diskutiert werden.

Der ästhetische Nutzungsgrad: Das ästhetische Maß wird mit zunehmender Ordnung oder abnehmender Komplexität größer – und das ist nach G. D. Birkhoff: besser, höherwertig. Hier könnte man zunächst bemerken, daß das im Widerspruch zu vielen Kunstepochen steht, deren wesentlichsten Merkmale eine große Komplexität, ein scheinbares Überladensein mit Elementen, mit Ornamenten, geometrischen Formen und Details waren, wie zum Beispiel die venezianische Spätgotik oder das Barock.

Das stimmt insofern nicht, als ja auch die Ordnungsrelationen dieser Kunstgattungen höher waren und dadurch den Quotienten nur unwesentlich veränderten. Um aber auch diesem Gesichtspunkt Rechnung tragen zu können, wurde von R. Garnich der ästhetische Nutzungsgrad definiert (Abb. 59) [102].

Der ästhetische Nutzungsgrad η ist das „Maß für den erzielten pragmatischen Nutzen aus einer aufgewendeten Menge von ästhetischen Grundele-

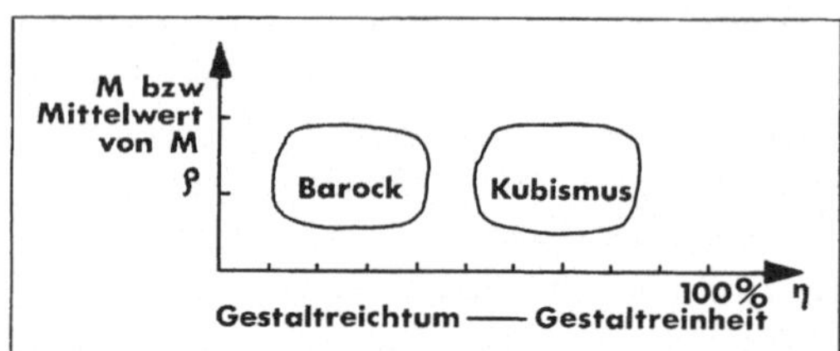

Abb. 59   Ästhetischer Nutzungsgrad (analog einem Stil-Faktor) aufgetragen über dem ästhetischen Maß.

menten", zum Beispiel geometrischen Grundelementen wie Kugel, Kegel, Würfel, Dreieck, und ebenfalls mathematisch zugänglich. Dieser Nutzungsgrad entspricht im traditionellen Sinne einem Stilfaktor, das heißt je weniger verschiedene Elemente innerhalb eines Objektes vorkommen, desto reiner ist sein Stil. R. Garnich spricht nicht von der Stilreinheit, sondern von der Gestaltreinheit – im Gegensatz zum Gestaltreichtum.

2.5.4 Nachweis von Ästhetik

Um Ästhetik rational und numerisch zu erfassen und – im speziellen Falle – ein Designobjekt überhaupt in diesem Zusammenhang sehen und abhandeln zu können – die numerische Ästhetik bezieht sich bei den hier zitierten Autoren auf Kunstwerke –, ist zunächst das Vorhandensein von Ästhetik überhaupt nachzuweisen.

„Die moderne Ästhetik macht keinen prinzipiellen Unterschied zwischen Kunstobjekten und Designobjekten" [103], und die Bedingungen, denen ein Objekt genügen muß, oder die Merkmale, die es aufweisen muß, um ein ästhetischer Gegenstand zu sein, ein Gegenstand, der neben seiner physikalischen auch eine ästhetische Realität besitzt, formuliert M. Bense in 7 Forderungen, in 3 „Mindestforderungen" und in 4 „Höchstforderungen" [104]:

Mindestforderungen:

1 Materialitätsthese. Eine ästhetische Realität muß einen materiellen, wahrnehmbaren Träger, eine „extensionale Manifestation" haben. Es muß ein Gegenstand vorhanden sein.

2 Realisationsthematik. Der Gegenstand muß wesentlich, nicht zufällig, nicht gegeben, sondern gemacht sein. „Ästhetische Wirklichkeit beschränkt sich unter dieser Voraussetzung auf künstliche Objekte" und schließt das „Naturschöne", das zum Beispiel G.F.W. Hegel ganz wesentlich noch in die Ästhetik mit einbezog [105], völlig aus.

3 Kommunikationsfunktion. Die ästhetische Realität muß etwas über sich auszusagen in der Lage sein, sie muß einem Kommunikationsschema angehören. In diesem „Schema der Vermittlung" muß es wahrgenommen, verstanden, beurteilt, kritisiert werden können.

Höchstforderungen:

4 Ästhetische Transformation 1. Stufe. Materiale Elemente wie Farben, Striche, Flächen, Körper müssen in Zeichen überführt bzw. innerhalb der „triadischen Zeichenfunktion" lokalisiert werden können.

5 Ästhetische Transformation 2. Stufe. Es sind Ordnungsrelationen im Sinne des Birkhoff-Quotienten bzw. seiner späteren Modifikationen nachzuweisen.

6 Ästhetische Unbestimmtheitsrelation. Sie fordert, daß eine ästhetische Realität, das sind alle Merkmale, die wir als ästhetische Merkmale bezeichnen, eine „Unbestimmtheit", „Leichtveränderlichkeit" aufweist. Das heißt, daß die die Ästhetik bestimmenden und ausmachenden Merkmale nicht zwingend sind, vielmehr auch auf eine andere, variierte Art ausgeführt werden können. Damit sind alle Pseudokunstwerke mit „ästhetischem Reiz" wie zum Beispiel Turbinenschaufeln, Kurbelwellen, Zahnräder, die in allen Koordinaten eindeutig festliegen, ausgeschlossen.

7 Wertrelation. Ein ästhetisches Objekt muß bewertet werden können, ihm muß ein Wert relativ zu einem Interpretanden zugeschrieben werden können. Da ein Wert wie etwa gut, vollkommen, nie einem Objekt inhärent ist, sondern ihm zugeschrieben werden muß, verwandelt der Wert stets ein Ding in ein Zeichen.

Je mehr nun ein Objekt den genannten Kriterien genügt, desto eher ist es ein ästhetisches Objekt. Ist es ein ästhetisches Objekt, dann ist es noch nicht notwendig ein Kunstgegenstand, also ein Kunstwerk. Ist der Nachweis für Ästhetik erbracht, wird die Differenzierung zum Kunstwerk durch die Motivation getroffen.

2.5.5 Ästhetik und Industrial Design

Während M. Bill die Unterscheidung darin sieht, daß Kunst als Einflußfaktor auf die Gestaltung zu verstehen ist, Kunst als der Vorreiter für den künstlerischen Anteil am Gebrauchsgut definiert werden, also als Zuträger verstanden werden kann, W. Braun-Feldweg diese Abhängigkeit mit: „Aber Kunst?" [106] bereits in Frage stellt, prognostiziert er kurz danach schon die Nabelschnur für alle Zukunft ganz vom Design abgebunden: „Es wird also kaum mehr eine Anpassung in dem Sinne geben, wie sie für historische Stilentwicklungen selbstverständlich war. Die Evolution der technischen Form muß ein aus sich rollendes Rad bleiben, nur ihren eigenen Gesetzen unterworfen. Sie ist dem Leben, nicht der Kunst verpflichtet" [106]. Waren die Begriffe Kunst und Ästhetik bei den vorhergehenden Zitaten nicht immer eindeutig zu trennen, ist nach den bisherigen Betrachtungen fast ausschließlich Ästhetik darunter zu verstehen. War diese Art der Ästhetik mehr philosophisch bzw. schöngeistig gemeint, somit indefinit, so kann weiterhin nach den bisherigen Betrachtungen, und unter Beibehaltung des ganzen Gebäudes der Benseschen Schule, der Zusammenhang zwischen Ästhetik und Design nicht ausgeschlossen werden, weil die Bedingungen, die Mindest- und Höchstforderungen, an keiner Stelle ausschließlich auf Kunstwerke anzuwenden beschränkt werden. Werden die Bedingungen erfüllt, dann ist das Objekt ein ästhetisches Objekt ungeachtet der Tatsache, ob es ein Kunstwerk ist oder nicht. Die Differenzierung wird in der Motivation beim Herstellungsprozeß vollzogen: „Abstrakte oder ungegenständliche Themen innerhalb der Malerei und der Plastik übergehen jede reale Bedeutung, aber sie treten selbstverständlich in Kunstwerken auf, die mit-realen Charakter haben, und machen ästhetisches Sein offenbar. Nur in der Ästhetik der industriellen Produkte liegen die Verhältnisse anders. Die Realitätsthematik" – die Forderung 2 bei den Mindestforderungen – „wird hier durch Zwecke, durch Funktionen repräsentiert. Die Produktform bedeutet ästhetisch gesehen die Darstellung eines Zwecks ... Man erkennt an diesen Verhältnissen, daß ein technisches Gebilde ein ästhetischer Gegenstand sein kann, ohne gleichzeitig als Kunstwerk zu gelten." Ähnlich W. F. Haug: „Das Ästhetische der Ware im weitesten Sinne: sinnliche Erscheinung und Sinn ihres Gebrauchswertes", das heißt: Ästhetik ist Teil der Funktion, und A. Olivetti: „„... Gleichgewicht zwischen Funktionalität und Ästhetik" [107]. Mit dieser Definition wird es auch möglich, die in der neueren Kunst recht häufig anzutreffende Bewußtseinsthematik zu erfassen. Die vielzitierte Suppendose, als Transportbehälter hergestellt, hat dann eine völlig andere Realitätsthematik (die der Funktion Transportbehälter), wenn sie von A. Warhol isometrisch völlig gleich – darüber hinaus noch mit einer Mitrealität (des gegenständlichen Vorhandenseins) ausgestattet – in der Motivation verfremdet wird. B. Newman, R. Rauschenberg, B. Komodore haben weitere Beispiele dieser Kunstgattung produziert [108].

Dieselbe Thematik aus einem anderen Blickwinkel sehend und zunächst scheinbar auch anders entwickelnd, anders begründend, kommt T. Maldonado jedoch zu einem in der inhaltlichen Substanz nahezu gleichen Ergebnis. Anläßlich eines Vortrages über die Hochschule für Gestaltung Ulm fragte er: „Ist Produktgestaltung eine künstlerische Tätigkeit?" und verneinte die Frage. Er verneinte aber auch die Alternativen, ob sie eine Wissenschaft oder eine Technik sei, und fand die dritte Auffassung, für die Produktgestaltung als ein neues, eigenständiges Phänomen anzusehen sei. Den Gegenbeweis für Alternative 1 ersparte er sich, er erschien ihm wohl offensichtlich, und den für Alternative 2 stellte er so dar: die Aufgabenstellung des Produktes ist, Funktionen zu erfüllen, die der Kunst, das Bewußtsein zu fordern. Beide zu-

sammenzukippen, würde unweigerlich zum Nachteil des einen gereichen.

Da die Technik auf rationale Perfektion zielt, würde der Nachteil sicherlich zu Lasten der Kunst, zum Beispiel auf einen technischen Gegenstand appliziert, ausfallen, ihre Position somit geschwächt, das Interesse an ihr nachlassend sein. Der „Kunstgegenstand" Produktform wäre dann, um den Zweck erweitert, mehr als Kunst und damit keine Kunst mehr [109].

Zusammenfassend kann gesagt werden, daß ein ästhetisches Objekt nicht notwendig auch ein Kunstgegenstand, ein Kunstwerk ist. Ist der Nachweis der Ästhetik erbracht, wird die Unterscheidung in der Motivation getroffen: ist die Motivation in der und zur Herstellung in erster Linie und ausschließlich ästhetisch begründet, dann ist es ein Kunstwerk. Ist die Motivation zu Ästhetik eine Auch-Motivation, dann ist es kein Kunstwerk sondern, zum Beispiel, ein Designobjekt. Ästhetik wird in diesem Zusammenhang primär auf formale Aspekte bezogen.

2.6 Gestalttheoretische Grundlagen

Über Denkvorgänge beim Konstruieren schreibt K. Bach: „Spontan denkt und nimmt der Mensch ganzheitlich wahr. Das logisch-analytische Denken ist ihm nicht angeboren, sondern anerzogen, und wurde erst durch die Sprache und im weiteren durch die Mathematik ermöglicht. Die logische Analyse zergliedert eine wahrgenommene ... Gestalt ...

Alles Erkennen ist ein Wiedererkennen mit Hilfe von Gestaltvergleichen und Gestaltbeurteilen. Der Mechanismus des ganzheitlichen Erkennens ist ein Vergleichsmechanismus. Wir haben in unserem Gedächtnis Konzepte gespeichert, und mit diesen vergleichen wir die über unsere Sinnesorgane aufgenommenen Bilder. Dieses Gestaltvergleichen geschieht ganzheitlich-spontan, da die Eindrücke der verschiedenen Sinneszellen gleichzeitig zum Gehirn geleitet werden und dort aus ihnen ein Bild selektiert wird" [110].

Bach zielt im weiteren Verlauf auf die Bedeutung der Gestaltpsychologie beim Konstruieren und verweist die bisher dominierende Theorie der „analytisch-diskursiven" Arbeitsweise auf den zweiten Platz – und dort primär auf stark intellektuell arbeitende Personen und für Naturwissenschaftler in forschender Tätigkeit.

Das entscheidende Moment bei seiner Feststellung ist, daß wir bei der Wahrnehmung – im Gegensatz zum Scanning, der „Wahrnehmungs-Technik" zum Beispiel der Fernsehaufnahme – nicht additiv vorgehen, sondern ganzheitlich Formen, Strukturen, Gestalten erkennen. Diese Ganzheitsbetrachtungsweise ist auch in der Literatur über Industrial Design, dort allerdings eher unbestimmt, immer wieder zu finden und versucht, die Vorgänge beim Gestalten (Konstruieren) in den verschiedensten Ausprägungen ganzheitlich zu erklären [111].

Die physikalischen und physiologischen Vorgänge der Wahrnehmung sind (per definitionem) meßbar und reproduzierbar. Im Kapitel über Wahrnehmung erscheint aber auch der Zusatz „mit kortikaler Beteiligung", der diese Prämisse nur noch unter Vorbehalten zu wahren gestattet. Er stellt damit die Grenze oder den Übergang zu dem Bereich der Informationsverarbeitung im Menschen dar, der unter Zuschaltung des Gehirns, primär unter der unbewußten Zuschaltung des Gehirns, Aktionen und Reaktionen auslöst und bestimmt.

Die Vorstellungen und Erklärungsversuche mit technischen Hilfsmitteln, die in erster Linie die Kybernetik bereitstellte – mit den Vergleichen Sender–Empfänger, Verstärker–Speicher–Rechner, mit Scanning, Regelkreis und Automatismus – sind immer noch nur Erklärungsversuche geblieben. Sie zielen auch heute in eine ganz andere, in die technologisch-wirtschaftliche Richtung, denn in wertneutrales Suchen. Die technischen, mechanisch–elektrisch–elektronischen und auch informationstheoretischen Erklärungsversuche haben alle den großen Vorteil (für die technologische Nachvollziehbarkeit) und Nachteil, daß sie die spezifisch menschlichen, die individuellen Momente sowohl in der Analyse als auch in dem zu Analysierenden entweder auch mechanisch erklären oder aber als Randbedingungen vernachlässigen.

Der Wunsch nach individuellen Werten und Feinheiten, die durch rationale Reduktionen, durch Statistiken, Entfeinerungen und dergleichen verloren zu gehen drohen, hat aber auch andere Erklärungsversuche, als nur technische, entstehen lassen. Das heißt chronologisch gesehen, waren die anderen eher, vor den kybernetischen da.

Die Philosophie lieferte seit altersher Erklärungsversuche („das Ganze ist mehr als die Summe seiner Teile" – Platon, Aristoteles), die das Kapitel Ästhetik tangieren und die dort mehr und mehr einer rationalen Betrachtungsweise unterworfen werden – und die Psychologie lieferte und liefert noch Erklärungsversuche. In der weiteren Ausführung sollen nach einer Definition der Begriffe diejenigen Erkenntnisse der Gestalttheorie dargestellt werden, die für das Industrial Design und im vorliegenden Zusammenhang relevant erscheinen.

2.6.1 Definitionen und Abgrenzung

Die *Gestaltpsychologie* ist ein Teil der Psychologie. Ihre Grundlage ist – wie die der Psychologie, aber im Gegensatz zur Philosophie – der Versuch der Beobachtung und Deduktion menschlichen Verhaltens und Reagierens. Sie hat den kybernetischen Modellen gegenüber für den vorliegenden Zusammenhang den Vorteil, daß sie alle menschlichen Regungen und Reaktionen in ihre Betrachtungen einbezieht (Aristoteles sprach von der Wissenschaft der Seele), daß sie sogar ihre wesentliche Aufgabe in diesen noch als irrational zu bezeichnenden Vorgängen sieht. Gestaltpsychologie, Ganzheitspsychologie und Gestalttheorie sind zum großen Teil synonym verwendete Termini.

Gegenstand der Gestaltpsychologie ist die Erforschung des „Verlaufs und der näheren Umstände des Erlebens der Gestalt" [112]. Das Schlüsselelement dabei stellt somit die Gestalt dar.

Der Begriff Psychologie der Gestalt beinhaltet den der Gestaltpsychologie. Er wurde hier als allgemeinerer, übergeordneter Begriff gewählt, da die historische und dogmatische Belastung des Terminus Gestaltpsychologie eine alle heute bekannten Aspekte der Gestalt einbeziehende Betrachtung nur mit den entsprechenden Vorbehalten ermöglicht hätte. Trotzdem geht immer noch der größere Teil auch des vorliegenden Materials auf die verschiedenen Schulen der Gestaltpsychologie zurück.

Der Begriff *Gestalt* ist kaum exakt zu fassen. Es sind für ihn die unterschiedlichsten Auslegungen zu finden. Die lateinische Sprache offeriert mit „forma" die Nähe und Verwandtschaft zu Form, ist dadurch aber auch nicht ergiebiger.

D. Katz hat eine Zusammenstellung von Definitionen von Gestaltpsychologen gemacht, um auf diese Art den Gestaltbegriff durch Beleuchtung von verschiedenen Seiten zu klären und einzugrenzen [113]:

- W. Köhler: „Gestalt bedeutet ein ausgesondertes Ganzes".
- M. Wertheimer: „Gestalten sind Ganze, deren Verhalten nicht durch das Verhalten ihrer individuellen Elemente bestimmt wird, sondern durch die innere Natur des Ganzen."
- Koffka: „Organisation ist der Prozeß, der zu einer Gestalt führt."
- Petermann: „Gestalt ist Teilganzes innerhalb der Totalität unseres Wahrnehmungsfeldes."
- Noch einmal W. Köhler an anderer Stelle: er sagt, „... daß die ... Ausgangsgegebenheiten dieser Welt Gestalten seien, unabhängig von dem Blickwinkel oder dem Zweig der Wissenschaft, von dem aus sie aufgenommen werden." [114]. Oder: alles was uns umgibt ist Gestalt, sind Gestalten.

Und D. Katz selber stellte dazu voran: „Eine Gestalt ist, abgesehen von ihrer Ganzheit, dadurch gekennzeichnet, daß sie abgesondert, abgehoben, geschlossen und gegliedert ist" [115].

Dem ist ergänzend hinzuzufügen: Eine Gestalt kann einfach oder kompliziert sein. Aber: wir sehen die einfache Gestalt in der komplizierteren. Die einfache Gestalt liefert das Schema, zum Beispiel das Schema Baum; die tatsächliche, komplizierte Gestalt liefert die Identifikation, zum Beispiel die Identifikation „Buche vor Nachbars Haus mit Herbstbelaubung". Das Schema, die Reduktion, ist leicht zu ermitteln, indem man den Faktor der Zeit hinzunimmt, indem man einen Gegen-

stand nur sehr kurze Zeit (tachistoskopisch) anbietet (zeigt) [115].

Im Bereich der Kunst hat M. C. Escher mehrfach solche Reduktionen stufenweise vorgenommen. In dem gezeigten Beispiel (Abb. 60) [116] ist ersichtlich, in welcher Reduktionsstufe die beiden Tiere nur noch durch ihre Gestalt dargestellt sind. Es ist jeweils die letzte Stufe, in der Fisch und Ente gerade noch als solche erkannt werden können.

Sosehr sich die Psychologen auch bemühten, in dem unbestimmten, emotional stark belasteten Gebiet des menschlichen Verhaltens Ordnung und Klarheit zu schaffen, so wenig ist ihnen das in ihren eigenen Reihen bezüglich Aufgabenstellung, Begriffsbildung und Ordnungskriterien gelungen. H. Rohracher schreibt dazu in seiner „Einführung in die Psychologie":

„Unter diesen Umständen bleibt nichts übrig, als unabhängig von den Vertretern der Gestalttheorie den Versuch zu unternehmen, den eigentlichen, ursprünglichen Sinn des Gestaltbegriffs ... präziser zu fassen als es bisher geschah ... Bei einem so unscharfen und umstrittenen, dabei aber wichtigen Begriff empfiehlt es sich, genau und streng nach den Regeln der Logik vorzugehen ..." [117]. Er schließt dann keine Definition in wenigen Sätzen an, sondern beginnt, eine Gestalt von allen ihren Bedingungen her einzugrenzen. Wir wollen dieser Lösung folgen und die Bedingungen, die auch unter dem Begriff „Gestaltgesetze" in der Literatur zu finden sind, zu einem für den Industrial Designer relevanten Katalog zusammenstellen. Das Ordnungsschema ist an das H. Rohrachers angelehnt, während die einzelnen Kriterien aus verschiedenen Quellen ergänzt und modifiziert wurden.

Davor sind jedoch noch zwei Begriffe zu klären, die nicht unerwähnt bleiben können, da sie immer wieder in Erscheinung treten, wenn von Gestalt gesprochen wird: Ganzheit und Tertiärqualität.

Gestalt wird auch als *Ganzheit* bezeichnet, wobei wiederum die Umkehrung, jede Ganzheit sei eine Gestalt, nicht generell zutrifft. Der Begriff wurde von den Psychologen aus dem Vorgang der Wahrnehmung abgeleitet, einem Vorgang, der nicht analog der „Wahrnehmung" technischer Nachbildungen erfolgt, etwa der der Fernsehaufnahme in

Abb. 60 Reduktion der naturalistischen Darstellung zweier Lebewesen auf deren jeweilige Gestalt (Darstellung nach Escher).

chronologischer Abfolge, sondern derart, „daß der Organismus auf eine gegebene Reizkonstellation mit einem Gesamtprozeß reagiert. Phänomenologisch geht sie (die Wahrnehmung) von der Gestalt als einer letzten, nicht reduzierbaren, Tatsache aus. Die Teile der Gestalt werden von der Gestalt her bestimmt, nicht umgekehrt" [118].

Mit der Aussage über die „letzte nicht reduzierbare Tatsache" sind wir wiederum bei einer Feststellung, die in den unterschiedlichsten Ausdrucksweisen, aber nie exakt erfaßt, durch alle Bereiche der Gestaltung geistert: L. Mies van der Rohe prägte den berühmt gewordenen Satz: „Weniger ist mehr", und Faber-Birren stellte fest: „Es ist dem Menschen ein Bedürfnis, Formen und Muster zu vereinfachen." Der Flieger, Techniker und Dichter A. de Saint-Exupery sekundiert mit: „Vollkommenheit entsteht offensichtlich nicht dann, wenn man nichts mehr hinzuzufügen hat, sondern wenn man nichts mehr wegnehmen kann. Die Maschine in ihrer höchsten Vollendung wird unauffällig." Und V. Papanek diagnostiziert lakonisch: „In vieler Hinsicht muß der Gestalter heute lernen, wie er entgestalten kann" [119].

Die spezifischen Größen der Wahrnehmung einer Ganzheit werden insbesondere durch die Geometrie derselben dargestellt. Das sind Räumlichkeit, Linien, Flächen, Krümmungen, Gruppierungen usw. ... Sie sind als Phänomene nachweisbar und reproduzierbar und werden als *Primärqualitäten* bezeichnet. Es sind keine Empfindungen.

Darüber hinaus nehmen wir eine zweite Spezies von Qualitäten wahr, die in vielen Fällen wichtiger sein können als die zuvor genannten. Es sind summarische Eindrücke, die im Gedächtnis länger haften bleiben als viele Einzelheiten – falls wir sie überhaupt bemerkt haben – und die als „*Tertiär*-" oder „*Komplex-Qualitäten*" bezeichnet werden [120]. So kann man sich zum Beispiel leichter und nachhaltiger an ein freundliches Gesicht erinnern – ohne im Besonderen nennen zu können, was denn das Freundliche in diesem Gesicht ausmachte – als an den Abstand der Augen, die Lippenform oder die Größe der Nase.

Über den Ursprung der Tertiärqualitäten konnte man sich lange Zeit nicht einig werden. Zunächst wurden sie dem Objekt, mit dem zusammen sie auftraten, ganz abgesprochen. Man sagte, daß Gegenstände oder physikalische Phänomene, wie zum Beispiel ein Ton der Musik, keine Stimmungen und Gefühle enthalten könnten – diese vielmehr auf Lebewesen beschränkt seien. Stimmungen und Gefühle könnten aber durch die Betrachtung eines Gegenstandes angeregt, stimuliert werden, und der Betrachter projiziere dann seine Assoziation in die Modalitäten des Gesehenen oder Gehörten. Das setzt voraus, daß sehr viele Menschen beim Anblick ein und desselben Bildes gleiche Assoziationen haben, selbst dann, wenn ihnen ein im vorliegenden Falle zu assoziierendes und vorauszugehendes Erlebnis bisher nicht widerfahren ist.

Der zweite Erklärungsversuch legt die Tertiärqualitäten den Sendern, den Bildern, Objekten oder Tongebilden zugrunde. Nur so sei es möglich, eine Tertiärqualität, zum Beispiel das Stakkato eines Beatrhythmus oder den lieblichen Schwung eines Walzers in alle drei Modalitäten – ins Hörbare, ins Visuelle und ins Taktile – zu transponieren. Für einige Kunstgattungen, zum Beispiel das Ballett, ist das eine Grundvoraussetzung für ihr Schaffen. Und nur so sei es zweitens möglich, daß sich ein bisher unbekanntes Empfinden – das also bisher nicht erlebt oder erlernt werden konnte und damit auch nicht zu assoziieren ist – einstellen kann und sich mit dem bei sehr vielen anderen Menschen im gleichen Erlebnisfall deckt.

Es ist hier die Hypothese gemacht, daß beide Lehrmeinungen – Beweise stehen in beiden Fällen noch aus bzw. sind nicht bekannt – ihre Richtigkeit haben, sie sind lediglich differenziert zuzuordnen: Der Assoziationsgehalt einer Gestalt, auch im Hinblick auf kollektives Erleben und Reproduzieren ist unbestritten. Dieser semantische Bereich wird jedoch allgemein dem Kapitel Semiotik zugeschlagen und auch dort eingehend betrachtet. Eine interdisziplinäre Öffnung erscheint angebracht.

Die Tertiärqualitäten der Gestalt zuzuschreiben, ist insofern korrekt, als ein Großteil der Gestaltpsychologie auf diesem Zusammenhang aufgebaut ist, und als dieser Zusammenhang zwar noch nicht im einzelnen bewiesen, jedoch mit den einzelnen Gestaltqualitäten, Prägnanz- und Kohärenzerscheinungen vorhanden ist respektive sie „auch in einem Bewußtsein geltend machen, das keine Gelegenheit gehabt hat, Erfahrungen im Umgang mit Dingen zu sammeln" [121].

Die Termini Primär- und Tertiärqualitäten werfen die Frage nach den Sekundärqualitäten auf. Weder hierzu noch zur Begründung für die Wahl des Ausdrucks „Tertiär" konnten in der Literatur Hinweise gefunden werden.

2.6.2 Bedingungen für Gestalt

Wahrnehmungsinhalt: Gestalt ist ein allgemeiner Begriff, er kann in vielfältigster Weise angewandt und auf vielfältigste Erscheinungen bezogen werden. Es wird eine Beschränkung derart vorgenommen, daß er nur Wahrnehmungsinhalte betrifft, das heißt, daß eine Gestalt mit unseren Sinnen wahrgenommen werden können muß. Dabei kann umgekehrt nicht gleichzeitig gesagt werden, daß alles Wahrzunehmende auch Gestalt besitzt. Zum Beispiel kann man Gestalt nicht riechen oder sie als Kälte oder Schmerz empfinden.

Transponierbarkeit: Eine Gestalt muß transponiert, in eine andere Größe, in einen anderen Werkstoff und – im Extremfall – in eine andere Modalität überführt werden können, ohne ihre charakteristische Eigenart zu verlieren. Ein Kreis muß ein Kreis bleiben, ob er groß oder klein, in verschiedenen Farben, mit Bleistift gezeichnet oder in Backsteinen gelegt ist (Abb. 61). Die Gestaltqualität muß trotz Veränderung der Empfindungsgrundlagen gleichbleiben. Umgekehrt dazu bedeutet die Änderung eines Teiles bereits eine Änderung des Ganzen, der Gestalt. Soll es bestehen bleiben, müssen sich alle Teile ändern, damit es seine verbindende Struktur behält.

Die Transponierbarkeit ist einerseits eine Forderung an eine Form, eine Gestalt, sie wird aber andererseits von unseren Sinnesorganen auch gefordert und provoziert. „Wenn eine Signalkombination Nachrichten enthält (zum Beispiel den semantischen Gehalt Kreis einer Figurenkonstellation) auf die sich unser Sehsystem eingestellt hat, so werden diese auch dann noch als solche erkannt, wenn die Kombination beträchtlich variiert wurde. Unser Sehsystem leistet hier offensichtlich eine Invariantenbildung, die zur Wahrnehmung derselben Gestalt auch bei variierten Signalen führt, also zur Gestaltwahrnehmung" [122].

„Wie sehr auch die Beleuchtung, die Größe, die Geschwindigkeit der Objekte, und, diesen entsprechend, die Abbildungsverhältnisse auf der Netzhaut sich verändern, die Wahrnehmungen ändern sich durchaus nicht in der gleichen Weise, sondern werden durch die Konstanzeinrichtungen invariant gehalten" [123].

Die Transponierbarkeit ist eine der beiden Eigenschaften, die als Ehrenfels-Qualitäten bezeichnet werden. Die Übersummativität ist die andere. Sie stellt das Mehr dar, das vorhanden sein muß, um aus der Summe von Elementen eine Gestalt zu machen, dasjenige, das transponiert werden kann – insofern, als es ja die Elemente selbst nicht sind. Übersummativität wäre demnach eine Notwendigkeit zur Transponierbarkeit.

In diesem Zusammenhang wird häufig die Redeweise, das Ganze sei *mehr* als die Summe seiner Teile, zitiert. W. Köhler hat dem widersprochen, da es schwer ist, exakte metrische und absolute Angaben hinsichtlich der Quantitäten zu machen und da die Gestalt relativ unabhängig von den einzelnen Elementen besteht. Er sagt: „das Ganze ist *verschieden* von der Summe seiner Teile" und weiter: „wenn die Töne c und g zusammen klingen, so entsteht eine Qualität, die in der Musik Quinte heißt. Die Qualität liegt weder in dem Ton c noch in dem Ton g, noch hängt sie von diesen bestimmten Tönen ab. Jedes Paar von Tönen mit dem Schwingungsverhältnis 2:3 kann unmittelbar als Quinte erkannt werden, unabhängig davon, in welchem Bereich der Tonleiter es gespielt wird. Die Quinte ist eine Gestalt, die unterschieden ist von beiden sich bildenden Teilen, und das genaueste Wissen um die isolierten Teile vermag nicht den geringsten Hinweis zu geben, was eine Quinte ist" [124].

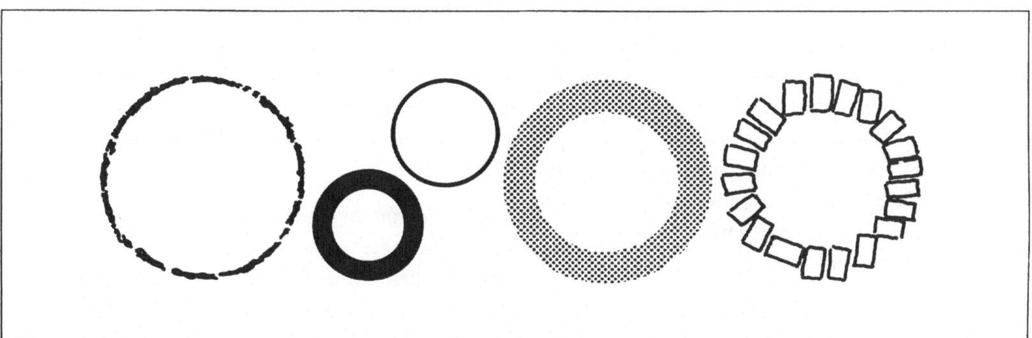

Abb. 61   Transponierbarkeit der Gestalt „Kreis" ohne Gestaltverlust.

Abgehobenheit: Eine einförmige graue Fläche ist zwar ein Wahrnehmungsinhalt, jedoch keine Gestalt. Sie muß von einem Untergrund oder Hintergrund unterschieden werden können oder vor einem solchen erkennbar sein. Dabei ist bezeichnend, daß immer das Abgehobene zunächst und bewußt gesehen wird, nicht das dahinter oder durch Öffnungen zu Sehende, „daß wir die Dinge sehen und nicht die Löcher dazwischen". D. Katz nennt es das „phänomenale Primat der Figur" [125].

Zusammengehörigkeit: Die Einzelheiten einer Gestalt, die Elemente oder Teile müssen als zusammengehörig erlebt werden können, nicht in zufällig und willkürlich auszulegender Weise, vielmehr mit den Methoden der Statistik schlüssig und reproduzierbar. Aus den vorstehenden Bedingungen, die eine Reizkonstellation erfüllen muß, um als Gestalt erkannt zu werden, leitet H. Rohracher die Definition ab:
„Gestalten sind von der Umgebung abgehobene, transformierbare Wahrnehmungsinhalte, deren Einzelheiten als zusammengehörig aufgefaßt werden" [126].
Abgehobenheit und Zusammengehörigkeit sind Voraussetzungen für Transformierbarkeit. Ihre charakteristischen Eigenarten wiederum sind in den Gestaltgesetzen niedergelegt:

2.6.3 Gestaltgesetze

Gesetz der Gleichheit: Gleichheit oder Ähnlichkeit der individuellen Gegenstände, Elemente oder Teile erleichtert ihr Erscheinen als Gruppe, als Ganzes. Wenn aber einige der individuellen Gegenstände in dieser Weise ähnlich oder gleich sind und andere, wiederum untereinander ähnliche oder gleiche Gegenstände, auch wenn sie sich nur wenig von den ersten unterscheiden, in der Gruppierung anzutreffen sind, dann tendiert die ganze Anordnung dazu, sich aufzuspalten und als Kombination zweier Untergruppen bzw. zweier „Teilganzer" zu erscheinen (Abb. 62).

Gesetz der Nähe: (auch „räumliche Nachbarschaft", „kleiner Abstand" oder, teilweise, „größte Dichte" genannt). Gleiche Elemente werden vom

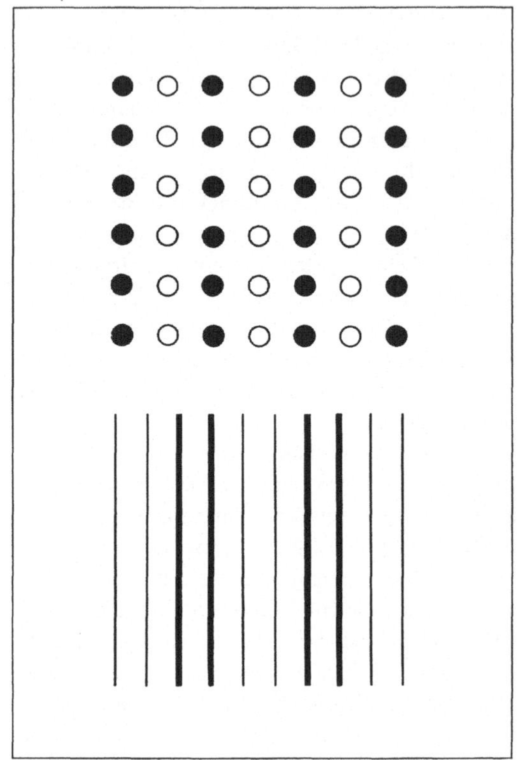

Abb. 62   Gesetz der Gleichheit.

Auge zu Gruppen zusammen gesehen (Gesetz der Gleichheit) – auch dann noch, wenn die Elemente relativ weit voneinander entfernt liegen. Das bekannteste Beispiel hierzu sind die Sternbilder. Wenn aber bei einer Anzahl von individuellen Elementen der Abstand untereinander kleiner ist als der Abstand zu anderen Gegenständen oder Elementen in der Umgebung, dann besteht eine Tendenz, daß sich nicht eine, sondern zwei Gruppen bilden. Die Zusammenfassung zu einem Reizganzen erfolgt im Sinne des kleinsten Abstandes (Abb. 63).

Gesetz der durchgehenden Kurve: Teile einer Figur oder Elemente einer Anhäufung bilden leichter eine Einheit, eine Gestalt, werden zusammengesehen, die eine durchgehende Kurve oder Linie ergeben. Das trägt gleichzeitig dazu bei, daß Teile, die verschiedenen Gegenständen angehören, ein-

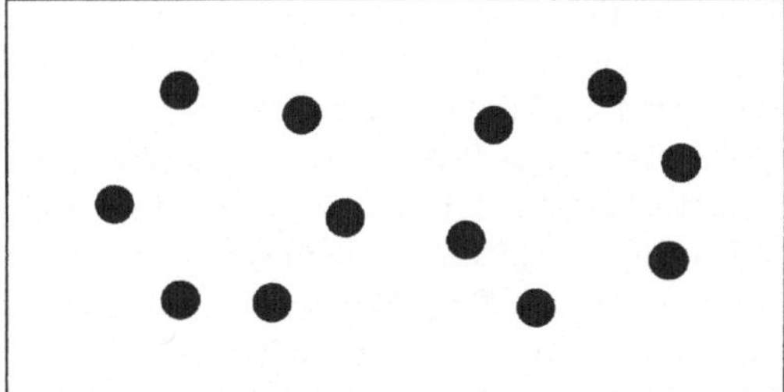

Abb. 63   Gesetz der Nähe.

ander aber dicht zugeordnet sind, optisch ausein-
andergesehen werden (Abb. 64).

Gesetz des gemeinsamen Schicksals: (auch „glatter
Verlauf" genannt). Diese Gesetzmäßigkeit ist in
der Literatur selten beschrieben. Der Grund liegt
wahrscheinlich darin, daß es fast nicht – wie die
vorangegangenen und noch folgenden Gesetze –
primär auf geometrischen Gegebenheiten beruht, sondern auf Bewegung. Das gemeinsame
Schicksal ist zeitlich determiniert. Es ist hier mit
aufgenommen, weil Geräte und Maschinen, Objekte des Industrial Design also, sehr häufig be-
weglich sind oder aber bewegliche Teile beinhalten.
Bewegen sich Elemente gleich oder ähnlich, oder
bewegen sie sich generell und relativ zu ruhenden
Elementen, so schließen sie sich zu einem Ganzen
zusammen: sie haben ein gemeinsames Schicksal.
Es kommt häufig vor, daß wir zwei Objekte erst
dann mit Sicherheit als getrennt erkennen können,
wenn sie sich auch relativ zueinander bewegen.

Gesetz der Geschlossenheit: (auch „Kontur-Ge-
setz" oder, teilweise, „Aufgehen ohne Rest" genannt). Linien, die eine Fläche umschließen, werden unter sonst gleichen Umständen eher als Einheit aufgefaßt als solche, die sich nicht zusammen-
schließen. Je schärfer und vollständiger eine Kon-
tur um einen Gegenstand oder um eine Gruppe von
Elementen gezeichnet oder realisiert ist, desto eher
wird das Umschlossene als Gestalt, als Einheit
gesehen und desto fester ist die Kohärenz (Abb. 65).

Gesetz der Symmetrie: Symmetrisch angeordnete
Teile, Elemente oder Gegenstände werden leichter

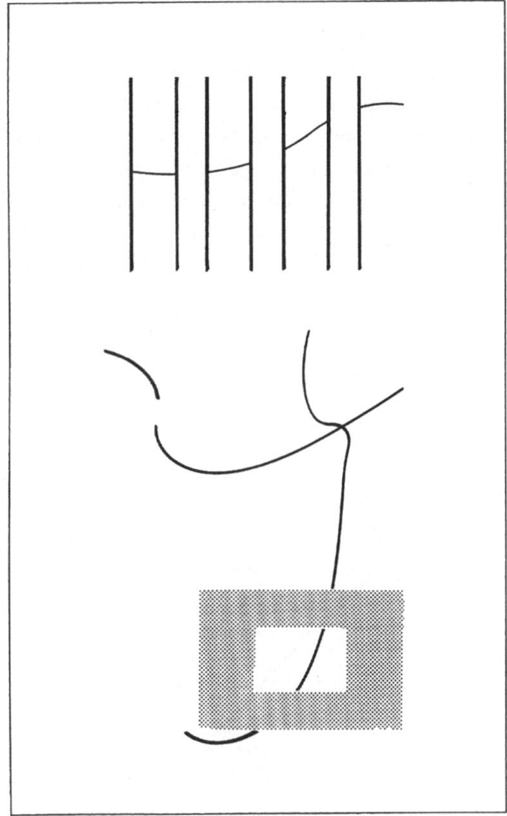

Abb. 64   Gesetz der durchgehenden Kurve.

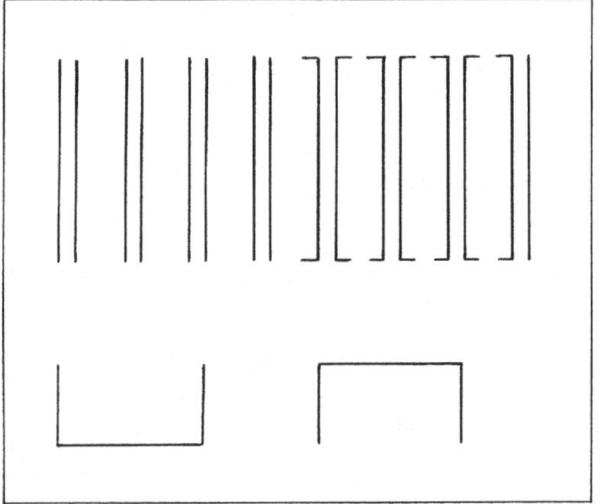

Abb. 65   Gesetz der Geschlossenheit.

zusammengehörig empfunden als wahllos oder zufällig einander zugeordnete. Dabei haben primär die offensichtlichen, einfachen, die Orthosymmetrien und unter diesen wiederum die iso- und homöometrischen Symmetrien den Vorzug (Abb. 66). Aber auch die geometrisch nicht mehr so offensichtlichen, freien und gestalterisch anspruchsvollen Symmetrien um Flächenschwerpunkte genießen Vorzug: das Hauptkriterium Ausgeglichenheit (der Gewichte – linguistisch: von Ausgleich, Gewichts-Ausgleich, Gleich-Gewicht) steht dabei im Vordergrund. Andere Worte sind: Ebenmäßigkeit, Regelmäßigkeit, Ausgeglichenheit, bildlich auch so verstanden, wie es aus der Physik bekannt ist.

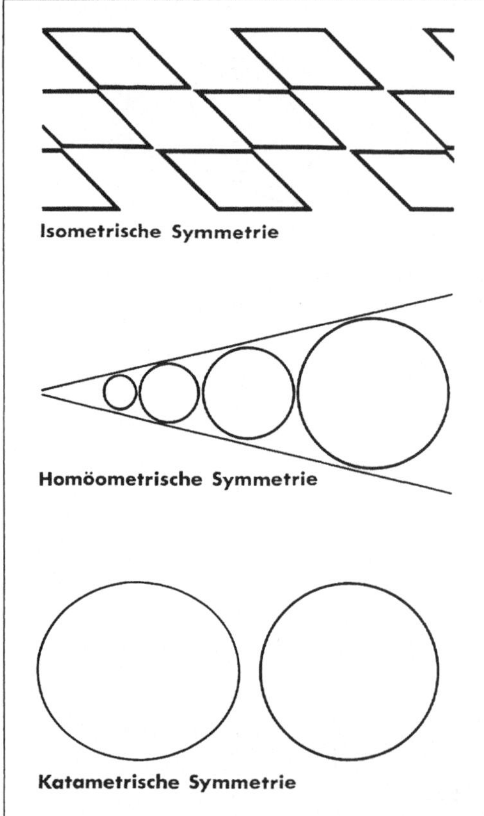

Abb. 66   Gesetz der Symmetrie: isometrische, homöometrische und katametrische Symmetrie.

Hier liegt die Entlastungswirkung zugrunde, der physikalische Grundsatz des Gleichgewichtes – es sei denn, andere Präferenzen stehen im Widerspruch dazu: zum Beispiel Störung, überproportionales Aufsehen erregen, bzw. wie H. Gretsch es ausdrückt: „Unsere Gebrauchsgegenstände waren früher eine Zier, dann wurden sie verziert, und damit kam es vom Dienen zu Verdienen" [127], das heißt es wurden verkaufsbedingte, gerätefremde Applikationen durch Mode, Kunsthandwerk, Prestigenutzen etc. hinzugenommen, um den Ausgleich zur Auffälligkeit hin zu stören.

Gesetz der Erfahrung: (auch „Verknüpftsein in der bisherigen Erfahrung" genannt). War bei den vorgenannten Gesetzen eine Erfahrung, das heißt ein Erlernen der Gesetzmäßigkeiten nicht notwendig, so ist dieser Einfluß im vorliegenden Falle notwendig. Erfahrung läßt sich vom Gestaltsehen ebensowenig exakt trennen, wie ihr Einfluß darauf getrennt festgestellt werden kann. Dazu kommt, daß jede Erfahrung individuell ist und sich nur beschränkt in gewisse Schemata zwängen läßt. Sie wird an dieser Stelle als „Festigung einer an und für sich natürlichen Reaktion des optischen Systems", das heißt als Festigung der individuellen „Gestaltdisposition" der Person verstanden.
Als Beispiel führt D. Katz die drei Linienzüge an, die „mit der Erfahrung" ein großes E erkennen lassen können (Abb. 67) [128]. Hier erscheint der Einwand angebracht, daß die Nachbardisziplin Informationstheorie zu befragen wäre, die mit dem Kapitel Redundanzen eingehend dieses Phänomen behandelt.

Farbe: Auch Farbe kann die Zusammengehörigkeit und die Abgehobenheit unterschiedlicher oder gleicher Elemente beeinflussen. Sie kann eigene „Farbgestalten" bilden und eine geometrische Form stärker beeinflussen, als es mit den vorgenannten Gesetzen insgesamt möglich ist [129]. Sie wäre als eigenständiges Thema abzuhandeln und ist an dieser Stelle nur der Vollständigkeit wegen angeführt.

Abb. 67   Gesetz der Erfahrung.

2.6.4 Der Druck, der unbewußte Zwang

Neben dem zitierten Invarianzdruck, der eine Transponierbarkeit unregelmäßiger, unerwarteter, ungleichmäßiger oder ungenauer Gestalten zu Gestalten höherer Ordnung automatisch vornimmt – „wir sehen das einfach so" –, existieren noch andere Korrektur- oder Verfälschungsmechanismen ähnlicher Art. Es sind dies der Gestaltdruck und der Prägnanzdruck. Der Invarianzdruck kann dabei ein Gestalt- oder Prägnanzdruck sein oder werden. Und auch zwischen Gestaltdruck und Prägnanzdruck ist keine eindeutige Abgrenzung vorzunehmen. Die Übergänge sind fließend. Aber: alle drei Arten von Druck machen „sich bei jedem Individuum unabhängig von Erfahrungseinflüssen geltend" [130].

Prägnanz, Prägnanzdruck: Der Prägnanzdruck ist ein Vektor mit Richtung zu Prägnanz. Prägnanz „umfaßt Eigenschaften wie Regelmäßigkeit, Symmetrie, Geschlossenheit, Einheitlichkeit, Ausgeglichenheit, maximale Einfachheit, Knappheit". Außerdem ist zu vermerken, „daß sie (die Eigenschaften) zur Orientierung senkrecht – waagrecht tendieren" [130]. Das sind Eigenschaften, die M. Bense neben der Bewegung den metaphysischen Kategorien zuordnet [131].

„Je stärker die Gestalt, um so stärkeren Widerstand leistet sie äußeren Eingriffen", [130] und stärker bedeutet prägnanter, einfacher, regelmäßiger, erkennbarer, merkbarer.

Man spricht auch von der Optimierungstendenz des Zentralnervensystems, die bewirkt, daß in der Wahrnehmung und Reaktion möglichst wenig von einer Erwartung abgewichen wird: wenn als Wahrzunehmendes ein Kreis erwartet wird, die Gestalt jedoch nicht ganz einem Kreis entspricht, korrigiert das Unterbewußtsein den Eindruck automatisch zum Kreis.

Und: wenn als Wahrzunehmendes ein Kreis erwartet wird, die Gestalt jedoch stark davon abweicht, dann ist ein erhöhter Energieaufwand erforderlich, um die Gestalt zu identifizieren, der sich in mehr Zeit, weniger Einprägsamkeit und weniger Akzeptanz niederschlägt.

Wahrscheinlich unbewußt ermittelt, wird dieser Druck, dieses Streben auch von Nichtpsychologen häufig formuliert – freilich ohne Angabe von Gründen oder Ursachen: „Es wäre sinnwidrig, eine Oberfläche eines Bauelements ... an irgendeinem Punkt zu durchlöchern ...", um etwa ein Verbindungselement, wie eine Schraube, anzubringen. Mies van der Rohes Streben war, bis in die Details, zum Beispiel „die Fensterteilung der Fassade, regelmäßiger zu gestalten". Die Minimierung der überflüssigen Information klingt hier an, oder, wie D. Rams es ausdrückt, „das Weglassen alles Unwesentlichen mit der Absicht, das Wesentliche besser zur Geltung zu bringen", das Wesentliche als Gestalt und als notwendige Information verstanden [132].

Die gerade Linie, mehr noch: die horizontale Linie wird jeder anderen Figur vorgezogen. Unterliegt sie einer optischen Täuschung, dann ist die Wirklichkeit – davon abweichend – so lange zu verändern, bis die Wahrnehmung unserer Vor-Stellung entspricht. (Siehe dazu auch das Beispiel vom Parthenon-Tempel an späterer Stelle.)

Und wenn der Künstler F. Hundertwasser sagt: „Die gerade Linie ist gottlos und unmoralisch. Die gerade Linie ist keine schöpferische, sondern eine reproduktive Linie. In ihr wohnt weder Gott noch der menschliche Geist, sondern vielmehr die bequemheitslüsterne, hirnlose Massenameise" [133], dann sind die ersten beiden Aussagen künstlerisch-freier, vielleicht dogmatischer Natur, die letzten beiden jedoch richtig. Will man an einem Gegenstand eine gerade Linie oder Fläche erscheinen lassen, dann ist sie gegen alle Einflüsse so weit von ihrer faktischen Geradheit abweichend zu verändern, daß sie gerade erscheint. Und die hirnlose Massenameise Mensch, nun, sie reagiert tatsächlich instinkthaft – und bevorzugt die Gerade.

Die Orientierung senkrecht–waagrecht, die als symbolhaft für statisch, unbeweglich, fest und ausgeglichen verstanden wird, bedingt, daß eine durch ein schräges Element bedingte Abweichung davon als störend empfunden wird. Wird das schräge Element durch ein symmetrisch angeordnetes oder über den optischen Schwerpunkt ausgleichendes Element ergänzt, dann ist der Störeffekt geringer (Abb. 68). Wird es nicht ausgeglichen, kann die Störung an entsprechenden Objekten, zum Beispiel an Fahrzeugen, als Bewegung oder Dynamik empfunden werden. Auf Abb. 42 im Kapitel Semiotik, der Darstellung von den Symbolen für die Olympischen Spiele 1972, ist die Anwendung dieses Effektes erkennbar:

das Symbol des Läufers verwendet mehrere schräge Elemente asymmetrisch, und außerdem erhält es eine Instabilität durch die nicht abgestützte Lage des optischen Schwerpunktes: Bewegung nach links; das Symbol des Gewichthebers vermittelt Statik durch die symmetrische Verwendung der Arme und Ringer und Bogenschützen vermitteln Bewegung auf der Stelle durch schräge Elemente, die über den über der Standfläche liegenden optischen Schwerpunkt ausgeglichen sind.

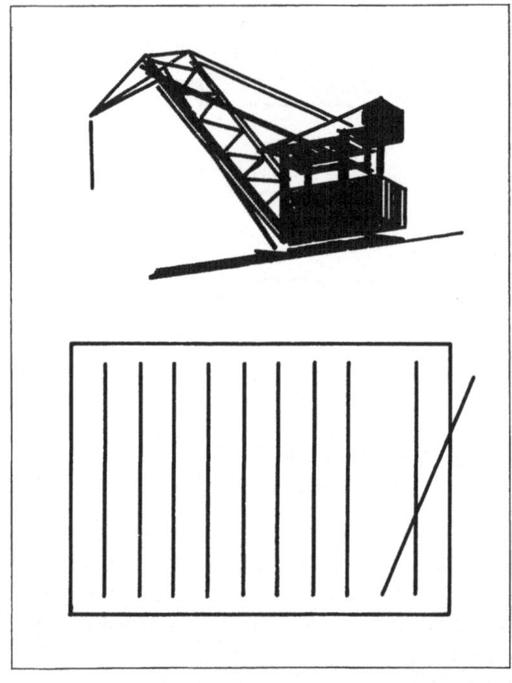

Abb. 68   Vorzugsrichtung vertikal mit einer Störung durch Schrägstellung. Am Beispiel Kran ist die Störung durch Verlagerung des optischen Schwerpunktes aus der geometrischen Mitte heraus wieder ausgeglichen.

Gestalt-Druck und Ablesbarkeit (Inhärenz): Eine Gestalt ist etwas Regelmäßiges und Einfaches. Eine Gestalt ist aber auch etwas Erkennbares. Mit der Erkennbarkeit untrennbar verbunden ist der Zweck der Gestalt und/oder deren semantischer Gehalt.

Inhärenz ist die Verknüpfung von Eigenschaften mit den Dingen, zu denen sie gehören. Einem Handgriff ist es inhärent, daß er angefaßt wird, daß man nach ihm greift. Man muß also an einer Stelle eines Gegenstandes sichtbar machen, formal inhärent durch Anbringung eines als solcher erkennbaren Griffes, daß zum Tragen hier angefaßt werden soll, daß das zum Öffnen am besten hier geht, oder daß eine Relativbewegung durch Ziehen oder Heben herbeigeführt werden kann. Eine weitere Information, zum Beispiel durch Schrift, erübrigt sich dann.

Ein runder Gegenstand, eine Kugel, ist nicht statisch, sie kann rollen. Diese auch als Newton-Schwelle bezeichnete Inhärenz – man erkennt es, daß die Kugel rollen kann, man erkennt es an ihrer Form: ihrer Form ist die Rollbewegung inhärent – ist eine Schwelle, jenseits der der Zweck, die Funktion, der semantische oder technische oder andere Inhalt von der Form ablesbar ist.

L. Sullivan sprach von der äußeren Struktur, die der inneren Struktur analog sein soll, was über die allgemeinen Ablesbarkeiten bis in technisch-physikalische Bereiche führen kann. Ein Haken, zum Beispiel Kleiderhaken, kann als Verlauf einer Momentenlinie verstanden werden. Macht man diese Momentenlinie in ihrer Form sichtbar, dann hat man eine, von sicherlich mehreren, inhärenten Eigenschaften ablesbar gemacht:

Inhärenz und Verkleidung: „Während man … glauben konnte, die Technik werde sich wieder zur organischen Gestalthaftigkeit zurückfinden, die den Zweck jedes Gerätes so klar ausdrückt, wie die Zange oder die Kaffeekanne, sehen wir heute, daß gleiche Elemente (bestimmte transistorisierte Aggregate) je nach Anordnung verschiedene Geräte ergeben: ein Kasten voller Drähte und Batterien ist je nachdem ein Musikgerät oder eine Rechenmaschine." „… Deutlichkeit in der Gestalt erscheinen zu lassen, ist im Verlauf der technischen Entwicklung immer schwieriger geworden" [134]. Aber es hat auch seine Vorteile, „daß die Vielfalt und scheinbare Unordnung technischer Einzelteile zugunsten einer einheitlich wirkenden Oberfläche untertauchen, „da technische Laien einem allzu kompliziert aussehenden Produkt gegenüber Befremdung empfinden können, und da ein Gehäuse alle Schutz- und Anpassungsanforderungen, die sonst die Einzelteile einzeln zu erfüllen hätten, übernimmt" [135]. Die Verkleidung wird herstellungsbedingt geometrisch einfach, sie wird zur einfachen Gestalt – mit dem Nachteil, daß die inhärente Funktion nicht mehr ablesbar ist. Dieser Nachteil ist jedoch relativ und kann zu einem doppelten Vorteil werden, wenn es gelingt, „das Signum der Exaktheit in der deutlichen Ordnung der auf der Frontplatte befindlichen Skalen" darzustellen, und wenn man

„die verborgene Präzision des Inneren durch das Äußere repräsentieren" läßt [136]. Es ist eine der Technik analoge Ablesbarkeit, die die Verkleidung und die Instrumente als Katalysator und als Mittler benutzt.

Gestaltdruck und Ordnung: „… wenn Dinge so angeordnet sind, daß, wenn sie uns durch die Sinne dargeboten werden, wir sie uns leicht vorstellen und daher leicht im Gedächtnis behalten, nennen wir sie gut geordnet, und im umgekehrten Fall schlecht geordnet oder verworren." R. Arnheim genügt diese von ihm zitierte Definition des Begriffs Ordnung nicht, da sie leicht mit Einfachheit verwechselt werden kann, und da er auch in komplexen Kunstwerken Ordnungen sieht, komplizierte und verflochtene Ordnungen, denen man so nicht gerecht wird [137].

Da hier der Bereich Kunst ausgeklammert ist, soll die oben genannte Definition genügen. Sie deckt sich mit der von A. A. Moles, der noch die Begriffe Kontinuum, Durchschnitt und Reduktion ins Spiel bringt, und sie deckt sich mit der der vielen Autoren, die zum Thema Normung und Standardisierung den Ordnungsbegriff fixieren mußten.

Sie deckt sich auch mit der, die im Zusammenhang mit dem Entropiebegriff immer wieder genannt wird und scheinbar eine Umkehrung darstellt [138]. Ordnung ist dabei die „ungleichmäßige" Verteilung, ungleichmäßig, relativ zu einer gleichmäßigen Verteilung, der keine Struktur, kein Gesetz, das heißt kein Ordnungsprinzip mehr zugrunde liegt, das, siehe oben, leicht vorstellbar und leicht merkbar ist.

Ordnung ist auch eine Eigenschaft der Gestalt. Eine Gestalt hat Ordnung. Eine gute Gestalt hat einen hohen Grad an Ordnung. Ordnung kann dabei einfach und offensichtlich oder kompliziert sein. Das Streben nach Gestalt impliziert somit auch das Streben nach Ordnung.

„Dir, o Römer geziemt's, der Welt mit Macht zu gebieten! Künste, wie Dir sie geschenkt, sind: Ordnung setzen und Frieden …" (Vergilius Maro). Und wenn dieses vielbesungene Ideal auch nicht immer so direkt zu erreichen oder anzustreben war, so mußten die Dialektik oder der Konflikt herangezogen werden, mußte „Kunst Chaos in die Ordnung bringen". Aber: „Die chaotischen Züge qualitativ neuer Kunst widerstreiten dieser, ihrem Geist nur auf den ersten Blick …, chaotisch ist in Wahrheit die Ordnung" [139].

2.6.5 Sekundäre Gestaltphänomene

Die primären Gestaltphänomene beherrschen den sinnesphysiologischen Teil der Gestaltpsychologie und sind auch für die Arbeit des Industrial Designers von weitreichender Bedeutung. Daneben existieren aber eine Reihe weiterer Phänomene, die teilweise frappierender und populärer, weil überraschender in ihrer Wirkung sind, die aber trotzdem nicht die Beachtung erfahren, die ihnen vielleicht zukommen sollte [140]. Die vorhandenen Erkenntnisse sind für den Gestalter interessant und in Grenzbereichen anwendbar. Sicherlich aber sind sie gut dafür geeignet, insbesondere negative Einflüsse bei einer Gestaltung zu erkennen und sie davon fern zu halten.

Optische Täuschungen und gespannte Linien: Eine geometrisch-optische Täuschung liegt dann vor, wenn man trotz Wissens um die tatsächlichen Verhältnisse nicht imstande ist, die richtige Länge, Größe oder Lage zu sehen, das heißt wenn die Täuschung „zwingenden Charakter" hat (Abb. 69) [141].
Für die Ursachen der optischen Täuschungen existiert eine ganze Reihe physikalischer, physiologischer und psychologischer Erklärungsversuche, aber „es ist bisher nicht gelungen, zweifelsfreie Erklärungen zu finden" [141]. So sind es auch nicht die Entstehungserklärungen, die interessieren, als mehr die Wirkungen selbst oder die Möglichkeiten, mit diesen Wirkungen gestalterischen Einfluß ausüben zu können.
Rohracher berichtet vom Architekten Hoffer, der aufgrund genauer Messungen 1838 feststellen konnte, daß an berühmten antiken Bauwerken, zum Beispiel am Parthenon auf der Akropolis kaum gerade Linien zu finden sind [141]. Dieser „Mangel" beruht nicht auf Materialveränderun-

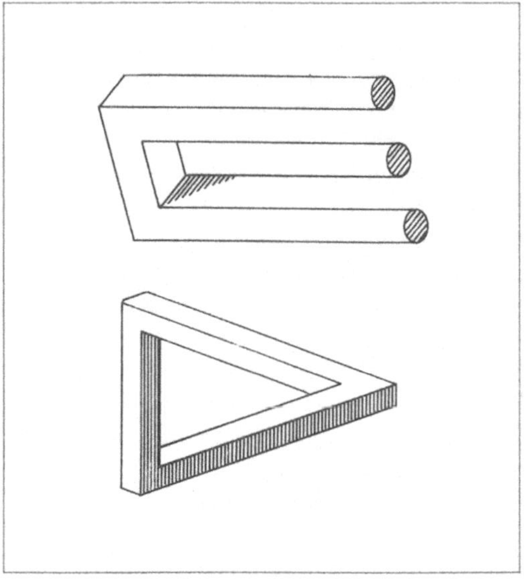

Abb. 69   Optische Täuschung mit unmöglichen Objekten.

gen innerhalb langer Zeiträume oder auf der Unfähigkeit zu exakter Bauweise. F. Mayer-Hillebrand sieht hier den Versuch, Täuschungen mit optischen Täuschungen wieder auszugleichen. Der Parthenon-Tempel sollte in seinem Gesamteindruck geometrisch exakt und dadurch harmonisch wirken. Um jedoch den Eindruck zu erwecken, daß zum Beispiel eine Säule gleichmäßig zylindrisch verläuft, ist es notwendig, sie tatsächlich nach oben hin bauchig-konvex auszuformen. Da eine gerade Grundlinie nach unten durchhängend erscheine, sei die Grundlinie des Parthenon zur Korrektur dieser Erscheinung tatsächlich in der Mitte nach oben durchgebogen [141]. J. Weber deutet diese Erscheinungen dynamisch und geht dazu auf die Terminologie der Griechen zurück. Sie nannten die verwendete Form der Säulen „Entasis" und drückten damit aus, „daß sie die Säule wie ein Lebewesen verstanden haben. Der Säulenschaft scheint wie ein verkürzter Muskel gegen die Last anzuspannen." [142] Dieser Deutungsversuch erscheint schlüssiger und in der Anschauung bestätigt: tatsächlich erhält der scheinbar nach strengen und einfachen geometrischen Gesetzen gebaute Tempel durch die vielfache, aber sparsame

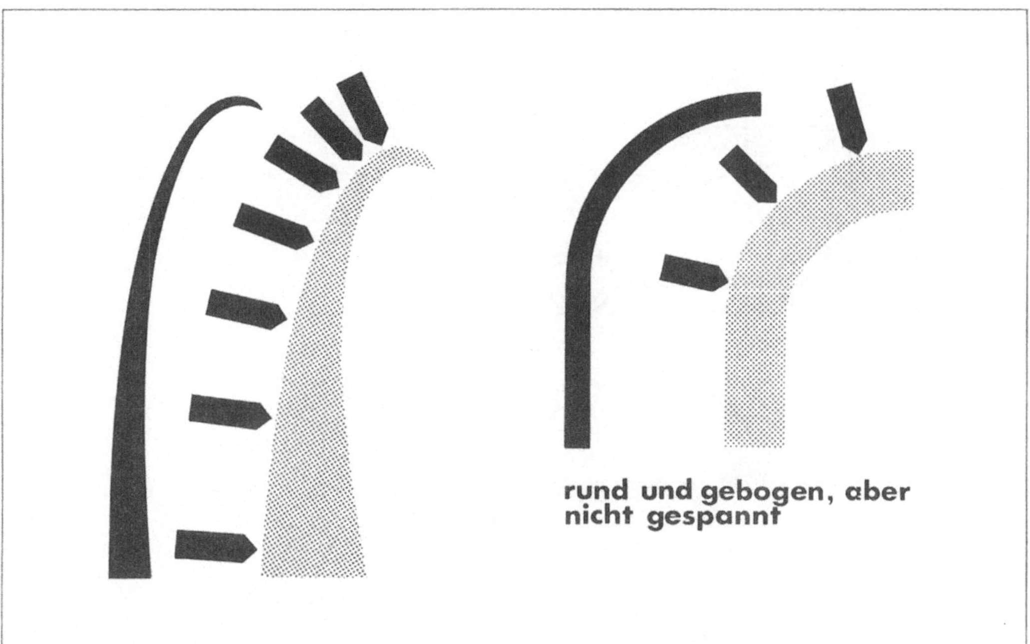

Abb. 70 Gespannte und nicht gespannte Linie.

Verformung der geometrischen Grundkörper einen anschaulichen und lebendigen Charakter und eine Form, eine Gestalt mit komplizierter Ordnung. Trotz scheinbar einfacher Geometrie wurde mit geringen Mitteln die Starrheit der Geometrie überwunden. Von optischer Täuschung kann hier allerdings nicht gesprochen werden, und es sei der Verdacht gestattet, daß viele ähnliche bewußte oder unbewußte Verformungen dieser Art keine Täuschungen oder Täuschungskorrekturen sind als vielmehr bewußt vorgenommene Gestaltung – unter Ausnutzung von Täuschungsphänomenen.

Hierher gehört auch die leicht bauchige Ausformung von Kunststoff- oder Blechflächen und die gespannte Linie (Abb. 70), die als Konturen bei fast allen heutigen Serienautokarosserien vorzufinden sind (Abb. 71).

Mehrdeutige Figuren: Nicht zwingenden Charakter haben die sogenannten Umspringbilder – eher das Gegenteil: man kann willkürlich entscheiden, ob man die eine oder die andere Erscheinung im betreffenden Bild sehen möchte – und werden trotzdem den optischen Täuschungen zugerechnet (Abb. 72). Der Effekt des Umspringens entsteht im Laufe einer Gestaltung in der Regel unbeabsichtigt und zufällig, so daß hier das Wissen darum zu seiner Verhinderung angewendet werden kann. Abhängig ist die momentane Erscheinung vom Bewußtseinsstand bezogen auf das Bild. Ist man eine der beiden Konstellationen aus anderem Zusammenhang gewöhnt, fällt es schwer, die jeweils andere zu sehen. Durch die Möglichkeit der doppelten Auslegung ist die Gefahr einer Fehlinterpretation des mit der Gestaltung Auszusagenden durch verschiedene Personen hoch. Die Wertigkeit dieser Erscheinungen sollte daher entsprechend angesetzt werden.

Mit zu den mehrdeutigen Figuren zählen auch die Rubin-Figuren, Abbildungen, die, je nachdem ob man sich auf die helle oder auf die dunkle Fläche konzentriert, unterschiedlichen Inhalt haben (Abb. 73). Diese Figur-Grund-Beziehung ist dann belanglos, wenn der Wahrnehmungsinhalt einem gewissen Erwartungsschema entspricht. So sehen wir beim Anblick von Schrift stets die Buchstaben

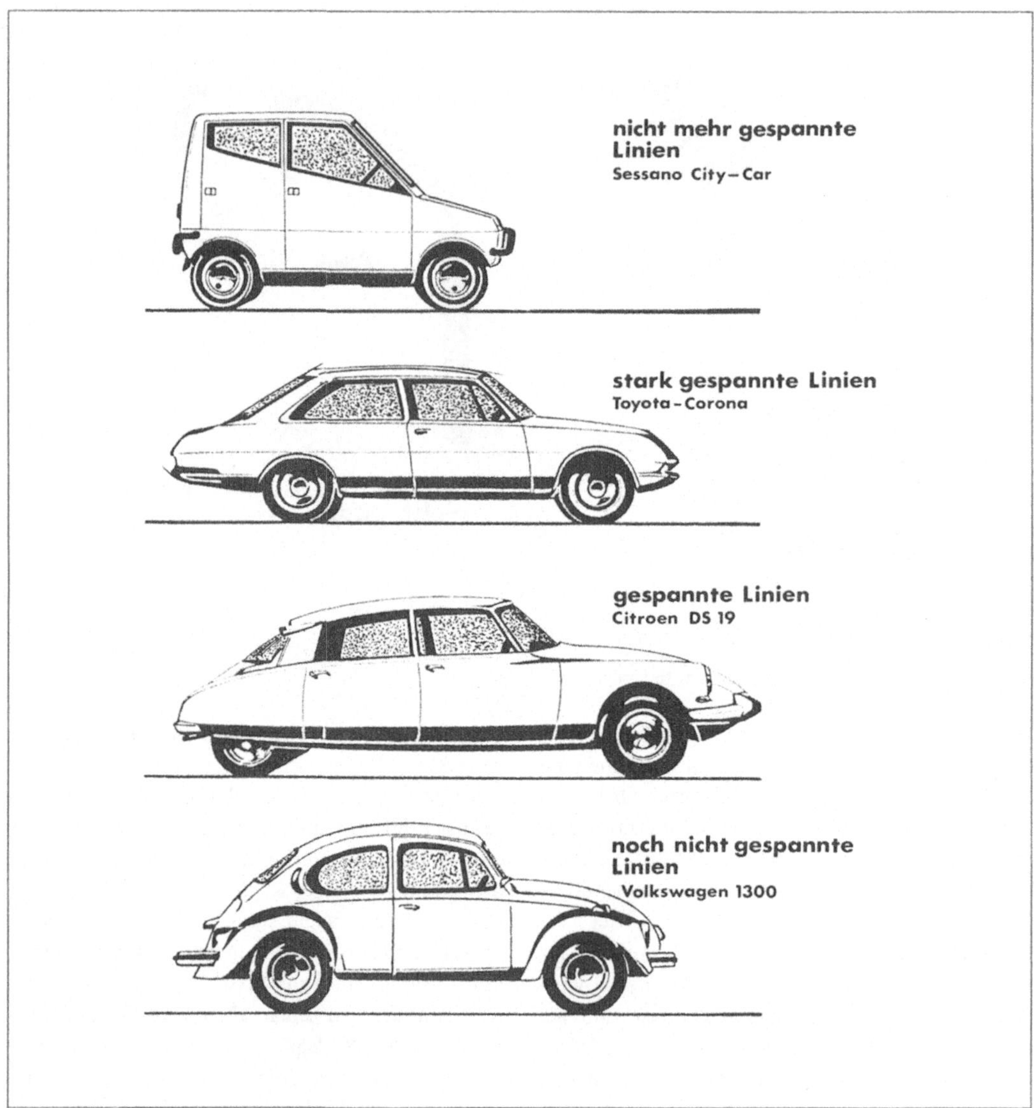

Abb. 71   Einsatz unterschiedlich gespannter Linien am Beispiel von Autokarosserien.

und nicht die die Buchstaben umgebende Restfläche. Ist das Erwartungsschema jedoch indifferent, dann sind beide Möglichkeiten der Interpretation gegeben.

Andere Gestaltphänomene: Das Thema Farbe ist auch in diesem Zusammenhang wieder zu nennen. Auch Farben bilden Gestalten, Farbgestalten, wobei als Farbgestalt eine Kombination sowohl von Farbtönen als auch nur von Farbhelligkeiten oder Farbintensitäten oder einer Mischung aus allen drei Modi zu verstehen ist. Die Bedingungen, die an eine Farbgestalt zu stellen sind, sind identisch mit den Bedingungen an eine allgemeine Gestalt [143].

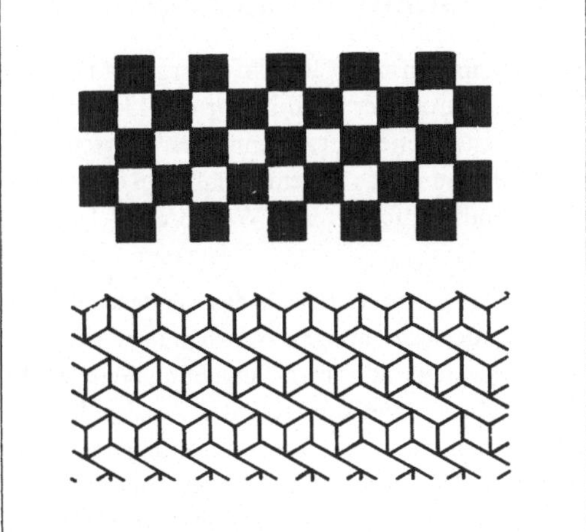

Abb. 72   Umspringbilder.

Zu den optisch vermittelten Gestalten rechnen auch die „Bewegungsgestalten" [143], die wiederum in Scheinbewegungen und echte Bewegungen zu differenzieren sind. Ein über einem Winkel schnell hin und her bewegter Stock erscheint ab einer gewissen Geschwindigkeit als Dreiecksfläche und stellt eine aus einer echten Bewegung entstandene Bewegungsgestalt dar. Die Laufschrift auf einem mit Glühlampen gerasterten Feld, die durch gesteuertes Ein- und Ausschalten einzelner Lampen entsteht, ist als Scheinbewegung zu verstehen.

2.7 Entschluß und Reizantwort

Hat ein Input die verschiedenen möglichen Stadien durchwandert, und wurde er entsprechend umgeformt, dann erfolgt eine motorische Reaktion, eine Antwort durch die Extremitäten, die Gliedmaßen. Die Antwort erfolgt entweder über das Bewußtsein, oder über das Bewußtsein und das Unterbewußtsein, oder nur über das Unterbewußtsein (das sind die sinnfälligen, die langjährig eingeprägten Bewegungen) oder ohne Beteiligung von Bewußtsein und Unterbewußtsein, das heißt ohne Beteiligung unseres Gedächtnisses über die Re-

Abb. 73   Rubin-Figuren. Je nach Betrachtungsweise und Konzentration auf die helle oder dunkle Fläche erscheinen unterschiedliche Bildinhalte.

flexbahnen. Eine aus dem Unterbewußtsein resultierende Handlung ist nicht gleichzusetzen mit einer Reflexbewegung, obwohl in der Umgangssprache eine rasche, sogenannte automatische Handlung auch als Reflex bezeichnet wird.
Ein Entschluß ist kein zeitlich oder örtlich zu fixierendes Moment, er ist vielmehr eine Vorstellungshilfe innerhalb des Modells. Die Reizantwort jedoch ist ein mechanischer Vorgang, über dessen Qualität auch die Umweltbedingungen, auf die er hingerichtet ist, verantwortlich sind.

2.8 Ergonomische Grundlagen

Die Geschichte der Ergonomie als selbständiges Fach beginnt 1949. Da sie aber eine interdisziplinäre und ungebundene Wissenschaft darstellt, reichen ihre ersten Bemühungen bis in die Anfänge der Industrialisierung zurück. Angewandte Psychologie und die Gesundheitsschäden, verursacht durch den Arbeitsplatz, standen dabei im Vordergrund des Interesses. Interdisziplinäres Zusammenrücken wurde in dem Augenblick zur Notwendigkeit, in dem „die Geräte so kompliziert und die vom Menschen geforderten Arbeitsgeschwindigkeiten so hoch wurden, daß der Mensch einem hohen Streß ausgesetzt war und entweder die Leistung der Maschine nicht voll nutzen oder aber das System nicht mehr beherrschen konnte. Bessere Kenntnis der Leistungsgrenzen des Menschen und seiner physischen Kapazität waren notwendig" [144].

Erster Urheber dieser Kompliziertheit und damit sowohl Auftraggeber für diesbezügliche Forschungen, als auch Lieferant von Mitteln und von Versuchspersonen in statistisch sicheren Größenordnungen, war das Militär. Nur so ist auch zu erklären, warum ein Großteil aller Publikationen über ergonomische Daten und Grundlagen einseitig auf militärische Bedürfnisse ausgelegt zu sein scheinen [145].

2.8.1 Definition und Abgrenzung

Zur Definition des Begriffes Ergonomie sagt K.F.H. Murell, der als Initiator der 1949 in England entstandenen Ergonomischen Forschungsgesellschaft und aus diesem Anlaß zum ersten Mal eigenständig aufgetretenen Wissenschaft Ergonomie gilt:

„Man hat die Ergonomie als das wissenschaftliche Studium der Beziehungen zwischen dem arbeitenden Menschen und seiner Umgebung definiert. In diesem Zusammenhang soll der Ausdruck Umgebung nicht nur die nächste Umgebung umfassen, innerhalb der der Mensch arbeitet, sondern auch die Werkzeuge, Materialien und Arbeitsmethoden sowie die Organisation seiner Arbeit."(Abb. 74). Und weiter: „Gegenstand der Ergonomie ist die Verbesserung der Wirksamkeit menschlicher Tätigkeit durch die Bereitstellung von Daten, die eine sachgemäße Entscheidung erlauben. Dadurch soll die Beeinflussung des einzelnen auf ein Minimum reduziert werden, und zwar insbesondere durch die Beseitigung von Konstruktionselementen, die womöglich eine Abnahme der Wirksamkeit zur Folge haben oder auf lange Sicht körperliche Gebrechen herbeiführen könnten" [146]. Als Grenzbereiche nennt er die Sozialwissenschaften und die industrielle Hygiene. Teilaspekte innerhalb der Ergonomie stellen die Anatomie, Physiologie, Psychologie, Arbeitsmedizin, Konstruk-

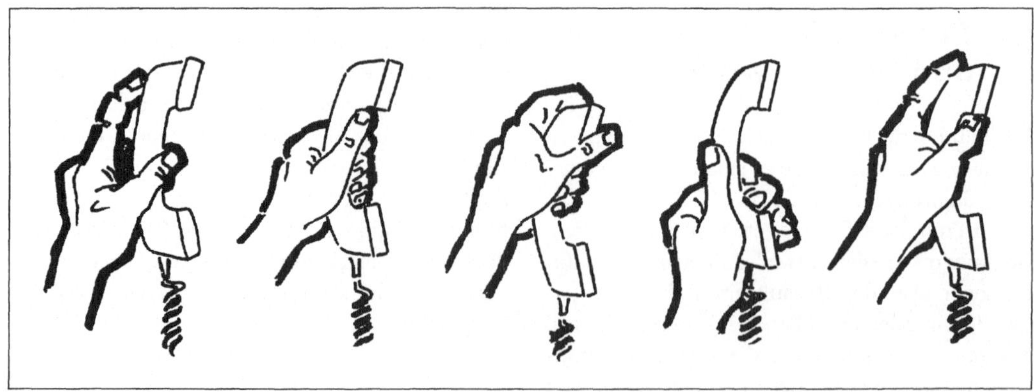

Abb. 74   Beispiel für ausgeprägt unbewußtes Verhalten bei der Benutzung eines Gegenstandes, der vorwiegend als ergonomisch relevantes Objekt bezeichnet werden muß.

tion und Architektur dar, wobei als wesentliches Kriterium herausgestellt wird, „daß damit keine Disziplin innerhalb der Gesamtkonzeption Ergonomie über eine andere gestellt wird" (146). Fast alle diese Disziplinen existierten teilweise lange vor dem oben genannten Termin der Ergonomischen Forschungsgesellschaft.

Die Ergonomie ist eine Disziplin innerhalb der Arbeitswissenschaften. Ergonomie wird häufig synonym für Anthropotechnik, Biometrie, human factors und andere verwandt. Diese sind jedoch nur Teildisziplinen, oder, im Sinne der Linguistik: speziellere Begriffe zum Allgemeinbegriff Ergonomie.

Der Begriff ergonomics entstand auf der obengenannten Zusammenkunft britischer Wissenschaftler. Er setzt sich aus den griechischen Wörtern ergon, Werk, Arbeit, und nomos, Gesetz, Lehre, zusammen und wurde als einfacher Begriff gewählt, damit er sich ohne Schwierigkeiten internationalisieren lassen konnte.

Eine Ähnlichkeit des Begriffes ergonomics zum Begriff economics war nicht unerwünscht, denn ähnlich der Ökonomie schafft die Ergonomie Grundlagen für eine rationale Tätigkeit „auf einem Gebiet, auf dem die Mitwirkung nichtkontrollierter und nicht kontrollierbarer Faktoren wesentlich ist. Aufgrund dieser Verwandtschaft wurde auch eine Ähnlichkeit der beiden Termini angestrebt" [147].

Zusammenfassend kann man sagen, daß die Ergonomie Daten über den Menschen, die für sein bewußtes und teilweise unbewußtes Verhalten der Umwelt gegenüber relevant sein können, ermittelt und bereitstellt (Abb. 75).

2.8.2 Ergonomie und Industrial Design

Wie ist nun eine Beziehung zustande gekommen, in der der Ergonomie, insbesondere dem ergonomischen Datenmaterial, innerhalb des Industrial Design eine nicht unerhebliche Stellung zuteil geworden ist. H. Dreyfuß spricht gar vom Versagen des Designers, wenn „am Berührungspunkt zwischen Erzeugnis und Mensch eine Reibung entsteht" [148], Reibung als mehr verstanden als die physikalisch unumgängliche, mechanische Reibung, vielmehr Reibung im Sinne von Reiberei, von Störung, Fehler, Unzulänglichkeit. In Designbüros werden die formalen Aspekte teilweise über dem Vorwand Ergonomie angebracht [149] und bei den Begriffsbestimmungen wurden die diesbezüglichen Akzentuierungen dargelegt.

Paradoxerweise ist es aber wiederum H. Dreyfuß, der noch im gleichen Zusammenhang, in dem er seine Forderung aufstellte, die Wertigkeit der Ergonomie hinsichtlich des Industrial Design (und umgekehrt) auf eine realistischere Basis bringt: „Von einem einfachen Werkzeug – von nur einem der wichtigen Teile, die zum Handwerkszeug des Designers gehören – hat sich das Human Engineerring, die Ergonomie, in ein Allheilmittel für alle Probleme des Designers entwickelt. In Wirklichkeit ist es kein Allheilmittel, sondern nur ein nützliches Verfahren, eines von vielen, das in jeder guten Konstruktionsabteilung ständig benutzt werden sollte" [148].

Eine konstituierende Teilnahme von Industrial Designern an der Institutionalisierung oder an den Forschungsbemühungen der Ergonomie war nach K. F. H. Murell nicht gegeben. Verwandtschaftliche oder interdisziplinäre Verhältnisse könnten über die Konstruktion oder über die Architektur gesehen werden, die beide 1949 dabei waren. Zudem kann das Industrial Design einen definitiven Beitrag zur Ergonomie aufgrund des Fehlens entsprechender Forschung gar nicht leisten – und sollte es vorwiegend wohl auch nicht [150].

Bleibt noch die Rolle des Abnehmers oder, wie H. Dreyfuß es ausdrückte, des Anwenders eines nützlichen Verfahrens, einem von vielen, insbesondere des Anwenders der umfangreichen ergonomischen Daten.

Eine Überschneidung ist somit nicht gegeben: Ergonomie bedeutet: „Bereitstellung von Daten", Industrial Design: „Anwendung der … ergonomischen Daten". Und eine Abgrenzung oder Beschneidung durch andere problemlösende, anwendende Disziplinen in dieser Hinsicht ist insofern inevident, als zum Beispiel sowohl Konstruktion als auch Architektur oft weder Willens noch

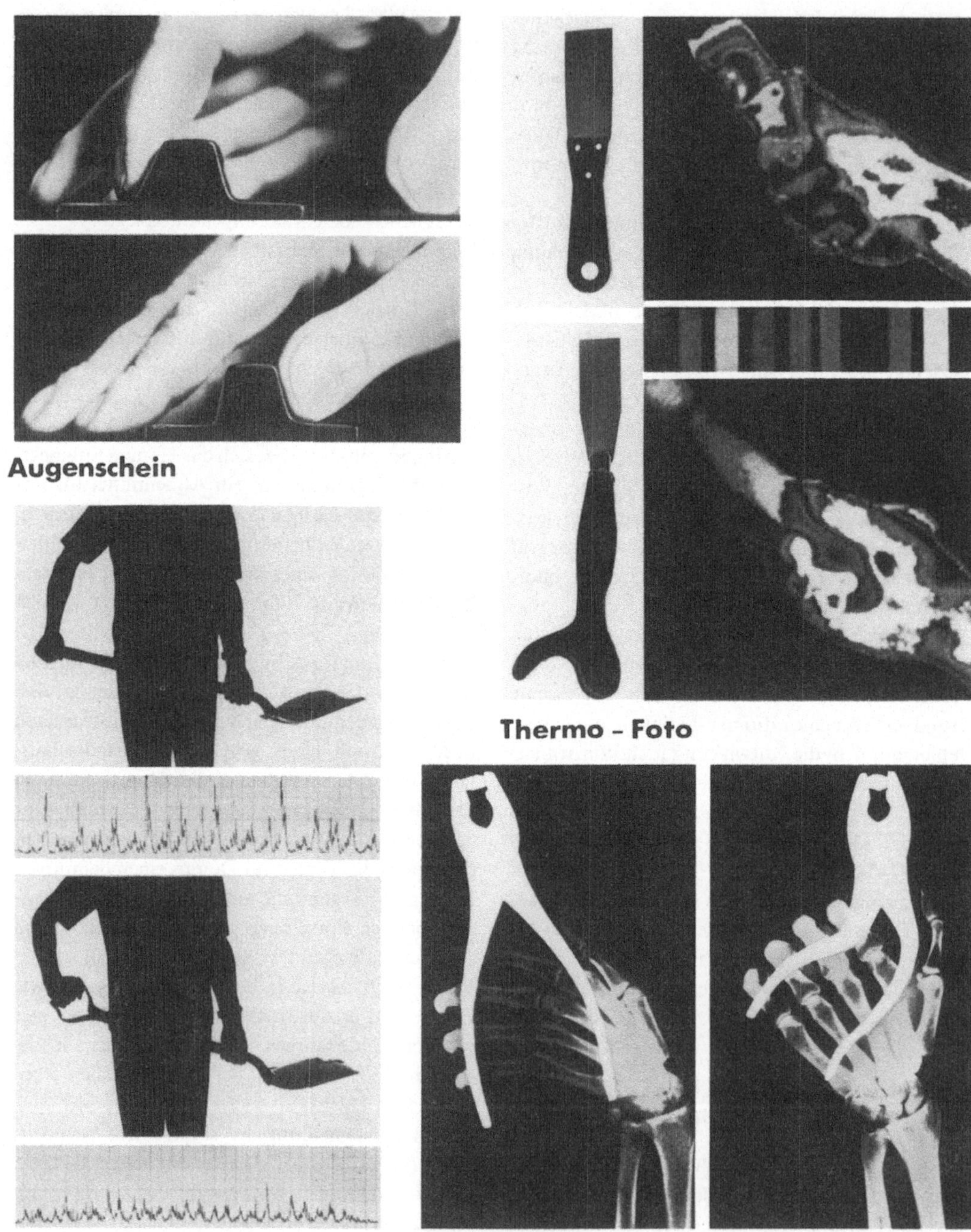

Abb. 75   Einige Methoden zur Ermittlung ergonomischer Daten.

in der Lage sind, die Anwendung der Ergonomie voll oder teilweise zu praktizieren. So bleibt dem Industrial Designer eine Rolle, die man als die eines Lückenbüßers bezeichnen kann.

Die unabdingbare Notwendigkeit der Anwendung ergonomischer Erkenntnisse resultiert für das Industrial Design aus der gemeinsamen Prämisse beider im Verhältnis Mensch–Maschine, oder allgemeiner: Mensch–Objekt. Die primär metrischen bzw. numerisch zugänglichen Werte der Ergonomie sind Voraussetzung und Hilfsmittel – „Der Mensch ist das Maß aller Dinge", wie Pythagoras sagte – für die übrigen Werte, die zumindest teilweise durch das Industrial Design repräsentiert und verwirklicht werden. Dazu ein einfaches Beispiel:

Für den Entwurf eines Trinkbechers sowohl unter ausschließlich funktionalen Gesichtspunkten als auch unter mehrwertigem Aspekt: Trinkbecher plus Zusatzfunktion, zum Beispiel kunsthandwerkliches Objekt oder Repräsentation oder dergleichen, sind Durchmesser, Gewicht, Höhe, Werkstoff und Wandstärke, sind metrisch darstellbare Vorgaben, die in definierten Grenzen nicht unter- oder überschritten werden können (Abb. 76).

Sicherlich hat sich Industrial Design mehr mit

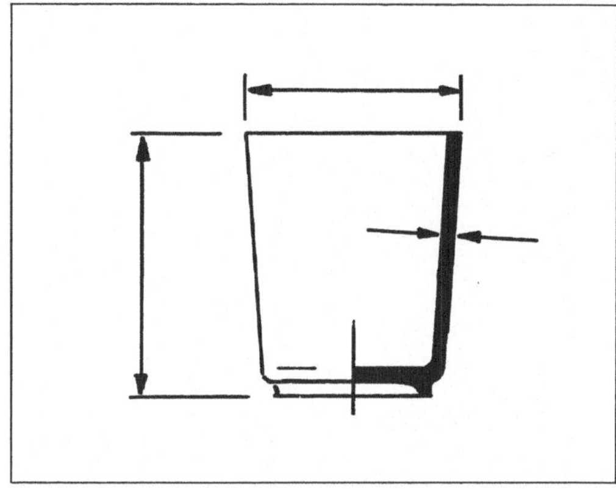

Abb. 76   Maße eines einfachen Gegenstandes (Trinkbechers), die durch die Ergonomie vorgegeben sind.

Maschinen und Geräten als mit Trinkbechern auseinanderzusetzen. Der Bezug zum Menschen bleibt jedoch stets derselbe. Er wird als Mensch-Maschine-Bezug, als Mensch-Maschine-System abstrahiert. Da darüber eine reichhaltige und auch für das Industrial Design angepaßte und unmittelbar verwendbare Literatur vorliegt [151], kann dieses Thema in seiner weiteren Erörterung und trotz der großen Bedeutung für Industrial Design, auf die nachdrücklich hingewiesen sei, hier ausgeklammert werden.

Teil 3
Gestaltungselemente und Gestaltungskriterien

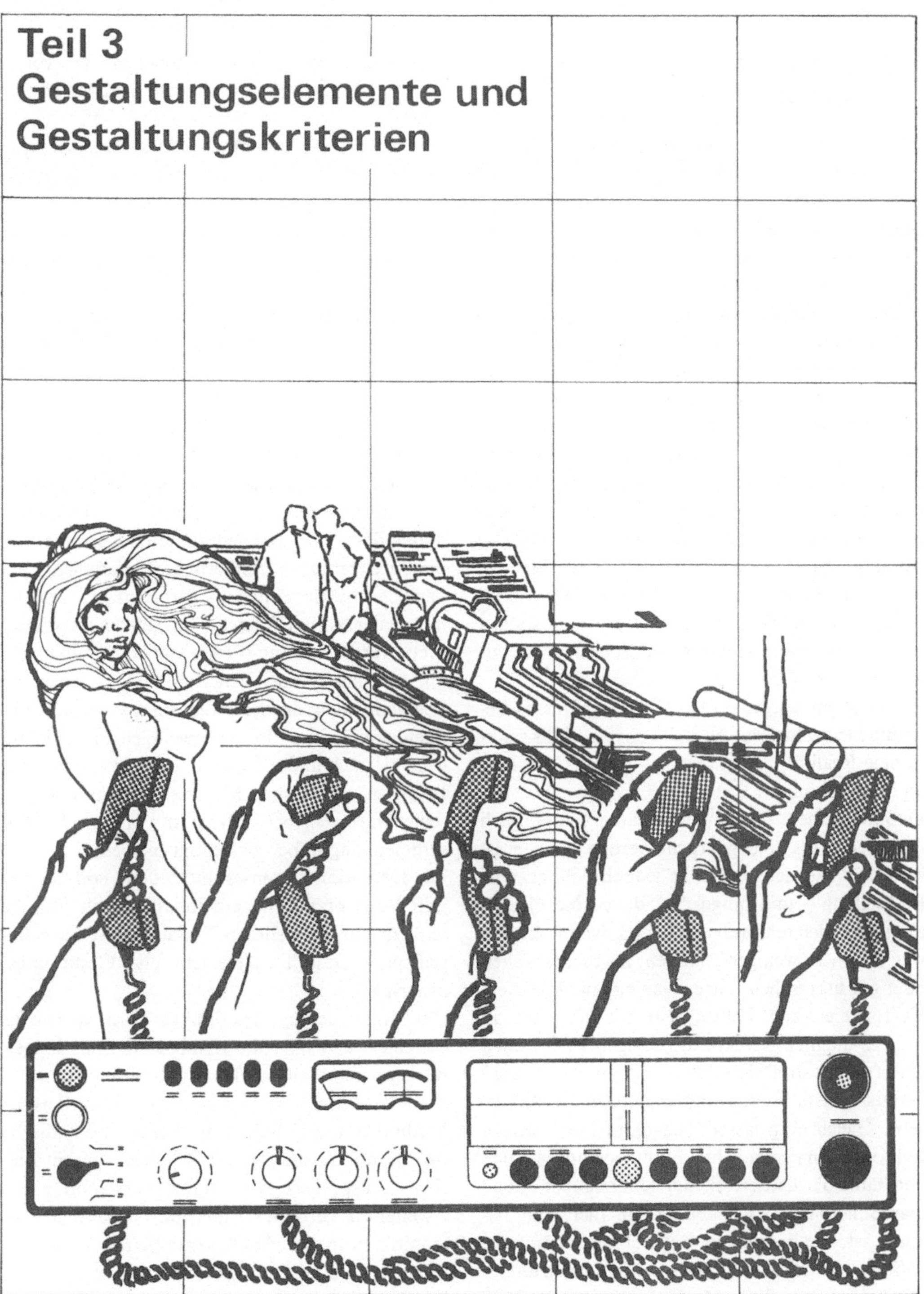

3.1 Definition und Abgrenzung

Abseits der Frage, ob Industrial Design in irgendeinem Zusammenhang mit Kunst zu sehen sei, bewegt sich die Diskussion um die Berührungspunkte zur Ästhetik. Ästhetik wird sowohl in der Definition der Umgangssprache, die häufig ästhetisch synonym zu schön versteht, als auch im Bemühen um eine Bereinigung dieses Begriffes hinsichtlich seines emotionalen Ballastes als eine über die physikalisch-chemische Realität hinausgehende „Kommunikation mit dem, was wir Geist zu nennen gewohnt sind", verstanden. Also keine Kommunikation im Sinne der reinen Information, die „wie beim Obszönen oder Banalen nicht mehr erreicht als ein physikalisches Signalement, also das Gegebene, nicht aber das Gemachte" [1].

Zufällig gemacht – oder banal im Verständnis von Industrial Design – wäre zum Beispiel der Prototyp einer Maschine, der nur unter dem Gesichtspunkt der Funktion und ohne gestalterische Absicht zusammengebaut ist.

Gemacht im vorgenannten Sinne meint das bewußte Gemachte, das über die physikalisch-funktionale Realität hinaus Gemachte, das Gestaltete an der Maschine.

Daß auf diesem Wege Wertigkeiten wie Häßlich oder Schön ins Spiel gebracht werden können, ist kein Widerspruch. Wenn es jedoch gelingt, eine Beurteilung – und umgekehrt dazu eine Gestaltung – von den relativen und subjektiven Faktoren weg zu einem weniger relativen, im theoretischen oder gar utopischen Extrem: zu einem absoluten, Faktor, hier: zum Faktor Ästhetik zu verlagern, wird es möglich werden, die übrigen Funktionen (Informationsfunktion, Gebrauchsfunktion usw.) herauszukristallisieren und qualitativ zu verbessern. Gleichzeitig lassen sich dann die relativen Faktoren von persönlichen Einflüssen unabhängig und damit plastischer, leichter beherrschbar – auch manipulierbarer – machen. Wenn nicht nur bekannt ist, wie man einen Gegenstand schön oder häßlich machen kann, sondern auch warum er durch dieses oder jenes Machen schöner oder häßlicher wird, ist die Schwierigkeit des gestaltenden

Austarierens geringer, das Erreichen eines vorgegebenen Zieles leichter und sicherer zu bewerkstelligen.

Die Mittel und Methoden zu diesem Machen nennt M. Bense ästhetische Funktoren. Er beschreibt sie im Zusammenhang mit der sogenannten ästhetischen Transposition der 1. Stufe, der Transposition physikalischer Zustände in ästhetische Zustände: „Jeder ästhetische Prozeß wird von Zeichen erzeugenden Funktoren beherrscht. Sie verbrauchen und verändern die Realität, indem sie ihr die Modi größerer Intensität verleihen" [2]. Als Beispiel für Funktoren nennt Bense die Nachahmung allgemein, die Mimesis im besonderen (Nachahmung der Natur), die Komposition, Proportionen, Symmetrien, Asymmetrien, Perspektiven, Lagebeziehungen, topologische Relationen und andere. Und in einem späteren Kapitel treten die Bezeichnungen „ästhetische Materialien" und „ästhetische Semanteme" für Elemente sowohl materialer Natur (Töne, Farben) als auch vorinterpretierter Bedeutung (Gegenstände, Figuren) auf [3]. Es wäre hierbei sicherlich zu differenzieren. Die Feinheiten, die dann allerdings zu berücksichtigen sind, sowohl in der jeweiligen Einzeldefinition, als auch in der Differenzierung zwischen den Begriffen „Funktor, Material, Semantem" erscheinen so sensibel, daß sie im vorliegenden Zusammenhang unberücksichtigt bleiben.

Die Definitionen Benses aufgreifend soll der Begriff Funktor mit seinem Inhalt jedoch Vorlage sein für das im weiteren Verlauf verwendete Begriffspaar Gestaltungselement und Gestaltungskriterium.

Der Inhalt des Begriffes Funktor wird dazu etwas entfeinert und über die Ästhetik und das Kunstwerk hinaus verallgemeinert. Gestaltungselemente und Gestaltungskriterien sind dann zum Beispiel Methoden und Modi, mit denen physikalische Realitäten in ästhetische Realitäten bzw. in Zeichen transponiert oder, unter Verwendung des erweiterten Terminus Funktion (siehe auch Abschnitt: Formaler Freiheitsgrad), mit denen die technischen Grundwertigkeiten weit in den Bereich des formalen Freiheitsgrades hinein ausgedehnt werden können. So kann zum Beispiel die physika-

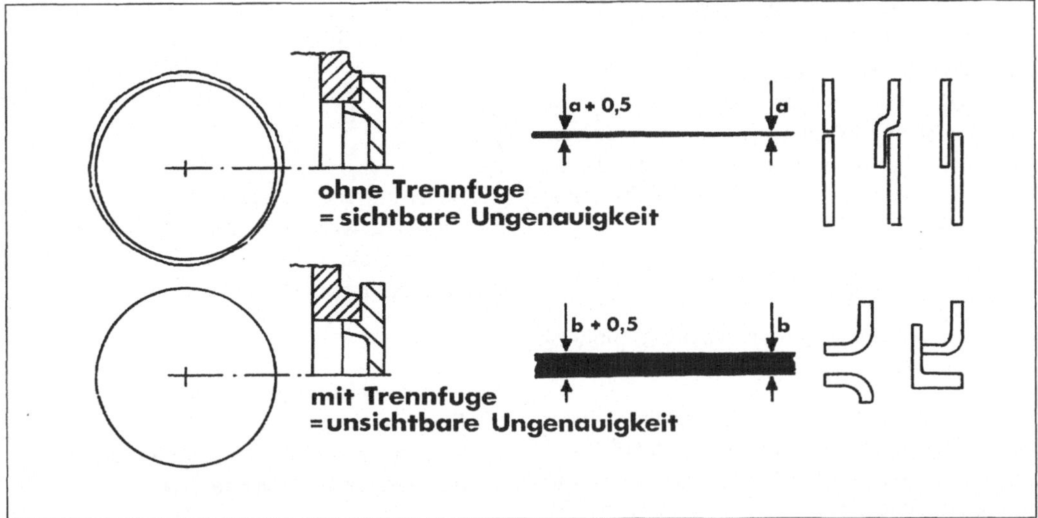

Abb. 77 Gestaltungselement Trennfuge, mit dem aus einer wenig exakten physikalischen Realität ein exakt wirkendes Erscheinungsbild gemacht werden kann.

lische Realität des ungenauen Aufeinanderstoßens zweier Maschinenteile mit dem Gestaltungselement Trennfuge in die ästhetische Realität „Genauigkeit" und in das Zeichen „saubere exakte Verarbeitung" umgesetzt werden (Abb. 77).

Ergänzend anzumerken, weil für das wirtschaftlich bedeutende Gebiet des Corporate Identity zwingende Voraussetzung, ist, daß Gestaltungselemente und Gestaltungskriterien gleichzeitig Stilelemente sein können. Die Umkehrung jedoch, Stilelemente seien zwangsläufig Gestaltungselemente und Gestaltungskriterien, ist nicht schlüssig. Auch gegebene andere Elemente können, wenn sie die Bedingung der Wiederholung an verschiedenen Stellen, die „Gemeinsamkeit der Objektwelt" erfüllen, stilbildend wirken [4].

3.2 Katalog

Der zu gestaltende oder zu beurteilende Gegenstand kann von Marketing und/oder der Werbung (auch bei der Verwendung als Kunstgegenstand) für bestimmte Aufgaben vorgesehen sein. Differenzierung und Auffälligkeit treten dabei als Aufgabenstellung für das Industrial Design in den Vordergrund.

Wird er ausschließlich als Gebrauchsgegenstand gesehen, ohne Zusatzfunktionen, kann den menschlichen Eigenarten und Gesetzmäßigkeiten im Sinne der Energieoptimierung entsprochen werden. In diesem Falle können auch die Interessen von Produzent und Entwerfer, Benutzer und Beobachter identisch sein. Diese zweite Betrachtungsweise hat den Vorteil, daß sie als neutrale und optimale Grundlage für alle denkbaren Veränderungen dienen kann. Es würden sich dann nicht die Vorgaben ändern, sondern nur deren Gewichtungen.

Im weiteren Verlauf sind daher Modifikationen zur Differenzierung und Auffälligkeit nicht berücksichtigt, allenfalls als Tendenz aufgezeigt.

Die Produkte, auf die Bezug genommen ist, konzentrieren sich auf die Bereiche der technischen Gebrauchsgüter und der Investitionsgüter, die durch Maschinenbau und Feinwerktechnik repräsentiert werden. Nur bedingt und partiell können damit auch Gegenstände modischer Art, für die Freizeitgestaltung oder mit hohem Zusatznutzen wie Prestige, Wertanmutung usw. abgehandelt werden. Sie sind für eine größere Zahl von Benutzern gedacht, sind in ihrer technischen und wirtschaftlichen Funktion zeitgemäß und gestatten in ihrer Konzeption Veränderungen durch Weiterentwicklung oder Funktionsverschiebungen.

Die aufgeführten Gestaltungselemente und Gestaltungskriterien sind der vorangegangenen Materialsammlung entnommen. Daraus ist wiederum eine Auswahl getroffen worden. Das bedeutet, daß alle Elemente und Kriterien zu und über Informationen, die

- nicht über die Augen empfangen (Geruch, Geräusch usw.) und die
- über Farben empfangen werden (ausgenommen deren Helligkeitswerte)

nicht berücksichtigt sind. Die folgende Zusammenstellung ist des Umfanges wegen außerdem vereinfacht, auf Stichworte reduziert dargestellt, so daß im Falle einer Anwendung, zum Beispiel für eine Produktbeurteilung oder für eine Produktentwicklung, auf die ausführliche Darstellung und die aufgeführte vertiefende Literatur zurückgegriffen werden müßte.

Gestaltungselemente und Gestaltungskriterien sind nicht getrennt ausgewiesen. In der Zusammenstellung ist nur bedingt auf die Herkunft des jeweiligen Elementes und Kriteriums Rücksicht genommen.

Alle Einschränkungen sind gemacht, um den Rahmen überschaubar zu halten. Über diese Einschränkungen hinaus gibt es ein weites Feld gestalterischer Möglichkeiten und Aktivitäten. Dafür erscheint die Hypothese prüfenswert, daß insbesondere in den Bereichen der Konsumgüter und der Freizeitobjekte die gefundenen Elemente und Kriterien ebenfalls Gültigkeit haben. Erste Stichproben haben dies bestätigt.

3.2.1 Auflistung nach Disziplinen

Aus den einzelnen, für die Betrachtung herangezogenen Disziplinen bzw. Themenbereichen, sind die aufgefundenen und hier relevanten Gestaltungselemente und Gestaltungskriterien zusammengetragen. Sie sind in der Reihenfolge ihrer Darstellung wie in der Materialsammlung geordnet. Die jeweiligen Themenbereiche sind numeriert, so daß sie für die nachfolgende Umstrukturierung

identifizierbar bleiben. Die Buchstaben benennen die Zuordnung zu den Zeichenrelationen:

- Semantik   **a**
- Syntaktik   **b**
- Pragmatik   **c**

Für weiterführende Informationen zum einzelnen Element und Kriterium ist erneut auf den Abschnitt über die wesentlichen Elemente des Modells und das Kapitel Materialien verwiesen.

1 Aus dem Zusammenhang Erscheinungsbild und Input abgeleitete Gestaltungselemente und Gestaltungskriterien

- Abstrakte Form (Geometrie) (**a**)
  - Tendenz zur Volumengestaltung (zum Beispiel bei einem EDV-Terminal)
  - Tendenz zur Flächengestaltung (zum Beispiel bei einem Schaltschrank)
- Mathematische Primärqualitäten (**b**)
  - Arithmetisch (Rhythmus, Metrum, Proportion)
  - Geometrisch (Perspektive, Lageverhältnisse: senkrecht, waagerecht, schräg)
  - Topologisch (Mannigfaltigkeit, Strukturen als Formordnung, Räumlichkeiten)

2 Aus den wahrnehmungstheoretischen und physiologischen Grundlagen abgeleitete Gestaltungselemente und Gestaltungskriterien

- Hintergrundrelation (Objekt auf hellem Grund wirkt dunkler als auf dunklem Grund) (**c**)
- Flimmern bestimmter Raster (**c**)
- Irradiation (dunkles Objekt auf hellem Grund wirkt heller als helles Objekt auf dunklem Grund (**c**)
- Nachbild (**c**)
- Weber-Fechnersches Gesetz (**c**)

- Räumliches Sehen (Konturen unterstützen, Rundungen verwischen) **(c)**

- Ablesbarkeit der Dimension (durch Form oder Relationshilfen) **(a, b)**

- Absolute Werte (Bezugsmöglichkeiten unterstützen) **(c)**

- Adaptation (starke Kontraste zentrieren, ausgeglichene Kontraste unterstützen die Gesamtwahrnehmung) **(a, c)**

- Farbe

3 Aus den zeichentheoretischen (semiotischen) Grundlagen abgeleitete Gestaltungselemente und Gestaltungskriterien

- Systemzugehörigkeit bzw. Zeichenverständlichkeit (zum Beispiel bei Corporate Identity) **(b)**

- Lesewiderstand (abhängig von Gestalthaftigkeit, Prägnanz, Transponierbarkeit, Systemkongruenz) **(a)**

- Erlernbarkeit (Abhängigkeiten wie Lesewiderstand)**(a)**

- Merkbarkeit (Abhängigkeiten wie Lesewiderstand) **(a)**

- Kohärenz der Elemente **(a, b)**

- Assoziationsgehalt **(a)**
  - neutral,
  - konvergierend,
  - divergierend

- Verwechslungsgehalt, Unverwechselbarkeit **(a)**

- Konfigurationseinfluß (Umgebungsrelevanz) **(b, c)**
  - neutral,
  - dominant,
  - konvergierend,
  - mehrdeutig

- Informationsredundanzen **(a)**

- Semantische Inhärenz (Ablesbarkeit, Erkennbarkeit von Bedeutung und/oder Funktion) **(a)**

- Einsatzentsprechung (durch technologische Gegebenheiten) **(c)**

- Zeitadäquate Entsprechung (modische, gesellschaftliche oder dergleichen Gegebenheiten bzw. Veränderungen) **(a)**

- Ökonomischer Bezug (Realisierbarkeit) **(c)**

- Farbe

4 Aus den informationstheoretischen Grundlagen und den Grundlagen der Produktinformation (nach T. Ellinger) abgeleitete Gestaltungselemente und Gestaltungskriterien

- Produktsprache (Verständlichkeit bzw. Unverständlichkeit)**(a)**

- Existenzinformation (latent oder evident) **(a)**

- Herkunftsinformation (latent oder evident) **(a)**

- Qualitätsinformation (latent oder evident) **(a, c)**

- Produkttypus A, B oder C (entsprechende Gestaltung) **(c)**

- Lage zur Schockzone **(a)**

- Lage zur MAYA-Schwelle **(a)**

- Beurteilung des Gesamteindruckes (unbewußte Entscheidung dafür oder dagegen, zum Beispiel beim Kaufakt) **(a)**

- Animationsinformation (aufgabenbezogene Relativierung) **(a)**

- Gebrauchsinformation (aufgabenbezogene Relativierung) **(a, c)**

- Serviceinformation (aufgabenbezogene Relativierung) **(a, c)**

5 Aus den ästhetischen Grundlagen abgeleitete Gestaltungselemente und Gestaltungskriterien

- Ästhetisches Maß M = Ordnung O/ Komplexität C, **(a, b)**

- Ästhetischer Nutzungsgrad (Stilfaktor bzw. stilrein oder stilreich, gestaltrein oder gestaltreich) (**a, b**)
- Bedingungen für Ästhetik (**a**)
  - Materialitätsthese
  - Realitätsthematik
  - Kommunikationsfunktion
  - Ästhetische Transformation 1. Stufe (materiale Elemente in Zeichen)
  - Ästhetische Transformation 2. Stufe (Ordnungsrelationen nachweisbar)
  - Ästhetische Unbestimmtheitsrelation
  - Wertrelation

6 Aus den gestalttheoretischen Grundlagen abgeleitete Gestaltungselemente und Gestaltungskriterien

- Wahrnehmbarkeit gegeben oder nicht gegeben (**c**)
- Transponierbarkeit (geometrisch), Invariantenbildung (**b**)
  - linear geometrisch,
  - nichtlinear geometrisch,
  - Gradationsveränderung
- Abgehobenheit (**b**)
- Zusammengehörigkeit (Wahrnehmung als Ganzes) (**c**)
- Gestaltgesetze (**b**)
  - Gleichheit
  - Nähe
  - durchgehende Kurve
  - gemeinsames Schicksal
  - Geschlossenheit
  - Symmetrie
  - Erfahrung
- Prägnanz, Prägnanzdruck (**a**)
- Relationen im Koordinatensystem (**b**)
  - horizontal (stabil, statisch)
  - vertikal (labil, aufstrebend)
  - schräg (dynamisch)
  - Schwerpunktlage (labil, stabil)
- Gestaltdruck, Inhärenz (**a**)

- Ordnungsrelationen (**b**)
- Optische Täuschungen (positiv, negativ) (**b**)
- Eindeutige oder mehrdeutige Gestalt (**b**)
- Farbe

7 Aus den ergonomischen Grundlagen abgeleitete Gestaltungselemente und Gestaltungskriterien (minimale Auswahl)

- Metrische (anthropometrische) Entsprechung (**c**)
  - unmittelbar
  - allgemein
  - individuell
- Sinnfälligkeit (**a**)
- „Automatische" oder zu erlernende Reaktionen (**c**)
- Stückzahl- bzw. Verwenderrelationen (**c**)
- Festgelegtheit (**c**)
  - relativ zum Kollektiv
  - relativ zu physiologischen Kriterien
- Kinematische Entsprechung (zum Beispiel Lage des Schwerpunktes) (**c**)

3.2.2 Auflistung nach Zeichendimensionen

Da jeder Gegenstand Zeichencharakter hat bzw. als Zeichen verstanden und behandelt werden kann, und da Zeichen von der Informationstheorie und der Semiotik ausführlich behandelt und theoretisch bearbeitet werden, ist im folgenden versucht, die in den verschiedenen Grundlagen aufgefundenen Gestaltungselemente und Gestaltungskriterien entsprechend den drei Relationen eines Zeichens zu ordnen: in

a semantische,
b syntaktische und
c pragmatische Gestaltungselemente und Gestaltungskriterien.

Dabei ist die Herkunft angegeben (zum Beispiel: **6** = Gestalttheoretische Grundlagen), Duplizierungen eliminiert, jedoch gekennzeichnet (zum Beispiel: **4, 6**) und die Benennungen vereinheitlicht. Bei Merfachnennungen erfolgte Kennzeichnung durch entsprechende Buchstaben (zum Beispiel: **b**).

Einige Begriffe und auch Eigenschaften sind nebeneinandergestellt, so daß ihre Bedeutung synonym verstanden werden könnte. Diese Schreibart ist jedoch nur gewählt, um das Spektrum erschöpfend abzudecken. Die einzelnen Elemente und Kriterien sind nicht genau zu beschreiben oder zu erklären, daher soll mit den zusätzlichen Begriffen eine Einschränkung oder auch Ergänzung erzielt werden.

a Semantische Gestaltungselemente und Gestaltungskriterien

a1 Kongruenz von Zeichen und Zeichenvorrat (Verständlichkeit bzw. Unverständlichkeit der Produktsprache (**4**)

    a1.1 Lesewiderstand (abhängig von der Gestalthaftigkeit, der Prägnanz, Transponierbarkeit, Systemkongruenz) (**3**)

    a1.2 Erlernbarkeit (Abhängigkeit wie **a**1.1) (**3**)

    a1.3 Merkbarkeit (Abhängigkeit wie **a**1.1) (**3**)

    a1.4 Kohärenz der Elemente (**3, b**3)

    a1.5 Menge der verschiedenen Elemente (**3, b**) in **b**3 behandelt

a2 Inhärenz von Bedeutung und/oder Funktion (**3, 4, c**3)

    a2.1 Existenzinformation (latent oder evident)

    a2.2 Herkunftsinformation (latent oder evident)

    a2.3 Qualitätsinformation (latent oder evident)

        2.3.1 Animationsinformation

        2.3.2 Gebrauchsinformation

        2.3.3 Serviceinformation

a3 Assoziationsgehalt bzw. Sinnfälligkeit (**3, 7**)

    a3.1 neutral

    a3.2 konvergierend

    a3.3 divergierend (Verwechslungsgehalt)

a4 Gestaltdruck (**6**)

a5 Prägnanzdruck (**66**)

a6 Ablesbarkeit der Dimension (semantisch bedingte Ablesbarkeit) (**2, c**9)

a7 Zeitadäquate Entsprechung (modische, gesellschaftliche oder dergleichen Gegebenheiten bzw. Veränderungen (**3**)

a8 Semantische Redundanzen (**3**)

a9 Relative Lage zur Schockzone und zur MAYA-Schwelle (**4**)

a10 Adaptation (semantische) (**2, c**11) zum Beispiel durch subjektiv unterschiedliches Hervortreten einzelner Elemente durch zum Beispiel unterschiedliche Motivlage, Bekanntheitsgrad usw.

a11 Beurteilung des Gesamteindruckes (unbewußte Entscheidung dafür oder dagegen, zum Beispiel beim Kaufakt (**4**)

a12 Bedingungen für Ästhetik (**5**)

    a12.1 Materialitätsthese

    a12.2 Realitätsthematik

    a12.3 Kommunikationsfunktion

    a12.4 Ästhetische Transformation 1.Stufe (materiale Elemente in Zeichen)

    a12.5 Ästhetische Transformation 2.Stufe (Ordnungsrelationen nachweisbar)

    a12.6 Ästhetische Unbestimmtheitsrelationen

    a12.7 Wertrelationen

a13 Ästhetisches Maß (**5, b**11)

a14 Ästhetischer Nutzungsgrad (**5, b**12)

a15 Abstrakte Form (geometrisches Gebilde) (**1**)

    a15.1 Tendenz zur Volumengestaltung

    a15.2 Tendenz zur Flächengestaltung (zum Beispiel besteht eine elektronische Rechenanlage aus einer

Volumengestaltung, der durch die Ergonomie determinierten Eingabeeinheit, und aus Flächengestaltung, der durch die Schrankausführung bedingten Zentraleinheit, Speicher und dergleichen.

b Syntaktische Gestaltungselemente und Gestaltungskriterien

b1　Mathematische Primärqualitäten (**1**)
- **b**1.1　Arithmetisch (Rhythmus, Metrum, Proportion)
- **b**1.2　Geometrisch (Perspektive, Lageverhältnisse: senkrecht, waagerecht, schräg)
- **b**1.3　Topologisch (Mannigfaltigkeit, Strukturen als Formordnung, Räumlichkeiten)

b2　Gestaltgesetze (**6**)
- **b**2.1　Gleichheit
- **b**2.2　Nähe
- **b**2.3　durchgehende Kurve
- **b**2.4　gemeinsames Schicksal
- **b**2.5　Geschlossenheit
- **b**2.6　Symmetrie
- **b**2.7　Erfahrung

b3　Kohärenz der Elemente (**3**, **a**1.4)

b4　Konfigurationseinfluß (Umgebungsrelevanz) (**3**, **c**12)
- **b**4.1　neutral
- **b**4.2　dominant
- **b**4.3　konvergierend
- **b**4.4　mehrdeutig

b5　Abgehobenheit (als Gestalt wahrnehmbar oder nicht) (**6**)

b6　Relationen im Koordinatensystem (**6**)
- **b**6.1　horizontal (statisch, stabil)
- **b**6.2　vertikal (labil, aufstrebend)
- **b**6.3　schräg (labil, dynamisch)
- **b**6.4　Schwerpunktlage (labil, stabil)

b7　Transponierbarkeit (geometrisch), Invariantenbildung (**6**)
- **b**7.1　linear geometrisch
- **b**7.2　nichtlinear geometrisch
- **b**7.3　Gradiationsveränderung

b8　Ordnungsrelationen (**6**)

b9　Optische Täuschungen (positiv, negativ) (**6**)

b10　Eindeutige, mehrdeutige Gestalt (**6**)

b11　Ästhetisches Maß (**5**, **a**13)

b12　Ästhetischer Nutzungsgrad (**5**, **a**14)

c Pragmatische Gestaltungselemente und Gestaltungskriterien

c1　Wahrnehmbarkeit gegeben oder nicht gegeben (**6**)

c2　Metrische (anthropometrische) Entsprechung (**7**)
- **c**2.1　unmittelbar
- **c**2.2　allgemein
- **c**2.3　individuell

c3　Inhärenz von Bedeutung und/oder Funktion (**3**, **4**, **a**2)
- **c**3.1　Existenzinformation
- **c**3.2　Herkunftsinformation
- **c**3.3　Qualitätsinformation

c4　Hintergrundrelation (Objekt auf hellem Grund wirkt dunkler als auf dunklem Grund) (**2**)

c5　Flimmern bestimmter Raster (**2**)

c6　Irradiation (dunkles Objekt auf hellem Grund wirkt kleiner als helles Objekt auf dunklem Grund) (**2**)

c7　Nachbild (**2**)

c8　Räumliches Sehen (Konturen unterstützen, Rundungen verwischen) (**2**)

c9　Ablesbarkeit der Dimension (durch Geometrie oder durch Relationshilfen) (**2**, **a**6)

c10　Absolute Werte (Bezugsmöglichkeiten unterstützen) (**2**)

c11　Adaptation (starke Kontraste zentrieren, ausgeglichene Kontraste unterstützen die Ganzheit) (**2**, **a**10)

c12 Konfigurationseinfluß
(Umgebungsrelevanz) (**3, b**4)
  c12.1 neutral
  c12.2 dominant
  c12.3 konvergierend
  c12.4 mehrdeutig

c13 Weber-Fechnersches Gesetz (**2**)

c14 Zusammengehörigkeit
(Wahrnehmung als Ganzes) (**6**)

c15 „Automatische" oder zu erlernende
Reaktionen (**7**)

c16 Kinematische Entsprechung (zum Beispiel
Lage des Schwerpunktes) (**7**)

c17 Stückzahl- bzw. Verwenderrelation (**7**)

c18 Festgelegtheit (**7**)
  c18.1 relativ zum Kollektiv
  c18.2 relativ zu physiologischen Kriterien

c19 Produkttypus A, B oder C
(entsprechende Gestaltung) (**4**)

c20 Einsatzentsprechung (durch technologische
Gegebenheiten) (**3**)

c21 Ökonomischer Bezug
(Realisierbarkeit) (**3**)

3.3 Darstellung an Beispielen

Für die Darstellung an Beispielen sind fünf Industrieprodukte aus der Feinwerktechnik und dem Maschinenbau gewählt:

1. Empfänger-, Verstärker- und Steuereinheit einer Stereoanlage,
2. Ölbrenner für Heizungskessel,
3. Telefonapparate. Entwicklungsreihe,
4. Elektrischer Rasierapparat. Entwicklungsreihe,
5. Elektrischer Rasierapparat. Differenzierungsversuche.

Die Darstellung erfolgt in drei Schwerpunkten:

2 Einzelmerkmale: Untersuchung von Beispielen, an denen Einzelmerkmale in besonderem Ausmaß hervorgetreten oder berücksichtigt sind. Das Einzelmerkmal Ergonomie ist dabei vernachlässigt worden, da ein Nachweis hierzu nicht mehr notwendig und in der Literatur in ausreichendem Maße vorhanden ist. Die Beispiele sind:

- Ordnung (Beispiel 1, Abschnitt 3.3.1)
- Gestalthaftigkeit durch Informationsoptimierung (Beispiel 2, Abschnitt 3.3.2)

Optimierungstendenz: Darstellung der Optimierungstendenz aufgrund historischer Entwicklung von Geräten, die, bedingt durch lange Zeiträume und teilweise durch Firmenunabhängigkeit, gestalt- und formspezifisch nicht bewußt geplant oder ausgeführt sein können (Beispiele 3, 4, Abschnitte 3.3.3 und 3.3.4).

Differenzierungsversuche: Untersuchung von Objekten, die aufgrund wirtschaftlicher und marktpolitischer Erwägungen gegenüber vorhandenen Objekten mit nahezu optimaler Gestalt, differenziert werden mußten. Die Frage dabei war, ob mit den Mitteln des Industrial Design der Gegenstand über ein bestimmtes Maß hinaus noch verbessert werden kann oder ob Stagnation, qualitätsgleiche Lösungen als Variation im Sinne der ästhetischen Unbestimmtheitsrelation oder Verschlechterung zutage treten (Beispiel 5, Abschnitt 3.3.5).

Es ist vorausgesetzt, daß die auf den Vorlagen sichtbaren Objekte und Objektdetails unter Gesichtspunkten und Bedingungen entworfen und hergestellt sind, die dem Entwerfer und/oder Hersteller bewußt oder unbewußt den Einsatz der aufgezeigten Gestaltungselemente und Gestaltungskriterien ermöglichte. Es kann nicht postuliert werden, daß sie den Elementen und Kriterien bewußt unterliegen mußten, da für Entwurf und Herstellung noch andere Bedingungen, wie technische, wirtschaftliche usw., bestimmend sein konnten.

Es wird außerdem davon ausgegangen, daß Beeinflussung, zum Beispiel durch Trends, Vorbilder, Wettbewerber, Moden, auch durch Masterproducts [5] oder Superprodukte [6], selbst bei vorgegebener bewußt-rationaler Ausprägung stattgefunden hat. Alle Beispiele sind real und von der Industrie ausgeführt. Damit entfällt die Notwendigkeit zur Nachprüfung des Kriteriums $c21$.

Ästhetik ist als gegeben vorausgesetzt und ebenfalls nicht nachgeprüft (Kriterien $a12$ bis $a14$).

Da die Kriterien $a9$ und $a11$ aus Gründen der Statistik nicht von einer Einzelperson bewertet werden können, mußten auch sie entfallen.

Und schließlich sind alle Doppelbelegungen ($b3$, $b11$, $b12$, $c3$, $c9$, $c11$, $c12$) nur einmal aufgeführt.

Bei der Ungenauigkeit der Darstellung der Gestaltungselemente und Gestaltungskriterien, bei der Unvollständigkeit der Zusammenstellung und bei der Unbekanntheit der Wirkungen und Gewichtungen der Einzelelemente und Einzelkriterien untereinander und für die jeweilige Aufgabe kann kein mathematisch-exaktes Maß- oder Bewertungsverfahren angewandt werden. Selbst nur vergleichende Verfahren, wie etwa die Nutzwertanalyse, könnten hier den Verdacht der Spekulation nicht entkräften.

Der vorliegende Ansatz gestattet den Ausbau zu einem statistischen Verfahren, wie es insbesondere vom Rat für Formgebung bereits mehrfach angewendet wurde. Danach sind vorgegebene Designkriterien in einer relativ geringen Zahl von sechs bis zehn (ohne ergonomische und technische Kriterien) allgemeinen Einzelkriterien von einem Kollektiv von Juroren (Experten) jeweils individuell einer Meßwertskala von sieben Punkten zuzuordnen. Das statistische Mittel ergibt das Resultat [7].

3.3.1 Beispiel 1: Empfänger-, Verstärker- und Steuereinheit einer Stereoanlage (Abb. 78)

Feststellung der Grundwertigkeiten:

Zweck des Gerätes: Steuerung und Regelung von akustischen Wiedergabegeräten (Lautsprecher, Kopfhörer) zum Zwecke der Unterhaltung.

Funktionen: Mechanische, elektrische und elektronische Umsetzung von Schwingungen

Hersteller: Braun AG, Frankfurt – 1973

Fertigungsart: mittlere bis kleinere Serien

Maße: ca. $400 \times 340 \times 110$ mm

Verwendungsart: individuell und bedingt kollektiv

Soziale Begrenzung: vom ideellen Anspruch und von der Wirtschaftlichkeit nur für Liebhaber oder höhere Einkommen.

Semantische Gestaltungselemente und Gestaltungskriterien: Ein Zeichencharakter ist bei dieser Art von Geräten, einer formal indifferenten Ansammlung von Bauelementen in einer als Kasten ausgebildeten Verkleidung, nur über den Gerätetyp, der zudem keine mechanische Funktion erfüllen kann, und über dessen, von ihm zu erwartende Präzision auszumachen. Die Präzisionserwartung ist von der Gestaltausprägung abhängig.

Da es sich primär um Flächengestaltung handelt, wird im weiteren Verlauf dieses Beispiel nur noch von der Frontansicht gesprochen.

a1 Die Kongruenz von Zeichen und Zeichenvorrat ist durch die Beschriftung im Klartext gegeben. Ausnahme: Senderangabe durch Zahlen. Die Tasten sind als Drucktasten, die Drehknöpfe und der Einstellknopf in ihrer Funktionsweise bekannt und ablesbar.

a2 Die Inhärenz von Bedeutung und Funktion ist in allen Punkten gegeben. Überflüssige

Information in Form von überflüssigen Elementen fehlt nahezu vollständig.

a3 Der Assoziationsgehalt ist neutral bis konvergierend. Die Präzision der Ausführung konvergiert mit der des Inhaltes bzw. der Funktion.

a4/5 Gestaltdruck und Prägnanzdruck sind durch hohe Anlage der entsprechenden Primärwerte minimal.

a6 Einer Dimensions- und Proportionserwartung (schwer, statisch) wird durch die dunkle Farbe und die horizontale, breite und flache Form entsprochen. Die Dimension ist an der Skala und an den Schaltelementen relativierbar.

a7 Modische oder andere gesellschaftlich relevante Attribute können nicht festgestellt werden. Daß das Gerät selbst und eventuell der Herrsteller hier evident sein könnten, hat mit der Beurteilung der Gestaltung des Gerätes keinen unmittelbaren Zusammenhang.

a8 Keine Feststellung, daher positiv.

a10 Der rote Knopf in der unteren Tastenreihe, dort in der Mitte, beinhaltet nicht die für rot übliche Information für erhöhte Aufmerksamkeit, daher negativ.

a15 Eindeutige Tedenz zur Flächengestaltung – was mit der Funktion konvergiert.

Syntaktische Gestaltungselemente und Gestaltungskriterien:

b1 Die mathematischen Primärqualitäten sind, da es sich um ein einfaches Objekt handelt, wenig relevant – jedoch optimal.

b2 Den Gestaltgesetzen ist in vielfacher Weise entsprochen. Ähnliche Funktionen sind durch gleiche Elemente zu Gruppen zusammengefaßt. Durch seitliche, obere und untere Begrenzung mittels Elementen und durch dunkle Grundfarbe ist die Anordnung erkennbar geschlossen. Der Aufbau ist nahezu vertikal symmetrisch, die beiden seitlichen Begrenzungen auch horizontal. Alle Relationen im Koordinatensystem sind eindeutig horizontal und gerade, das heißt sie wirken statisch und flach so weitgehend, daß auch für die dünnen senkrechten Zeiger ein dicker, horizontaler Skalenbalken als Ausgleich gewählt und die bewegliche Skalenmarkierung auf zwei breiten Schlitten in ihrer vertikalen Ausrichtung abgemildert wurde.

b3   Die Kohärenz der Elementeausführung, gemeint sind Knöpfe, Tasten, Schrift und Graphik, ist optimal, die Menge der verschiedenen Elemente hätte geringer sein können. Hier wird ein Kompromiß zur Überschaubarkeit aus ergonomischer Sicht vermutet. Inkonsequent ist die Anordnung der Beschriftungen, die unter, über, neben und um die Elemente erfolgt ist.

b4   Hinsichtlich des Konfigurationsverhaltens sind, bis auf die vier schwarzen Drehknöpfe, alle wesentlichen Betätigungselemente als jeweils dominierende, helle Figur abgehoben. Das ganze Gerät ist, wenn es nicht eingebaut wird, neutral bis dominant und eindeutig.

b5   Abgehobenheit wie **b**4.

b6   Horizontal, stabil.

b7   Die Transponierbarkeit ist, weil es sich um eine einfache Gestalt handelt, voraussichtlich bis zu Extremwerten möglich.

b8   wie **b**2.

b9   Keine optischen Täuschungen notwendig und vorhanden.

b10   Eindeutige Gestalt (des Gerätes und der Front).

Pragmatische Gestaltungselemente und Gestaltungskriterien:

c1   Bei Helligkeit der Umgebung (Normalfall) positiv.

c2   Metrische (anthropometrische) Entsprechung positiv.

c4   Die Beschriftung trägt der Hintergrundrelation Rechnung. Ist jedoch nicht relevant.

c5 bis **c**7   Nicht relevant.

c8   Das Gerät ist in seiner Räumlichkeit optimal ablesbar.

c10   Sind nicht (eventuell bedingt) vorhanden, aus Gründen eines positiven **a**6 nicht relevant.

c13   Nicht relevant.

c14   Zusammengehörigkeit (Wahrnehmung als Ganzheit) positiv.

c15   Reaktionen (und Aktionen) können abgelesen werden. Ausnahme: Senderwahl. Drehrichtungen entsprechen in ihrer Wirkungsweise dem gewohnten Standard.

c16   wie **b**6.

c17 und **c**18   Nicht relevant.

c19   Produkttypus B mit entsprechender Gestaltung.

c20   Nicht relevant.

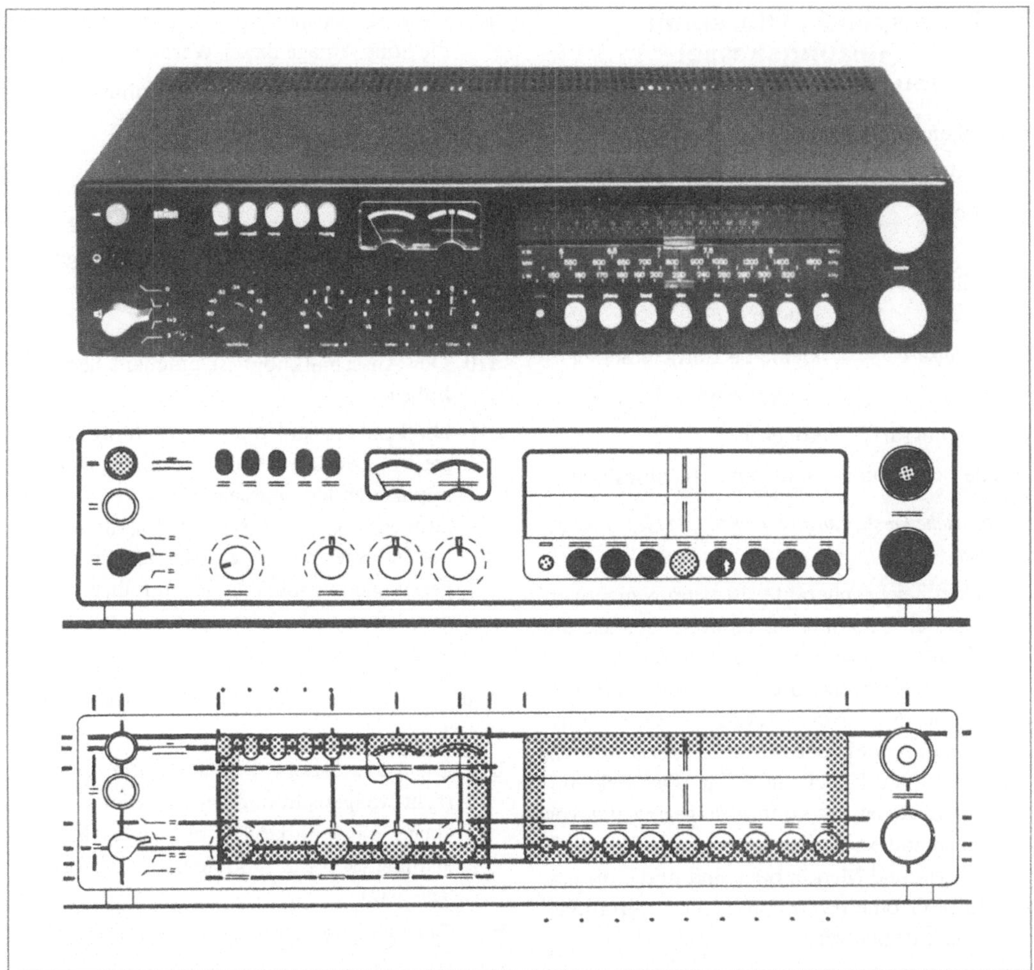

Abb. 78   Empfänger-, Verstärker- und Steuer-Einheit einer Stereo-Anlage : fotographische Aufnahme, Zeichnung der Frontansicht und Darstellung einiger Ordnungsrelationen der Frontansicht.

3.3.2 Beispiel 2: Ölbrenner für Heizungskessel-Neuentwurf (Abb. 79)

Feststellung der Grundwertigkeiten:

Zweck des Gerätes: Erzeugung von Wärme.

Funktion: Verbrennung von Öl im Luftstrom.

Hersteller: Rheinstahl-Hilden AG, Hilden – 1969

Fertigungsart: kleine bis mittlere Serien

Maße: ca. 500 × 400 × 350 mm

Verwendungsart: kollektiv

Soziale Begrenzung: Haus- und Heizungsbesitzer

Semantische Gestaltungselemente und Gestaltungskriterien:

a1   Dem Zeichencharakter ist beim Neuentwurf dadurch entsprochen, daß das Gebläse mit einem rechteckigen Tangentiallüfterprofil zum bestimmenden Gestaltelement erhoben wurde. Eine Ablesbarkeit der Grundfunktion ist gegenüber dem Vorgänger besser, für Laien jedoch nicht ablesbar. Der Bekanntheitsgrad der Funktion ist so gering, daß von einem Indexzeichen gesprochen werden muß. Erlern- und Merkbarkeit sind durch die einfache Geometrie optimiert, der Assoziationsgehalt ist neutral.

a2   Die Herkunftsinformation ist im Klartext gegeben. Der Gebrauchsinformation wurde mit der Abdeckung dadurch entsprochen, daß alle Elemente, die nur im automatischen Betrieb von Wichtigkeit sind, in die Latenz verschwunden sind. Für die Serviceinformation ist der Öffnungsmechanismus der Abdeckung (zunächst) notwendig und hinreichend. Damit sind alle überflüssigen Informationen, die auch einen Kompromiß bezüglich der Gestalt bedeutet hätten (siehe auch **b**2), unsichtbar geworden, ohne den funktional erforderlichen Zugang zu beeinträchtigen.

a3   Der Assoziationsgehalt ist neutral bis konvergierend.

a4/5 Gestaltdruck und Prägnanzdruck sind, durch die hohe Anlage dieser Werte, minimal.

a6   Die Dimension kann nicht (bedingt: an Typenschildausführung) abgelesen werden, beim alten Modell ist dies schon eher an den Schrauben und Elementen möglich.

a7   Modische und andere gesellschaftlich relevante Attribute können nicht festgestellt werden.

a8   Keine Feststellung (positiv).

a10   Der Ausschaltknopf ist prägnant hervorgehoben.

a15   Die Tendenz zur Volumengestaltung konvergiert mit der Funktion als freihängendes, zu applizierendes Aggregat.
Anmerkung: Das subjektive Maximum muß bei Indexzeichen unter Umständen zurückgenommen werden, da in den Fällen **a**3, **a**6, nur schwerlich Maximalwerte vorstellbar sind.

Syntaktische Gestaltungselemente und Gestaltungskriterien:

b1   Die geometrische Primärqualität ist senkrecht-waagerecht und der Funktion entsprechend hängend-labil (rund), altes Modell: arithmetisch und topologisch negativ abweichend.

b2   Den Gestaltgesetzen ist optimal entsprochen.

b3   Die Kohärenz der Elemente (Radien etc.) ist gegeben.

b4   Das Konfigurationsverhalten ist dominant und eindeutig.

b5   Abgehobenheit wie **b**4.

b6   Horizontal-vertikal-rund, labil (der Funktion entsprechend).

b7   Die Transponierbarkeit ist, weil es sich um eine einfache und eindeutige Gestalt handelt, voraussichtlich bis zum Extremwert möglich.

b8   Wie **b**2.

b9   Keine optischen Täuschungen notwendig und vorhanden.

b10   Eindeutige Gestalt.

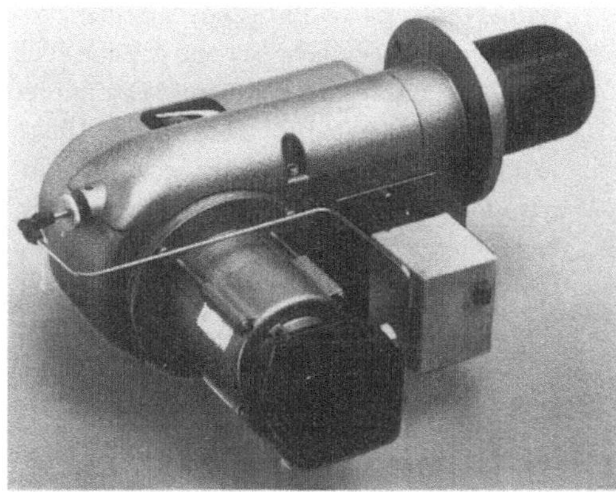 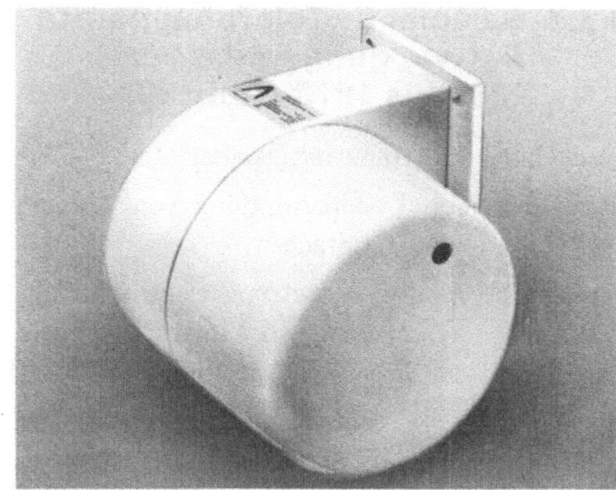

Abb. 79   Ölbrenner für Heizungskessel, altes Gerät und Neuentwurf.

Anmerkung zu **b**2:
Als überflüssige Information kann auch die Information über Schmutzansammlungen sein. Das ist allerdings eine Frage der Wertigkeit. Für empfindliche Geräte, solche die mit Lebensmitteln in Berührung kommen und ähnlich gelagerte Fälle, wird man eine optimale Information über Schmutzansammlungen bevorzugen – um ihnen sicherer begegnen zu können. Im vorliegenden Falle wird die „Schmutzinformation" überproportional reduziert: auf der einfachen Abdeckung sammelt sich weniger an als auf der großflächigen ursprünglichen Lösung, und auf der durch ihre geometrische Einfachheit stark ausgeprägten Gestalt wird er, da er kaum Konturen bilden, sondern eher eine Vergrauung mit gleichmäßigen Übergängen verursachen kann, nicht gleichermaßen wahrgenommen. Eine prägnante Gestalt ist nicht nur leichter rein zu halten, sie erscheint auch reiner.

Pragmatische Gestaltungselemente und Gestaltungskriterien:

c1   Die Wahrnehmbarkeit ist bei Helligkeit der Umgebung (Normalfall) gegeben.

c2   Nicht relevant, da automatischer Betrieb.

c4 bis **c**8   Nicht relevant.

c10   Wie **a**6.

c13   Nicht relevant.

c14   Wahrnehmung als Ganzheit gegeben.

c15   Nicht relevant.

c16   Wie **b**6.

c17/18   Nicht relevant.

c19   Produkttypus B mit entsprechender Gestaltung.

c20   Nicht relevant.

3.3.3 Beispiel 3: Telefonapparate. Entwicklungsreihe von 1880 bis 1973 (Abb. 80)

Feststellung der Grundwertigkeiten:

Zweck der Geräte: Übermittlung von Ferngesprächen

Funktion: Umsetzung elektrischer Signale in akustische Signale und umgekehrt.

Hersteller: Teilbild 1, Geräte von 1880 1927:
Siemens AG, München
Teilbild 2, Gerät von 1936:
verschiedene Hersteller
für die Deutsche Reichspost
Teilbild 3 (1960):
verschiedene Hersteller für
die Deutsche Bundespost
Teilbild 4 (1973):
Siemens AG, München
Teilbild 5 (1973):
DeTeWe AG, Berlin

Fertigungsart: Großserien

Maße: ca. 200 × 220 × 120 mm

Verwendungsart: individuell und kollektiv

Soziale Begrenzung: keine

Semantische Gestaltungselemente und Gestaltungskriterien:

a1 Die Kongruenz von Zeichen und Zeichenvorrat hat sich ab 1919 bis heute so sehr verfestigt, daß man von einem Nicht-Index-Zeichen sehr hoher Akzeptanz sprechen kann. Die Innovationsfrequenz ist klein.

a2 Die Herkunftsinformation ist, da es sich um ein Gerät für eine wettbewerbsneutrale Institution (Bundespost) handelt, nur bei Nebenstellenanlagen relevant und vorhanden. Die Qualitätsinformation ist durch den ausgeprägten Zeichencharakter optimal. Überflüssige Information wurde von Ausführung zu Ausführung reduziert. Die Hörergabel versank immer mehr im Grundgerät. Die im

Grundgerät nachvollzogene Scheibenkontur wurde 1960 aufgehoben und danach auch noch der pultförmige Aufbau. Der Hörer selbst wurde bereits 1927 einstückig und dann mehr und mehr seiner überflüssigen Konturen und Absätze beraubt. Undefiniert ist beim Gerät von Teilbild 4 (1973) der im Hörergehäuse noch ausgeformte Stummel für die Kabelzuführung. Die Sprechmuschel, 1919 noch abgewinkelt, war 1927 nur noch eine Erhebung und 1936 bis 1960 als Schraubelement und ab 1973 restlos integriert. Die Zahl der für die Funktion nicht notwendigen Informationen wurde somit drastisch verringert ohne die Grundfunktion zu tangieren. Bezeichnend ist, daß die beiden letzten Geräte zu einem fast gleichen Zeitpunkt zu einem fast gleichen Gestalterlebnis bezüglich des Grundgerätes, des Hörers und der Hell-Dunkel-Wert-Verteilung durch zwei verschiedene Hersteller gekommen sind.

a3 Der Assoziationsgehalt ist konvergierend.

a4/5 Gestaltdruck und Prägnanzdruck sind gering.

a6 Die Ablesbarkeit der Dimension ist durch den ausgeprägten Zeichencharakter gegeben. Das wird durch die Drehscheibe und den allerdings bei den beiden letzten Modellen nicht mehr typischen Hörergriff unterstützt.

a7 Modische und andere gesellschaftlich relevante Attribute können nicht festgestellt werden.

a8 Keine Feststellung (positiv).

a10 Keine Feststellung (positiv).

a15 Eindeutige Volumengestaltung.

Syntaktische Gestaltungselemente und Gestaltungskriterien:

b1 Die Geometrie ist waagerecht mit der Tendenz (ohne metrische Veränderung) zum flachen, statischen Gerät. Dazu sind unter anderem bei den letzten Geräten tiefliegende Trennfugen und hochgezogene Unterkanten benutzt worden. Chronologisch erfolgt die Elimination aller schrägen und runden Linien.

Abb. 80 Telefonapparate. Entwicklungsreihe von 1880 bis 1973 (4 Siemens AG, Berlin, München; 5 Deutsche Telefonwerke und Kabelindustrie AG, Berlin).

b2 Hinsichtlich der Gestaltgesetze ist die Entwicklung generell positiv verlaufen. Die amorphe Form näherte sich mehr und mehr der reinen Form des Kubus, von der sie nun nur noch geringfügig abweicht. Ab 1960 wurde die geometrische Symmetrie zugunsten einer geometrischen Asymmetrie aufgegeben. Der dadurch verschobene optische Schwerpunkt wurde mit der Farbe Schwarz wieder in die Mitte gerückt. Beim Gerät auf Bild 5 (1973) allerdings nur, wenn der Hörer, wie auf der Abbildung dargestellt, aufliegt. Bei um 180° verdreht aufgelegtem Hörer, wird durch das schwarze Kabel eine negative Gleichgewichtsverschiebung erzeugt.

b3 Die Kohärenz der Elemente ist gegeben.

b4/5 Konfiguration und Abgehobenheit sind positiv gegeben.

b6 Horizontal, statisch, stabil mit der Tendenz, den Schwerpunkt noch weiter abzusenken.

b7 Die Transponierbarkeit ist aufgrund des gefestigten Zeichencharakters und der geringen Innovationsfrequenz groß, ebenfalls die Redundanz. Beides wird offensichtlich, wenn man sich die vielen unterschiedlichen Zeichnungen, Symbole, Modelle, Karikaturen und dergleichen vergegenwärtigt, auf denen eine große Variantenvielfalt ohne Erkennungsschwierigkeiten dargestellt ist.

b8 Hinsichtlich Ordnung und Zuordnung der Elemente untereinander bestanden aufgrund der geringen Zahl der Elemente bei keinem Modell Schwierigkeiten.

b9 Keine optischen Täuschungen notwendig und vorhanden.

b10 Eindeutige Gestalt.

Pragmatische Gestaltungselemente und Gestaltungskriterien:

c1 Die Wahrnehmbarkeit ist gegeben.

c2 Die funktionale Zuordnung ist bis auf den ersten Apparat von 1880 gleichgeblieben, während sich die ergonomische mehrfach änderte. Die symmetrische und damit rechts- und linkshänderneutrale Höreranordnung ist beim Gerät im Teilbild 4, 1973, verschlechtert. Der Hörergriff wurde von Modell zu Modell dicker, behielt aber seine geringe Festgelegtheit. Die Ablesbarkeit der Wählscheibenziffern erreichte 1960 mit der transparenten Scheibe ein Optimum. Die sichere Transportmöglichkeit des Apparates durch eine Griffmulde (auf den Abbildungen nicht sichtbar) und das elastische Kabel, wurden ebenfalls schon 1960 erreicht und seitdem beibehalten.

c4 Die Beschriftung trägt der Hintergrundrelation Rechnung.

c5 bis c7 Nicht relevant.

c8 Die Ablesbarkeit der Räumlichkeit (metrisch und in Proportionen) ist stark optimiert worden.

c10 Als absolute Werte sind der Hörergriff und die Fingerlöcher der Wählscheibe unmittelbar evident.

c13 Nicht relevant.

c14 Die Wahrnehmung als Ganzheit war während der ganzen Entwicklungsgeschichte gegeben, wurde jedoch weiter verbessert.

c15 Ist aufgrund des ausgeprägten Zeichencharakters gegeben.

c16 Analog **b1**.

c17/18 Sind gegeben.

c19 Produkttypus B mit entsprechender Gestaltung.

c20 Die Einsatzentsprechung erreichte, bis auf den metallenen Wählscheibenanschlag, mit dem Werkstoff Thermoplast schon 1960 hohe Konsequenz.

3.3.4 Beispiel 4: Elektrischer Rasierapparat. Entwicklungsreihe von 1951 bis 1968 (Abb. 81)

Feststellung der Grundwertigkeiten:

Zweck der Geräte: Barthaare zu rasieren.

Funktion: Abscheren der Haare, die durch ein gelochtes Scherblatt dringen, mit Vielfachmesserkopf.

Hersteller: alle Geräte: Braun AG, Frankfurt

Fertigungsart: Großserien (Beispiel: Sixtant 1962 bis 1973 in 10 000 000 Stück)

Maße: ca. 100 × 70 × 35 mm

Verwendungsart: individuell

Soziale Begrenzung: keine (bevorzugt: jüngere Männer)

Semantische Gestaltungselemente und Gestaltungskriterien:

a1 Durch das Beibehalten des Grundaufbaus, mit einer kleinen Ausnahme beim ersten Modellwechsel, wurde der Zeichencharakter mehr und mehr gefestigt. Die Form kann heute schon fast als Nicht-Index-Zeichen, als Synonym für Rasierapparate bezeichnet werden.

a2 Die Inhärenz von Bedeutung und Funktion ist gegeben, wenn man das Gerät als Nicht-Index-Zeichen annimmt.
Die Herkunftsinformation wurde geometrisch verkleinert und erreichte 1960 ein Minimum. Ihre Auffälligkeit wurde danach bei fast gleichbleibenden Maßen durch Hell-Dunkel-Kontraste und durch ein abgesetztes Umfeld wieder verstärkt. Sie ist dadurch auffällig aber nicht mehr, wie beim Modell Spezial (1955), formbestimmend. Die Qualitätsinformation ist bis zum Modell sixtant (1962) unverändert geblieben (auch untere Reihe links, in Abb. 81). Beim Modell

Sixtant S (1968) kam der runde Umschaltknopf für den Langhaarschneider, bis dahin durch das Umstecken des Scherkopfes latent, evident hinzu. Eine Information ohne Lernprozeß fehlt für alle Funktionen in allen Beispielen. Überflüssige Information wurde kontinuierlich reduziert: in der Herstellerinformation Modell De luxe (1953) bis zum SM 3 (1960), im Scherkopf durch Werkstoffkohärenz, am Grundkörper durch Entfernung der Riffelung und durch Aufhebung der Betonung des weißen Grundkörpers ab dem Modell Sixtant (1962). Sie wurden beim Sixtant S (1968) durch das geriffelte Feld wieder vermehrt.

a3 Der Assoziationsgehalt ist neutral bis konvergierend.

a4/5 Hinsichtlich der Gestaltprägnanz haben sich nur kleine, aber wesentliche Änderungen ereignet. Die ursprüngliche geometrische Symmetrie ist nach dem dritten Beispiel aufgegeben, mit dem siebten jedoch wieder hergestellt worden. Sie war beim Sixtant (1962) durch Namensschild und Schalterknebel optisch ausgeglichen, beim Combi (1957) jedoch unausgeglichen labil. Die abgerundeten Konturen wurden über gespannte Kurven in ihrem Eindruck bis zum Sixtant S (1968) immer mehr begradigt, so daß hier der Kompromiß zwischen haptischer Akzeptanz und Gestaltdruck zum Kubus hin ausgeglichen erscheint.

a6 Die Dimension ist aufgrund des ausgeprägten Zeichencharakters relativierbar. Das wird durch die Schraubenköpfe und die Betätigungselemente unterstützt.

a7 Modische oder andere, gesellschaftlich relevante, Attribute können nicht festgestellt werden.

a8 Keine Feststellung (positiv).

a10 Die runden Elemente – Namensschild beim De Luxe (1953) und Umschalter beim Sixtant S (1968) – dominieren überproportional.

a15 Primär Volumengestaltung. Beim Sixtant S (1968) ist eine schwache Tendenz zur flächigen Ausprägung festzustellen.

Syntaktische Gestaltungselemente und Gestaltungskriterien:

b1 Visuelle Dimension und Proportion haben sich mit dem Sixtant (1962) positiv verändert: der dunkle Scherkopf war übergewichtig, die Umkehrung der Hell-Dunkel-Verhältnisse hat das korrigiert. Die relativ schwere Farbe wurde nicht nur dem tatsächlich schwereren Teil sondern auch dem Teil zugeordnet, der ergonomisch hinsichtlich der feineren Handhabung in die Handfläche kommen muß.

b2 Wie **a**4/5.

b3 Die Kohärenz der Elementeausführung nahm ständig zu, das heißt die Elemente wurden immer mehr verfeinert: Die Schraubenköpfe sind ab 1957 versenkt, die Herstellerinformation geometrisch bereinigt und 1960 etwas zurückgedrängt. Den scharfkantigen und glatten Scherblatt- und Langhaarschneider-Konturen wurde ab 1960 durch gestrafftere Linien entsprochen.

b4/5 Konfiguration und Abgehobenheit von Gerät und Betätigungselementen sind positiv.

b6 Die Geräte sind rechtwinklig orientiert. Die optische Schwerpunktlage ist seit dem sechsten Gerät mit der tatsächlichen nahezu identisch. Sie ist für die Greiffunktion optimal.

b7 Die Transponierbarkeit ist, da es sich um einen ausgeprägten Zeichencharakter und um eine geometrisch einfache, prägnante Gestalt handelt, voraussichtlich bis zu Extremwerten möglich.

b8 Hinsichtlich Ordnung und Zuordnung der Elemente untereinander sind aufgrund der geringen Zahl der Elemente wenig Schwierigkeiten. Vorherrschendes Prinzip ist die Symmetrie.

b9 Keine optischen Täuschungen notwendig oder vorhanden.

b10 Die Gestalt ist eindeutig.

Pragmatische Gestaltungselemente und Gestaltungskriterien:

c1 Die Wahrnehmbarkeit ist gegeben.

c2 Die anthropometrische Entsprechung ist optimal. Herausragendes Kriterium ist dabei die geringe Festgelegtheit für die Greiffunktion.

c4 bis **c**7 Nicht relevant.

c8 Die Wahrnehmung der Räumlichkeit und ihrer Dimension ist gegeben. Sie wurde mit dem Modell Sixtant S (1968) minimal verbessert.

c10 Die absolute Größe kann ohne Hilfsmittel nicht abgelesen werden. Sie ist aufgrund des hohen Zeichencharakters jedoch analog **a**6 relativierbar.

c13 Nicht relevant.

c14 Die Wahrnehmung als Ganzheit ist gegeben.

c15 Reaktionen müssen erlernt werden (Information am Produkt fehlt).

c16 wie **b**6.

c17/18 Optimal gegeben.

c19 Produkttypus B mit entsprechender Gestaltung.

c20 Die überwiegende Verwendung nur eines Werkstoffes wurde 1957 zugunsten einer konsequenten Teilung in zwei Werkstoffgruppen aufgegeben. Der Scherkopf (Scherblatt, Rahmen, Langhaarschneider und Schrauben) besteht ganz aus Metall, der Sockel in seinen sichtbaren Teilen ganz aus Kunststoff (Ausnahme: Umschalter am Sixtant S). Damit ist eine technologische Zuordnung nahezu optimal.

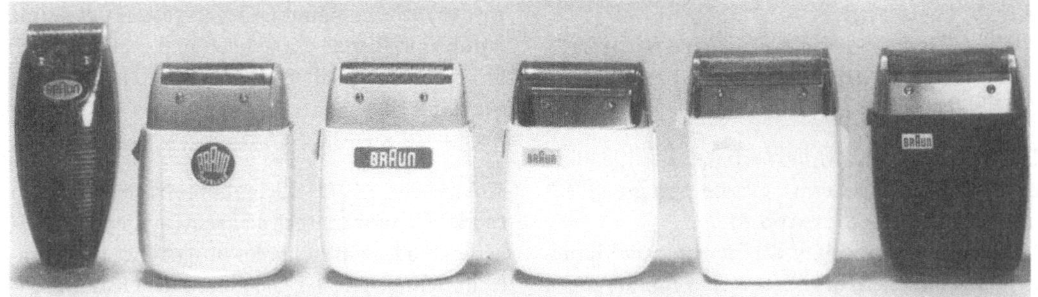

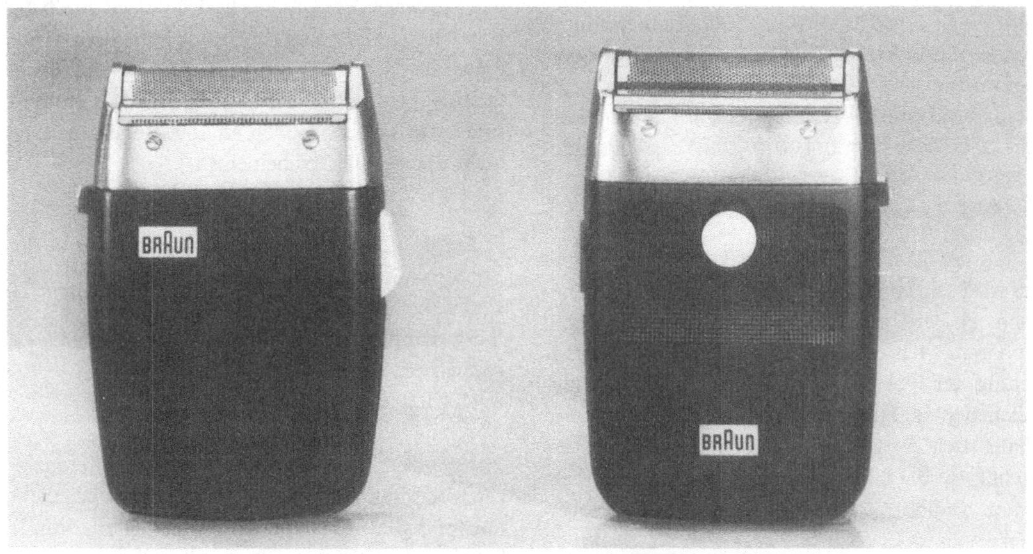

Abb. 81   Elektrischer Rasierapparat. Entwicklungsreihe von 1951 bis 1968. (Braun AG, Frankfurt)

3.3.5 Beispiel 5:
Elektrischer Rasierapparat.
Differenzierungsversuche
(Abb. 82)

Feststellungen der Grundwertigkeiten: Identisch mit 2.5. Vergleichsgerät: Geräte Sixtant (1962) und Sixtant S (1968) in Abb. 81.
Im folgenden werden nur die Elemente und Kriterien angesprochen, bei denen sich Veränderungen zeigten. Als Vergleichsgerät dient das Gerät Sixtant (1962). Die Abweichungen jedes Gerätes werden aufgezeigt und als Verbesserung (+) oder Verschlechterung (−) gekennzeichnet.

Sixtant S (1968): Scherkopfumschalter durch runde Scheibe kenntlich gemacht (+), jedoch überbetont und nicht kohärent ausgebildet (−). Die Symmetrie wurde vereinfacht (+). Die Riffelung der Oberfläche (Symbol Griffigkeit) ist ein Pseudozeichen (−). Die Konturen wurden gestreckt (+).
3 × (+), 2 × (−).

1. Sixtant 6006 (1970): Dem Scherkopfumschalter wird seine ungerechtfertigte Dominanz genommen, er wird gleichzeitig zu der Gesamtgestalt kohärent (+). Einfache Symmetrie (+). Die Riffelung der Oberfläche ist auch hier ein Pseudozeichen (−). Hinzu kommt, daß die Kreisform dialektisch zur Gesamtgestalt und zur Kohärenz steht (−). Die Seitenkonturen wurden überstreckt (ganz gerade), so daß sie eingefallen erscheinen (−).
2 × (+), 3 × (−).

2. Sixtant 8008 (1973): Geräteschalter und Scherkopfschalter zusammengelegt (−), jedoch beide gekennzeichnet (+). Riffelung der Oberfläche ist Pseudoriffelung (−). Die Seitenkonturen sind wieder mehr gespannt (+). Der Scherkopf wurde durch eine Blende (?) farblich und materialgleich im Sinne einer Ganzheit mehr zum Hauptkörper orientiert (+).
3 × (+), 2 × (−).

3. Interconti (1973): Scherkopfumschalter durch runde Scheibe kenntlich gemacht (+), jedoch überbetont und nicht kohärent ausgebildet (−). Einfache Symmetrie (+). Das Gesetz der Geschlossenheit wurde bei diesem Gerät durch den Chromrahmen (ein Nostalgierelikt aus den Zeiten der Messingzierleisten, wahrscheinlich zur Wertaufbesserung appliziert) verstärkt. Das Gerät wirkt geschlossener. Erkauft wurde der Vorteil durch die Entstehung einer Flächengestalt auf einem Volumen, durch die für die Funktion absolut überflüssige Information der Leiste (−). Die Konturen sind zwar gerade, jedoch so abgefangen, daß sie nicht überstreckt erscheinen (+).
3 × (+), 2 × (−).

4. Rallye (1972): Bis auf Feinheiten, die in der photographischen Wiedergabe nicht beurteilbar sind (Oberflächen etc.) und eine durch die Farbgebung geänderte Verteilung der Proportionen (−), nahezu das gleiche Gerät.
3 × (+), 2 × (−).

Zusammenfassung: Ein Großteil der Differenzierungsbemühungen wurde über zusätzliche, nicht notwendige Informationen versucht: die runde Scheibe, die Scherkopfblende, die Körperriffelung und den Chromrahmen. Alle tatsächlichen Verbesserungen werden durch diese nicht notwendigen Informationen und andere Nachteile aufgewogen. Fazit: es ist nicht gelungen, eine ausgereifte Form zu verbessern.

Abb. 82   Elektrischer Rasierapparat. Differenzierungs-Versuche. (Braun AG, Frankfurt)

3.4 Diskussion
der Ergebnisse

Alle Beispiele zeigen einen hohen Grad der Erfüllung der Gestaltungselemente und Gestaltungskriterien oder, bei der Darstellung der Entwicklungsreihen (Beispiel 3, Telefonapparate, und Beispiel 4, Elektrorasierer) einen Anstieg. Damit scheinen zunächst die aufgestellten Hypothesen von der Optimierungstendenz und von der Realisierung einer Gestaltung mit Hilfe des aufgestellten Kataloges bestätigt.

Dieser Nachweis ist qualitativ und dadurch allen quantitativen – und auch den definierenden – Einsprüchen gegenüber anfällig. Es ist jedoch zu erwarten, daß auch eine quantitative Prüfung, würde eine Methode dafür gefunden, positiv ausgeht.

Beim Beispiel 5 (Differenzierungsversuche beim elektrischen Rasierapparat) ist die Unvollkommenheit des Auflösevermögens unmittelbar sichtbar. Hinzu kommt, daß das für die Differenzierung eines derartig anspruchsvollen Diversifikationsprogramms notwendige Instrumentarium nicht nur des originalen Objektes (anstelle der photographischen Wiedergabe) bedarf, sondern auch eines hohen Grades an Beurteilungsgenauigkeit – die (noch) nicht gegeben ist.

Trotz einer fehlenden, mathematisch-exakten, messend-vergleichenden Analyse können anhand der Beispiele verschiedene Dinge gezeigt werden:

- Eine Tendenz zur Optimierung und physiologisch-psychologischen Aufwandsminimierung (Optimierungstendenz), die die Wahrnehmung erleichtert, ist an untersuchten Beispielen, bei denen wenigstens ein Vorgängermodell zum Vergleich vorlag, vorhanden.
- Gegen die Tendenz zum einfachen Grundkörper läuft das Bemühen um produktinformative Zusätze (Hinweise, Beschriftung, evidente Elemente), die alle vorhandenen Funktionen schon vor einem Erwerb sichtbar (als Surrogat- oder Beobachterinformation) und beim Gebrauch eindeutig und rasch erkennbar werden lassen. Es besteht somit eine konstante Dialektik zwischen ideeller/idealer Gestalt und optimaler Funktion.

- Der Kompromiß ist an vielen der Beispiele dadurch positiv gelöst, daß die Reduktion zur Gestalthaftigkeit weniger zu Lasten der Produkt- und Qualitätsinformationen, als in weitaus stärkerem Maße durch Eliminierung aller nicht notwendigen Elemente erfolgt.

  Da ein Gebrauchsgegenstand neben dem Gestaltdruck auch ein Erwartungsschema hinsichtlich seiner Funktion sowie seiner Inbetriebnahme, somit zu seiner Informationsfunktion beinhaltet, wird der Konflikt: minimale Gestalt – maximale Information kaum ideologisch oder unlösbar auswachsen.
- Eine Tendenz zur Ordnung und zur Zuordnung (semiotisch, funktional und ergonomisch) ist ersichtlich.
- Auch wenn die vorliegende verbale Beschreibung ungenau und unvollständig, und wenn die Analysen der Beispiele sehr knapp und allgemein gehalten sind, können neben den schon genannten Gestaltungselementen und Gestaltungskriterien, der Informationsoptimierung durch Verringerung der nicht notwendigen Informationen, der Verbesserung der Qualitätsinformation und der Tendenz zu einer höherwertigen Ordnung auch ein Großteil der zusammengetragenen, übrigen Elemente und Kriterien bestätigt werden. In einem generativen Prozeß kann und muß selbstverständlich detaillierter und präziser vorgegangen werden.

Da die gewählten Beispiele nur einen minimalen Auszug aus dem vorhandenen Produktangebot darstellen, kann ihre Aussage nicht repräsentativ verstanden und als allgemeingültig erklärt werden. Es genügte hier, die aufgezeigten Tendenzen an Beispielen zu demonstrieren.

3.4.1 Ausblick

Nach den bisherigen Ausführungen bestünde die Möglichkeit zu folgendem Schluß:

Wenn erstens eine rechte Planungstheorie oder eine praktikable Methodik vorliegen würde, und wenn dann zweitens der Katalog der Gestaltungselemente und Gestaltungskriterien eines Tages eindeutig dargestellt und vollständig greifbar wäre, wäre es nur noch eine Frage der Koordination und der Zeit, daß Industrial Design zu einer Planungsdisziplin („man nehme das und jenes Element, diese Modi zu den und jenen Zeitpunkten …") geworden ist. Mehr noch: da ein Plan, zumindest in der Theorie, stets optimal ausgeführt werden kann, würden von dem Zeitpunkt an auch alle unsere Produkte optimal und schön anzusehen sein. Schlußfolgerungen dieser Art sind utopisch und für übersehbare Zeiträume sicherlich falsch. Die Grenzen der vorliegenden Arbeit sind mehrfach aufgezeigt. Daraus resultieren auch die Grenzen der Schlußfolgerungen.

Weitere Gründe dafür, daß eine Extrapolation zu einem automatischen oder algebraischen Industrial Design führen könnte, seien an einem Beispiel verdeutlicht: Wenn etwa eine Zielsetzung lautet, die Gestalt eines Zweiklangs in harmonischer Abstimmung herzustellen – in der Musik hat diese Qualität die Bezeichnung Quinte – dann kann dieses Ziel durch das gleichzeitige Erklingen der beiden Töne (Gestaltungselemente) c und g erreicht werden. Die Gestalt Quinte läßt sich im Bereich der Tonleiter nahezu beliebig verschieben (transformieren). Das Integral über den beiden Elementen mit dem Ergebnis Quinte erfordert jedoch, neben der Ortsangabe auf der Tonleiter, stets auch die Einhaltung der zweiten Bedingung, daß das Schwingungsverhältnis der beiden Elemente genau 2:3 beträgt.

An diesem außerhalb der dreidimensionalen Gestaltung liegenden Beispiel – das bedeutet: in der Übertragung, der Abstraktion – sind folgende Beobachtungen ersichtlich:

- Ein Gestaltungselement (die Töne c und g) bzw. ein Gestaltungskriterium (die Zuordnung im Schwingungsverhältnis 2:3) sind definierte Bausteine, Grundeinheiten, mit denen Gestaltung realisiert werden kann. Die Elemente und Kriterien sind nicht mit Gestaltung selbst gleichzusetzen.
- Die Synthese einer ausgewählten Menge von Gestaltungselementen und Gestaltungskriterien hängt von Bedingungen ab oder, um in der mathematischen Ausdrucksweise zu bleiben, das Integral ist nur mit Angabe der Funktion $f(x)$ und der einzusetzenden Grenzen n_0 und n_x möglich. Diese Angaben sind in den Elementen und Kriterien selbst nicht enthalten.
- Eine Gestalt(ung) läßt sich transformieren. Bleiben bei der Transformation Randbedingungen konstant, so müssen sich entsprechende Gestaltungselemente und Gestaltungskriterien ändern.
- Wird eine Gestalt transformiert ohne Veränderung der Elemente und Kriterien, dann ändert sich die Gestalt und wird eine andere.
- Zwei oder mehr Gestaltungselemente zusammen ergeben nicht unbedingt nur eine arithmetische Summe. Das Ganze, bestehend aus mehreren Gestaltungselementen und Gestaltungskriterien, ist auch nicht zwangsläufig mehr als die Summe seiner Teile – wie ein altes Sprichwort besagt. Das Mehr ist möglich und erstrebenswert, ist jedoch keine zwingende Folge.

Die Psychologie der Gestalt konstatiert, daß das Ganze aber „verschieden von der Summe seiner Teile", eine Quinte „verschieden", etwas ganz anderes als die beiden Töne aus denen sie gebildet wird, sei, „und das genaueste Wissen um die isolierten Teile vermag nicht den geringsten Hinweis zu geben, was eine Quinte ist" [8].

Hierzu wäre anzumerken, daß das genannte Mehr vielleicht auch in einer entsprechenden Mystifizierung eben dieses Mehr selbst liegt, daß nur eben die Beschreibung der beiden Elemente und deren Relation zueinander noch ungenau ist und daher mit einem überhöhten Unbestimmtheitsfaktor ausgestattet wurde.

Diese Diskussion ist noch nicht beendet. Sie zeigt jedoch bereits in einem kleinen Detail die Problematik. Insbesondere mit dem zuletzt genannten Kriterium erscheint belegt, daß ein rationales, atomistisches Zerlegen von Industrial Design in Gestaltungselemente, Gestaltungskriterien und Spielregeln (wie etwa Randbedingungen und dergleichen), neben dem Zugewinn an Überschaubarkeit und Handlichkeit, keine Einbußen an Individualität, Intuition und Freiheit mit sich bringt. Provokativ und an den verwandten Disziplinen der Musik, Sprache und Graphik orientiert sei die Prognose erlaubt, daß die Gestaltungsmöglichkeiten sogar eine Erweiterung erfahren können. Und daraus wiederum resultiert, daß mit zunehmender Vielfalt die Planung immer schwieriger wird.

Gestaltung kann leichter machbar, sicherer in der produktiven und in der reproduktiven Aussage und insgesamt besser werden. Sie wird nicht durch eine Rezeptesammlung oder einen Katalog von Gleichungen, mit denen alle Unbekannten errechenbar sind, ersetzt werden können. Denn „durch Gleichungen wird die Erfahrung auf Flaschen gezogen. Aber im Grunde geschieht es selten im Bereich der Praxis, daß die Maschine aus der mathematischen Analyse auf die gleiche Weise hervorgeht, wie das Küchlein aus dem Ei" [9]. Und dasselbe gilt sinngemäß für Industrial Design. Man kann ein Stück Papier noch so fest und noch so eng zusammenfalten (ein Problem mit Mitteln und Methoden angehen und zudecken), ein letzter Rest von Fläche (von Gestaltung schlechthin) wird immer übrig bleiben.

„Die Vernunft hat geleistet, was sie leisten kann, wenn sie das Gesetz findet und aufstellt" [10]. Die Gesetzmäßigkeit genügt jedoch nicht, um Leben, Innovation, Sensibilität und andere Relationen, die das Wesen einer Gestaltung bestimmen, zu beschreiben.

Mit diesem wesentlichen Element, dem nicht zu eliminierenden großen Rest, ist sichergestellt, daß zwar alle Goldfische in ihrer Anlage (Konzeption), in ihrer Konstruktion und im Moment der Produktion gleich sind, daß sich jedoch individuelle Unterschiede herausstellen werden. Die Lösungen sind dann unbegrenzt, einige ‚richtiger‘, andere ‚falscher‘. Dieser Lösungsvielfalt ist zur Zeit durch keine Planung zu begegnen, so daß sich mit dem Ergebnis auch die Erkenntnisse der Konstruktionslehre allgemein decken, die über einen gewissen Zeitraum an einzelnen Schulen die Ansicht vertrat, mit dem rechten Katalog von Elementen und dem rechten Auswahl- und Optimierungsverfahren die rechte Lösung zu finden. Auch hier werden immer noch mehrere Lösungen gefunden.

3.4.2 Thesen

Viele der bekannten Gestaltungsgesetze und Gestaltungsdogmen haben ihren Ursprung in einer Idee, in einer Laune, einer Philosophie oder in einer Beobachtung ähnlicher Erscheinungen. Vom Ursprung bis zur Hypothese war es nicht weit, da die postulierten Beziehungen nicht einfach sind, sondern immer auch einfach sein müssen: Nur in einem einfachen, das heißt wenig komplexen, ergo allgemeinen Gesetz besteht die Möglichkeit, die vielfältigen Varianten und Intentionen jedweder Gestaltung unterzubringen – ohne an Grenzen zu stoßen und ohne Schwierigkeiten in der Auslegung zu erfahren.

Die Hypothesen und die aus ihnen abgeleiteten Gesetze werden teilweise nachträglich als Bestätigung verwandt, als Beschreibungshilfen – seltener als Grundlage oder als Baustein für eine Arbeit. Dazu sind sie nicht nur zu wenig beschrieben und definiert, zu wenig differenziert. Ihr häufiger Mangel ist in der mehr oder weniger engen Beziehung zum Thema Gestaltung zu sehen, im Aufsetzen eines ideellen Schemas auf ein universelles Tätigkeitsfeld manchmal ohne zwingenden, logischen oder faktischen Zusammenhang. Die Folge können Dogmen – und deren Folge dogmatische Diskussionen und emotionale Händel werden. Praktikable Grundlagen oder Arbeitshilfen, Transparenz des ganzen Themas oder eine strukturelle Gliederung sind in der Minderheit.

Physikalische Gesetze, mehr noch, physikalische Hypothesen resultieren aus der Beobachtung einer Sache, einer Funktion oder einer Reaktion: einer Interaktion. Aus Vorhandenem wird auf Gemeinsames und Übergeordnetes, auf Fehlendes und Folgendes geschlossen. Ideelle Momente und willkürliche Relationen kommen nicht zum Zuge.

Diesem Beispiel folgend wurde versucht, induktiv (von der Einzelbeobachtung zum Allgemeinen, zum Gesetz hinführend) Gestaltungselemente und Gestaltungskriterien zusammenzutragen und zu ordnen, die ihre Begründung in der Beobachtung von Aktionen und Reaktionen von Menschen und in der Interaktion von Dingen und Menschen haben.

Dinge und Menschen befinden sich in einer permanenten Beziehung zueinander, sie verursachen Wirkungen und sie produzieren Wertungen. Das kann beobachtet, registriert, analysiert und systematisiert werden – was auf vielfältigste Art und Weise und für die unterschiedlichsten Anwendungsbereiche schon geschehen ist.

Eine Analyse, eine Systematisierung und ein Katalog für die Zwecke des Industrial Design ist postuliert. Ein weiterer Schritt sind die nachfolgend dargestellten Thesen.

Da die aufgeführten Gestaltungselemente und Gestaltungskriterien keines Einzelnachweises bedürfen – sie sind akzeptiertem Basismaterial entnommen – und ihre Optimierungstendenz an allen Beispielen gegeben ist, sind These 1 und These 2 direkt abzuleiten:

These 1: Die aufgrund physiologischer und psychologischer (somit rationaler) Forschungsergebnisse vorliegenden Gestaltungsgrundsätze sind an Ergebnissen sanktionierter, sogenannter guter Gestaltung verwirklicht. Gute Gestaltung ist somit in diesem Sinne in Teilbereichen nachweisbar.

These 2: Die von der Verhaltensforschung festgestellte, dem Lebewesen inhärente Tendenz zum sparsamen Gebrauch aller, auch seiner psychologischen, Energien (Optimierungstendenz, Gleichgewichtstendenz), drückt sich auch in seinen Gestaltungsbemühungen aus. Eine dies berücksichtigende, bewußt vorgenommene Gestaltung ist somit richtig, das heißt: praktisch, funktional (im erweiterten Sinne) und mit Wahrscheinlichkeit schön.

Und aus These 1 und 2 kann abgeleitet werden:

These 3: Gestaltungsgrundsätze (Gestaltungselemente und Gestaltungskriterien) sind in verschiedenen Disziplinen wissenschaftlich fundiert vorhanden.

Bei der Zusammenstellung der Gestaltungselemente und Gestaltungskriterien wird gesagt, daß sie unberücksichtigt ihres Ursprungs nach der gewählten Klasseneinteilung zusammengestellt sind. Das bedingt nicht nur, daß einzelne Elemente und Kriterien mehrfach vorkommen, sondern bestätigt auch, daß ein relativ großer Teil gleicher Elemente und Kriterien aus verschiedenen Disziplinen deckungsgleich oder nahezu deckungsgleich, das heißt, auch mehrfach abgesichert sind. Somit:

These 4: Die Vielfalt der isoliert erstellten Gestaltungsgrundsätze kann in einem Konzept zusammengeführt werden.

Darüber hinaus ist neben der physiologischen und einem Teilbereich der psychologischen Disziplin auch eine philosophische, also den Intellekt zum Inhalt habende, Disziplin, die Ästhetik, berücksichtigt. Es kann festgestellt werden, daß auch hier eine Übereinstimmung, zumindest was die Ordnungsrelationen und die postulierten Wertigkeiten hinsichtlich des ästhetischen Maßes anbetrifft, besteht. Diese Übereinstimmung ist insofern von Bedeutung, als sie eine Hypothese (das ästhetische Maß) durch eine deduktive Beobachtung von unbewußt vorhandenen, das heißt naturbedingten, gegebenen Realitäten bestätigt. Daraus resultiert:

These 5: Der Mensch verhält sich im ästhetischen Bereich (repräsentiert durch das ästhetische Maß $M = O/C$, dem Quotienten aus Ordnung O und Komplexizität C, vgl. Abschnitt 2.5.3) unter bestimmten Voraussetzungen weitgehend entsprechend seinen physiologischen und den die Gestalt betreffenden psychologischen Gegegebenheiten.

Und das wiederum bestätigt, daß „der technologische Ordnungsbegriff – und damit auch der technologische Schönheitsbegriff – das Resultat zweier Maße (ist): eines Maßes für Entropie und eines Maßes für Information. Im ersten realisierte sich die physikalische Beschaffenheit des Gebildes, im zweiten die kommunikative, also auch die Gebrauchsfunktion und die ästhetische Funktion" [11]. Das wiederum ist identisch, so daß gesagt werden kann: „die vollkommen ihren Zweck erfüllende Form ist ohne weiteres schön" [12] – wenn man innerhalb der getroffenen Voraussetzungen (nur technische Gegenstände) bleibt und Übereinstimmung über den Terminus „vollkommen" besteht.

Anhang

Input
Erscheinungs-
bild

Objekt:
Maschine, Gerät,
Gegenstand

Output

Wahrnehmung

Entschluß und
Reizantwort

Wahrnehmungs-
Theorie und
Physiologie

Semiotik
(Zeichen-Theorie)

Informations-theorie

Ästhetik

Psychologie der
Gestalt

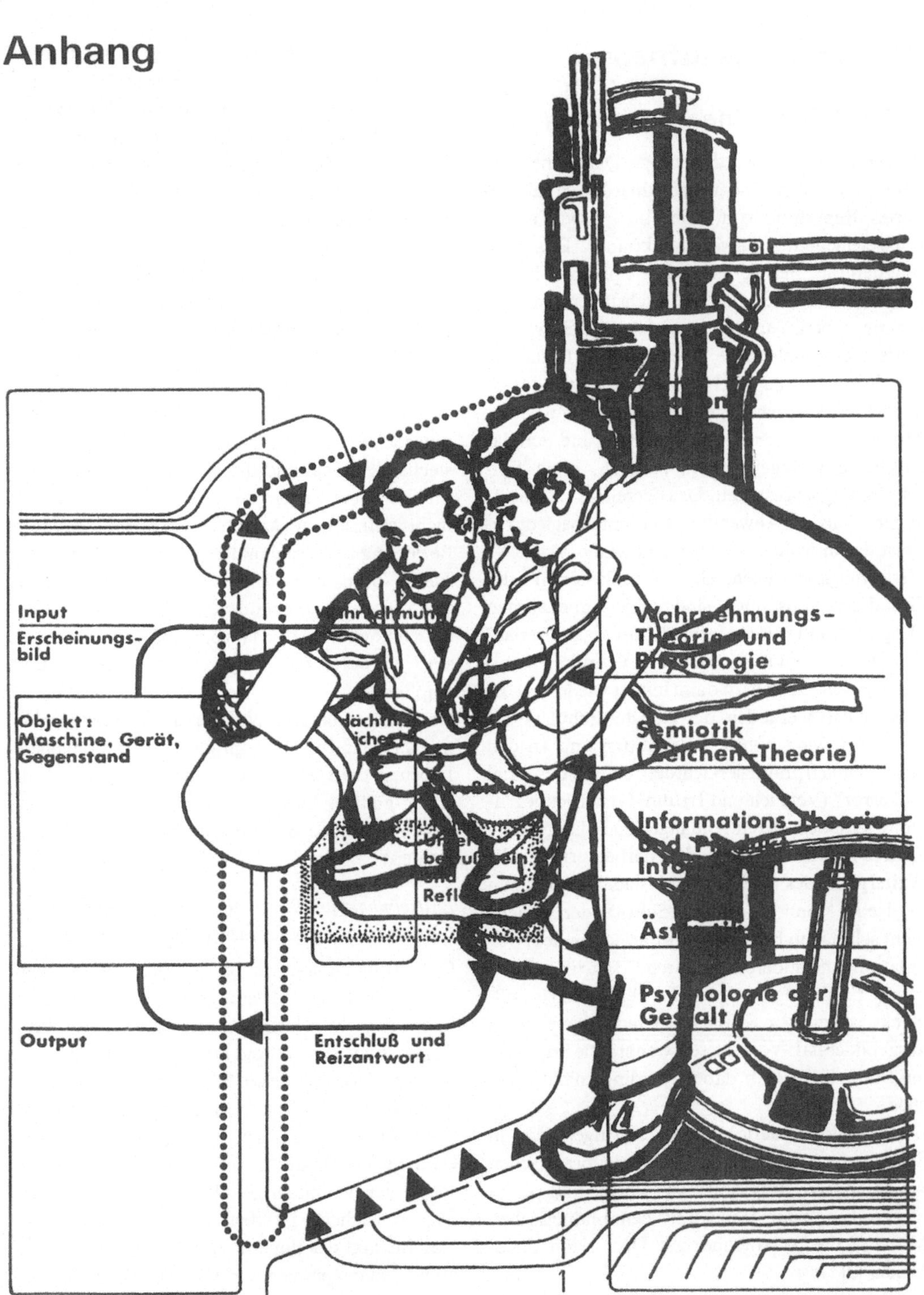

A.1 Bestandsaufnahme

A.1.1 Allgemeine Anmerkungen

In der Einleitung wurden einige Disziplinen genannt, die auf ein eindeutig definiertes und akzeptiertes Repertoire von Bausteinen bzw. Gestaltungselementen zurückgreifen können. Das wohl prägnanteste Beispiel ist unsere Sprache, der als Grundelemente lediglich 26 Buchstaben zur Verfügung stehen. Aus den Grundelementen werden weitere Grundelemente einer höheren Ordnung, die Wörter gebildet. Und die Wörter wiederum werden nach festen Regeln zu Sätzen kombiniert. Mit diesen wenigen Grundelementen und den dazugehörigen Regeln ist es möglich, ohne Einschränkung zu gestalten. Das derzeitige Literaturangebot, als ein Anwendungsfall unter vielen, beweist das in wohl ausreichendem Maße.

Gestaltungsrichtlinien, Gestaltungskriterien oder Gestaltungskonstanten sind keine unbekannten Dinge. Sie sind in irgend einer Form sogar unerläßlich, will man zum Beispiel eine Disziplin lehrend weitergeben. Zwar wird dann immer wieder auf die klassischen Methoden des Meister-Schüler-Verhältnisses, wie sie in den Bauhütten und an den Kunstschulen praktiziert wurden, und der des „trial and error" (Versuch und Irrtum) [1] zurückgegriffen, Methoden, deren Anhänger auch heute noch zahlreich anzutreffen sind. Hierbei erfolgt die Weitergabe des Wissens einerseits als Können (und jedes Können – sofern es Schrift oder Sprache nicht selbst zum Inhalt hat – bedarf kaum der Artikulation) und andererseits durch Erfahrung, durch eigene Erfahrung am Versuch, der so lange mißglückt, so lange ein Können sich nicht ausreichend ausgebildet hat. Von Wissensweitergabe im direkten Sinne kann man dabei allerdings nicht sprechen.

Die Situation änderte sich in dem Augenblick, in dem zur praktischen Übung und zur praktischen Auseinandersetzung mit der Form und ihren Materialien, zum „Spiel mit den bildnerischen Mitteln" die Aussprache und Diskussion dazukamen [2].

Die Schwierigkeiten waren groß, da man als Inhalt des Gemachten, des „Seins" (M. Bense) stets mehr sah und wußte, als man verbal auszudrücken in der Lage war. Man beschränkte sich auf Metaphern, Vergleiche und Beschreibung von Stimmungen und hoffte auf ein gleichlaufendes Nachempfinden im Gegenüber: „Der Bauer ... hat für sich und die Seinen und sein Vieh ein Haus errichten wollen und das ist ihm gelungen ... wie es jedem Tier gelingt, das sich von seinen Instinkten leiten läßt. Ist das Haus schön? Ja, genauso schön ist es, wie die Rose oder die Distel, das Pferd oder die Kuh sind" [3].

Adolf Loos hatte dieses Empfinden, er ‚wußte' und er besaß gleichzeitig die Macht des geschriebenen Wortes und der engagierten Sprache. Was aber unter schön zu verstehen sei, warum die so häßlich stechende Distel und die Kuh schön sind, waren für ihn keine Fragen, so daß Zweifel überhaupt nicht aufkommen konnten. Das Haus steht in Beziehung zur Distel und zur Kuh, der Bauer zum Tier. Woraus das alles resultiert, warum es so ist und wie man es begründen, eventuell auch nur erklären könnte, sind so lange überflüssige, vielleicht sogar verwerfliche Fragen, solange man weiß und empfindet.

Das Machen bei gleichzeitigem Empfinden respektive das Hand-werken mit gleichzeitig sinnlichem Leben und Er-Leben, als „bilden" [4] wurde als einzig gültiges Dogma mehr und mehr in Frage gestellt. Gründe dafür können vielerlei genannt werden:

Entfremdung und Entsinnlichung des Gegenstandes (Überschreitung eines menschlichen Maßes):

Gestaltung im heutigen Sinne nahm sich mit dem Rückgang des Handwerks nicht nur der ehemals handwerklich gefertigten und gestalteten Produkte, sondern mehr und mehr auch der rein technischen Gegenstände an. Es ist schwer vorstellbar, wie aus einem sinnlichen Erleben heraus ein Instrument, wie etwa ein Laser, oder eine Maschine, wie etwa ein Dieselmotor, gestaltet werden sollte. Ja schon der Terminus gestalten erscheint hier deplaziert. Jeglicher im Menschen begründete Bezug (der Instinkt des Bauern zu seinem Haus) ist hier abhanden gekommen und kann aus Gründen der so kurzen zeitlichen und der so großen theoretischen Distanz überhaupt nicht mehr entstehen. Trotzdem verlangen auch diese Dinge nach einer adäquaten Form [5], die bis zur Größenordnung der totalen Umweltgestaltung (zum Beispiel bei Stadtneugründungen wie Brasilia) oder eines kommunalen Erscheinungsbildes reichen können [6].

Die Form an sich wurde mit zunehmenden und sich verändernden Vorgaben zu einem Gerüst aus Bedingungen, Vorschriften und Forderungen [7], die dem Verständnis der Form als Plastik, der Gestaltung als Gestalt gebendem Vorgang kaum mehr Spielraum lassen. Begriffe wie schön und ästhetisch werden neu definiert, der Mensch als Gefühlsbündel wird entknotet, seziert und ergonomisch, soziologisch, psychologisch, kommunikativ etc. wieder zusammengesetzt. Entsprechend differenziert wird er angesprochen, wird das Produktangebot so gestaltet, so aufgemacht, daß nicht irgend ein wahlloses oder zufälliges Gefühl in ihm erregt, vielmehr ein genau definiertes Empfindungszentrum angesprochen wird [8].

Vom Einzelstück zur Serie (das Modell als Abstraktum):

Die Methoden der Reproduktion haben sich von der Methode der Produktion des Unikates, des Prototyps extrem entfernt. Eine Form ist im klassischen Verständnis immer an einen Träger, an einen Werkstoff gebunden und ohne konkreten Hintergrund nicht darstellbar, von diesem nicht trennbar. Auch die noch handwerklich gefertigte Kleinserie war keine bloße Vervielfältigung, durch das Bilden mit der Hand war jedes Teil, jede Form eine individuelle, neugeschaffene Form – bezogen jeweils auf das Trägermaterial [9]. Eine Abgrenzung Prototyp – Nullserie – Serie oder Planung – Entwicklung – Versuch – Serienreife existierte nicht. Alle Stadien waren im jeweiligen Einzelprodukt zusammengefaßt, der Prototyp mit dem Einzelprodukt identisch, oder: alle Einzelprodukte (auch der Kleinserien) waren Prototypen.

Mit der Wandlung des Prototypen zum bloßen Versuchsobjekt oder zur Vorstellungshilfe, mit der Erarbeitung der Form (und aller anderen Faktoren wie Funktion, Fertigungsmöglichkeit, Verpackung, Service, Vertrieb) an dieser Vorstellungshilfe wurde ihm seine Erfüllung genommen. Ein Prototyp hat eine vollkommen andere Aufgabenstellung als seine späteren Serienreproduktionen. Sinn und Zweck der Serienprodukte – und damit der Form dieser Serienprodukte – wird nie Sinn und Zweck des Prototypen sein. Er dient nur zu dessen Darstellung und zum Versuch. Wenn er zum Einsatz kommen, seine Bewährung als Gerät antreten könnte, wird er nicht mehr gebraucht.

Entsprechend ist seine Form und seine Gestaltung zu entwickeln. Da sie nie unter den späteren Serien- und Verwendungsbedingungen gesehen, geschweige denn erarbeitet werden kann, weder von der Werkstoff-, Fertigungs- oder Verkaufsseite, noch aus dem Blickwinkel des Benutzers, der Benutzungsfunktion oder der Benutzungsumgebung, kann sie auch nicht identisch dazu gesetzt werden. Die Identität von Form, Industrial Design, Werkstoff, Funktion, Umgebung etc. wird zum Zeitpunkt des Gestaltungsvorganges durch die Identifikation bzw. Repräsentation ersetzt. Die Form des Prototypen repräsentiert lediglich die Form des anzustrebenden Produktes, das heißt sie ist sie nicht selbst – und damit wird sie zum Abstraktum, zum Zeichen mit hohem Abstraktionsgrad, zum Ikon.

Es bliebe der Nachweis zu erbringen, daß die für das Handwerken, das Bilden, das sinnlich-körperliche Erarbeiten und Gestalten einer auf eine reale Gegebenheit (Metall, Ton, Holz etc.) bezogene Form geltenden Gesetze auch auf die zum Abstraktum gewandelte Form übernommen werden können (wenn dabei von Gesetzen überhaupt gesprochen werden kann), oder ob nicht gänzlich andere Kriterien als Basis anzuwenden sind.

Die nur repräsentierte Form kann nicht im Zwiegespräch von Stoff und Hand, von Material und sinnenhaftem Erleben wachsen. Es wäre eine Täuschung. Da auch der Stoff, das Material nur stellvertretend am Gestaltungsvorgang teilnimmt, muß das bisher Unbestimmbare in irgend einer Art und Weise übertragbar gemacht werden. Die spätere, nur in der Vorstellung und im Plan existierende Form muß auf den Prototyp und dessen Gegebenheiten, zeitlich rückwärts, transformierbar gemacht werden. Empfindungen und Gefühle lassen sich aber nur unter hohem Informationsverlust transformieren. So gewinnen die Stimmen, die „reason, not emotion" [10] fordern und ungeniert postulieren, daß „wer die Auffassung vertritt, daß die Kunst unserer Zeit den Geist, nicht das Gefühl affiziere, gezwungen ist, die spirituellen Erregungen, die er erfahren hat, wiederzugeben" [11]. Das trifft auch auf das Industrial Design zu. Und wenn sie einmal wiedergegeben wurden, wiedergegeben im Sinne von eindeutig nachvollziehbar, dann sind sie auch transformierbar.

Intuition nach Plan (Forderungen eines Wirtschaftssystems):

Der Faktor Zeit, bei der intuitiven Formfindung stets als Hemmschuh und Einschränkung deklariert, trat unübersehbar in den Vordergrund. Industrial Design hat sich heute genau so in den Plan und in die zeitliche Organisation einzureihen, wie jede andere Disziplin bei der Produktwerdung [12]. Der Plan setzt die Kenntnis des erforderlichen Zeitaufwandes voraus und dieser wiederum setzt die Struktur des Gestaltungsvorganges voraus. Das bedeutet, daß der Gestaltungsvorgang zeitlich und organisatorisch determiniert sein muß [13]. Auf die entscheidende Intuition zu warten, ist dabei nicht mehr möglich. Das Repertoire mit seinen Zugriffsmöglichkeiten muß das Unbestimmbare ersetzen.

Das Integral (Komplexizität wieder faßbar zu machen):

Gestaltung zerlegt, in kleine Bausteinchen aufgelöst, provoziert den Einspruch, die Einheit zu vernachlässigen, sie zu negieren. Gerade in der Mißachtung der Ganzheit, als die sich ein Objekt letzt Endes darstellte, im Addieren aus Baugruppen, aus Konstruktions- und Maschinenelementen, sei die Wurzel allen Übels so vieler Konstruktionen zu sehen.
Tatsächlich ist es so, daß die Definition eines Projektes, die in der Regel in einem Pflichtenheft niedergelegt ist, aus einzelnen Fakten besteht. Sie werden analog der organisatorischen Struktur des Unternehmens zergliedert und dementsprechend dann erarbeitet. So werden zum Beispiel die hy-

draulischen Elemente zusammengefaßt in einer oder mehreren Hydraulikbaugruppen, von bestimmten, dafür geeigneten und ausgestatteten organisatorischen Einheiten bearbeitet. Diese wiederum können in eine Konstruktions- und in eine Laborgruppe unterteilt sein. Ähnlich verhält es sich mit der Elektrik, der Elektronik, dem Behälterbau, den Blechteilen, Antrieben, Getrieben, Gehäusen, Bodengruppen usw. ... Fachliche Qualifikationen, Ausstattungen und andere rationale Erwägungen führen zu einer Funktionstrennung, die eine Aufgabentrennung möglich und sinnvoll macht. Zusammengehalten, abgestimmt und koordiniert werden diese einzelnen Gruppen durch eine Projektleitung, die die spätere Einheit insoweit zu vertreten hat, als gemeinsame Funktionen (repräsentiert durch das Pflichtenheft) einerseits und Anschlußmaße und Anschlußmodi andererseits berührt werden.
Häufig ist dieser Entstehungsvorgang – insbesondere bei Erzeugnissen aus dem Maschinenbau – unmittelbar am Produkt ablesbar. Unterschiedliche Konstruktionsprinzipien, Materialien und Elemente differenzieren die Baugruppen. Werden an das Produkt Anforderungen gestellt, die eine Außenform als geschlossenes Element notwendig machen – aus aerodynamischen Gründen zum Beispiel bei Flugzeugen, aus modulbedingten Gründen, zum Beispiel bei Schalterelementen, oder aus optisch-gestalterischen Gründen – ist hierzu wiederum eine Verantwortlichkeit vorgesehen, die abgegrenzt ihr Problem behandelt und zu lösen versucht. Das Resultat wird im letztgenannten Falle häufig als Nur-Gestaltung, als Gehäusemacherei, als Produktkosmetik oder mit anderen, negativ wertenden, Attributen versehen, abgetan. Die Form wird dabei wie die übrigen Baugruppen, zum Ganzen addiert, darübergestülpt und als eigenständiges Element betrachtet.
Gestaltung muß jedoch für sich in Anspruch nehmen, stets die Gestalt und somit das Ganze zu sehen und anzustreben, da Gestalt nicht aus der Addition von Teilen ableitbar ist. Ein Auflösen komplexer Gebilde und Aufgaben bedingt aber letztlich auch ein Auflösen der Gestaltung.
Das Auflösen in Baugruppen ist ein Akt, der aus

rationalen Erwägungen entstanden ist. Sein Ziel war nicht, die Aufgabenstellung, die Funktionen und Anforderungen des Produktes in Frage zu stellen. Diese sind vielmehr unabänderliche Vorgaben. Sein Ziel war die Gliederung des Weges dort hin, das Überschaubar-machen, das Vereinfachen und Rationalisieren der Mittel und der Methoden, das definierte Produkt zu erlangen.

Analog verhält es sich mit der Gestaltung. Sie wird als Einheit, als spätere Gestalt postuliert. Eine vielleicht atomistische Zerlegung dient auch hier ausschließlich der Gliederung der Arbeit und einer Vereinfachung der Methoden. Allein die Synthese, das Integral über alle eingesetzten Elemente entscheidet über das spätere Ergebnis. Die Synthese erfolgt nicht zufällig, oder etwa nach einem Rezept („man nehme...") oder durch Summierung dessen, was gerade paßt. Sie hat sich an der Zielsetzung zu orientieren und diese Zielsetzung bewußt im Auge zu behalten. Wenn diese vorhanden und, mehr noch, definiert ist, und wenn Regeln und Gesetze für die Auflösung des Integrals greifbar sind, mit anderen Worten, wenn Regeln und Gesetze dafür vorhanden sind, die Gestaltung von Einzelelementen und Baugruppen komplexer Gebilde so vornehmen zu können, daß die spätere Gesamtgestalt kein Zufallsprodukt wird, vielmehr in der Detailgestaltung bereits ihren Niederschlag gefunden hat, dann ist das Synthese.

Sammlung:

Die Bestandsaufnahme erfolgte, weil alle Gestaltungsordnungen, Ideologien, Hypothesen etc. letztlich Ergänzungen zum Gestaltungsprozeß jedweder Art darstellen – auch zum vorliegenden Vorschlag. Sie sind hier jedoch nicht unmittelbar evident, so daß es ausreichend erschien, sie in einer Kurzfassung im Anhang darzustellen.

A.1.2 Ordnungsprinzip der Bestandsaufnahme

Die Versuche, Gestaltung zu verbalisieren oder ihr einen intellektuellen Hintergrund, eine Theorie zugrunde zu legen oder ihr eine Richtschnur, eine Orientierung zu verleihen oder sie zu strukturieren, zu ordnen und zu analysieren, können in vier Gruppen zusammengefaßt werden: in die philosophisch und phantastisch, die pragmatisch, die philosophisch-pragmatisch (gemischt) und in die an Planung orientierten Gestaltungsprinzipien. Diese Ordnung erhebt keinen Anspruch auf Vollständigkeit. Auch die Zuordnungen könnten in einigen Fällen in Frage gestellt werden, zumal einerseits die Grenzen fließend sind, und andererseits der Hauptaspekt und der Schwerpunkt des jeweiligen Gestaltungsprinzips nicht immer eindeutig faßbar ist.

Da viele Gestalter primär Architekten sind oder waren, ist hierbei eine Trennung zwischen Architektur und Industrial Design nicht vorgenommen worden. Der gedankliche Hintergrund läßt sich in allen angeführten Fällen zumindest von der Architektur auf das Industrial Design übertragen.

A.1.3 Philosophisch-phantastische Orientierung

Gott ist der beste Designer: Die philosophische Betrachtungsweise, die Versuche einer Erklärung des Unbestimmbaren in der Gestaltung sind nicht immer eindeutig seriös, sie gleiten häufig ins Schwärmerische, oder aber nur Verlegene hin ab. So ist es sicherlich bloße Verlegenheit um Worte oder Bequemlichkeit in der Verschwendung von Gedanken, wenn Wirkkala auf die Frage: „Welchen Designer schätzen Sie am meisten?" antwortet: „Eine sehr sonderbare Frage. Gott ist der beste Designer." Oder: „Welche von Ihren eigenen Arbeiten halten Sie für die beste?": „Die da, ... meine Tochter" [14]. Die Gestaltung Wirkkalas bezieht sich hauptsächlich auf die unmittelbar häuslichen und technisch einfachen Gerätschaften. Nur vereinzelt beschäftigt er sich mit komplexeren Problemen und Zusammenhängen, so daß zu vermuten ist, daß jede geistige Durchdringung einer nur zusätzlichen Interessenssphäre entspringen könnte, keiner notwendigen. Das Hand-werken und Bilden ist für seine Arbeit das entscheidende Werkzeug. Wie das Bilden in ihm entsteht ist uninteressant. Es kann durch Gott entstehen, um in seiner Sprache zu bleiben, Gott ist Natur, ist vielleicht Über-Natur, ist einfach da und kaum der Rede wert.

Die Natur als Formphilosophie: Ebenfalls unter dem Aspekt des Vorhanden-Seins und des durch das Da-Sein bereits hinreichend ausgewiesenen Richtig-Sein kann die Lehre von der Natur als dem Vorbild für jegliche Formfindung gesehen werden. „Das Höchste: suchst du das Höchste, das Größte? Die Pflanze kann es dich lehren. Was sie willenlos ist, sei du wollend – das ist's" [15]. Was F. Schiller aus dem Überschwang seiner Zeit und seines Temperaments heraus forderte, ohne dabei im geringsten an Dinge wie eine heutige Warenproduktion denken zu können, wird vielerorts immer noch als Basis für Gestaltung benutzt. Geht es dabei hauptsächlich um eine retrospektive Beschreibung durch Nicht-Gestalter, die nach einem Sinn, einem Inhalt oder einem Gesetz in einer bestimmten Form, nach dem Organischen, dem Gewachsenen, dem Natürlichen fahnden [16], so finden sich trotzdem auch Gestalter darunter, die feststellen, daß ihnen das „Erlebnis des gelungenen Menschenwerkes Hoffnung (gibt), die Schönheit der Natur bringt uns zum Staunen. Die Pflanze ist zwangsläufig schön, das menschliche Produkt ist dann schön, wenn das, was notwendig ist, freiwillig aussieht" [17].
In der Wahl der Prioritäten scheint dabei eine Willkür nicht ausgeschlossen. Vorbilder sind aus allen Bereichen der Natur zu finden, aus den lebenden und aus den toten Bereichen: „bei der ägyptischen Pyramide sei diese Entsprechung in der anorganischen Form des Todeskristalls gestaltet, bei der gotischen Kathedrale in der organischen Form des Lebensbaums" [18].

form follows function (fff): Aus einer ähnlichen Haltung zur uns umgebenden Natur entstand auch, was eventuell fälschlicherweise als die Abkehr vom naturhaft Gewachsenen, als der Kontrapunkt dazu konstatiert wurde. Sullivan faßte es in die Worte: „form follows function" und lieferte damit ein mittlerweile recht abgedroschenes Schlagwort für ein Dogma – vielleicht ein mißverstandenes Dogma –, das auch heute noch seine Anhänger hat.

Als Architekt um die Jahrhundertwende wie viele seiner Kollegen einer reichen Ornamentik verschrieben, hatte für Sullivan der Begriff Form nicht nur Askese und entblätterte Funktion zum Inhalt, „das Dekorative (eingeschlossen in ‚form') hat sich (vielmehr) dem funktionellen Skelett unterzuordnen, ‚folgt' ihm. Er erstrebte die Einheit" [19], von einer Verdammung des Beiwerks war nicht die Rede, lediglich vom Modus einer Zuordnung. Für den Aufbruch der damaligen Zeit kam das Mißverständnis jedoch nur gelegen, und so wurde ihm auch seither nie ernsthaft widersprochen. Form hatte fortan nichts mehr mit schmückender Applikation zu tun.
Als heutige Definition findet sich hierzu bei Schürer: „Diese von Louis Sullivan um die Jahrhundertwende propagierte These (form follows function) geht im wesentlichen auf Horatio Grennough zurück, der um 1850 diese Forderung im Hinblick auf die amerikanische Architektur aufstellte. Er beruft sich dabei vor allem auf Beispiele aus der Natur, deren einziges Gestaltungsgesetz die unnachgiebige Anpassung der Form an die Funktion sei. Die Forderung nach Anpassung der Form an die Funktion bedient sich der rein rationalistischen Begründung der Form und hat damit die funktionalistische Form zur Folge. Im Bereich der Technik führt sie zur Entwicklung der These vom ‚Primat der Funktionsform'. Sie besagt, daß sich beim Konstruieren alles der Funktion unterzuordnen habe, wobei allerdings unter Funktion nur die mechanische Arbeitsleistung verstanden wird" [20]. Später wird auch dazu übergegangen, zu sagen, daß die Funktionsform nicht nur richtig und einem Dogma entsprechend ist, sondern daß die reine Konstruktionsform, das Resultat aus Rechnung und Empirie den Naturgesetzen entspreche und mit unserem angeborenen Schönheitsempfinden kongruent sei [21], ja, „daß er kein Beispiel einer vollkommenen Maschine kenne, die nicht gleichzeitig schön sei" [22].
Wie wenig eine derartige These dazu geeignet ist, unmittelbar und objektiv von einer Form bestätigt, von dieser abgelesen zu werden, oder aber um eine Form unter dieser Prämisse eindeutig entwickeln zu können, zeigt die Vielfalt und teilweise Wider-

sprüchlichkeit der Anschauungen darüber, wie sie im Abschnitt Funktionalismus aufgezeigt wurden.

Die drei Gerechtigkeiten: 1907, der Jugendstil stand gerade noch etwas in Blüte, wurde der Deutsche Werkbund gegründet. Er verstand sich als Vereinigung von um die Erhaltung der bürgerlichen Kultur besorgten Künstlern, Industriellen und Architekten, insbesondere als Bollwerk gegen die Auswucherungen der beginnenden Industrialisierung [23].

Neben seinen übrigen Aktivitäten wurden auch Formulierungsversuche gemacht – sie waren „anfangs ungeheuer einfach" [24]. Schlagwortartig zusammengefaßt waren es die drei Gerechtigkeiten, in und mit denen gearbeitet und beurteilt werden sollte: die Materialgerechtigkeit, Werkgerechtigkeit (= Herstellungsgerechtigkeit) und die Zweckgerechtigkeit (= Funktionsgerechtigkeit). Henry van de Velde faßte zwei von ihnen (in anderem Zusammenhang) in schöne und eingängige, wie er es nannte, Gesetzestexte:

„Du sollst die Form und die Konstruktion aller Gegenstände nur im Sinne ihrer elementaren, strengsten Logik und Daseinsberechtigung erfassen. Du sollst diese Formen und Konstruktionen dem wesentlichen Gebrauch des Materials, das du anwendest, anpassen und unterordnen" [25].

Daß dabei trotz der Manifestation für eine sinnvoll eingesetzte Industrialisierung am Handwerk festgehalten, am Handwerk ausgerichtet wurde, ist im Postulat unmittelbar enthalten. An der Material- und der Werkgerechtigkeit kann man sich nur vergehen, wenn man an den klassischen natürlichen Werkstoffen und an den handwerklichen Herstellungsverfahren festhält, denn „es gibt keinen Bauxitfrevel, wie es einen Baumfrevel gibt", und „es gibt keine Molekülquälerei, wie es Tierquälerei gibt" [26].

Weniger ist mehr: Mit der Abkehr vom Ornament wurde eine Bewegung eingeleitet, die schließlich alles versteckt oder verschwunden wissen wollte, was eine Form nur irgendwie entbehren konnte. Die „Form an sich" wurde zum Primat, „weniger ist mehr", wie es Mies van der Rohe ausdrückte,

zum Banner ihrer Verfechter. „Vollkommenheit entsteht offensichtlich nicht dann, wenn man nichts mehr hinzuzufügen hat, sondern wenn man nichts mehr wegnehmen kann. Die Maschine in ihrer höchsten Vollendung wird unauffällig" [27].

Mathematisch-geometrische Imponierwerte: Dem Spiel mit der Geometrie konnten schon die griechischen Philosophen mehr als nur intellektuelle Momente abgewinnen. Mathematik und Geometrie lieferten und liefern mit ihrer Exaktheit und ihren Spiel-, ihren Kombinationsmöglichkeiten eine unübersehbaren Fülle von Anreizen, die unseren Erwartungen hinsichtlich Gestalt, Information, Semiotik u.a. in höchstem Maße gerecht werden. Es blieb daher nicht aus, daß auch hierauf ganze Gestaltungsschulen aufzubauen versuchten [28].

So entstanden der goldene Schnitt und so entstand das DIN-Format (Abb. 83), so entstanden das Meisterdreieck des Mittelalters und so ist auch Corbusiers Modulormaß eine gewisse geometrische Spielerei anzumerken. Und so entstand auch eine Lehrmethode, die sich über den ästhetischen Reiz der Geometrie eine höhere Akzeptanz unter den Schülern erhoffte [29].

A.1.4 Pragmatische Orientierung

VDI-Richtlinie 2224: Die Vertreter einer pragmatischen Orientierung versuchen, über die Subjektivität des Wortes, des sehr allgemeinen Wortes hinaus praktische Hilfestellung zur Gestaltungsarbeit zu geben – von Leonardo da Vinci wurde mit der Beschreibung der „Pinselarbeit" der erste bekannte diesbezügliche Beitrag bereits dargestellt.

In Konstruktionsbüros die, bewußt oder unbewußt, zwangsläufig immer einmal wieder mit der Problematik Industrial Design konfrontiert werden, war der Wunsch nach einem Papier, einer Richtlinie, die als Hilfsmittel sowohl zur Verständigung mit dem Industrial Designer als auch zur eigenständigen praktischen Anwendung beitragen konnte, oftmals vorgetragen worden. Der VDI hat diesem Wunsche schon vor geraumer Zeit entsprochen und im Rahmen seines Handbuches

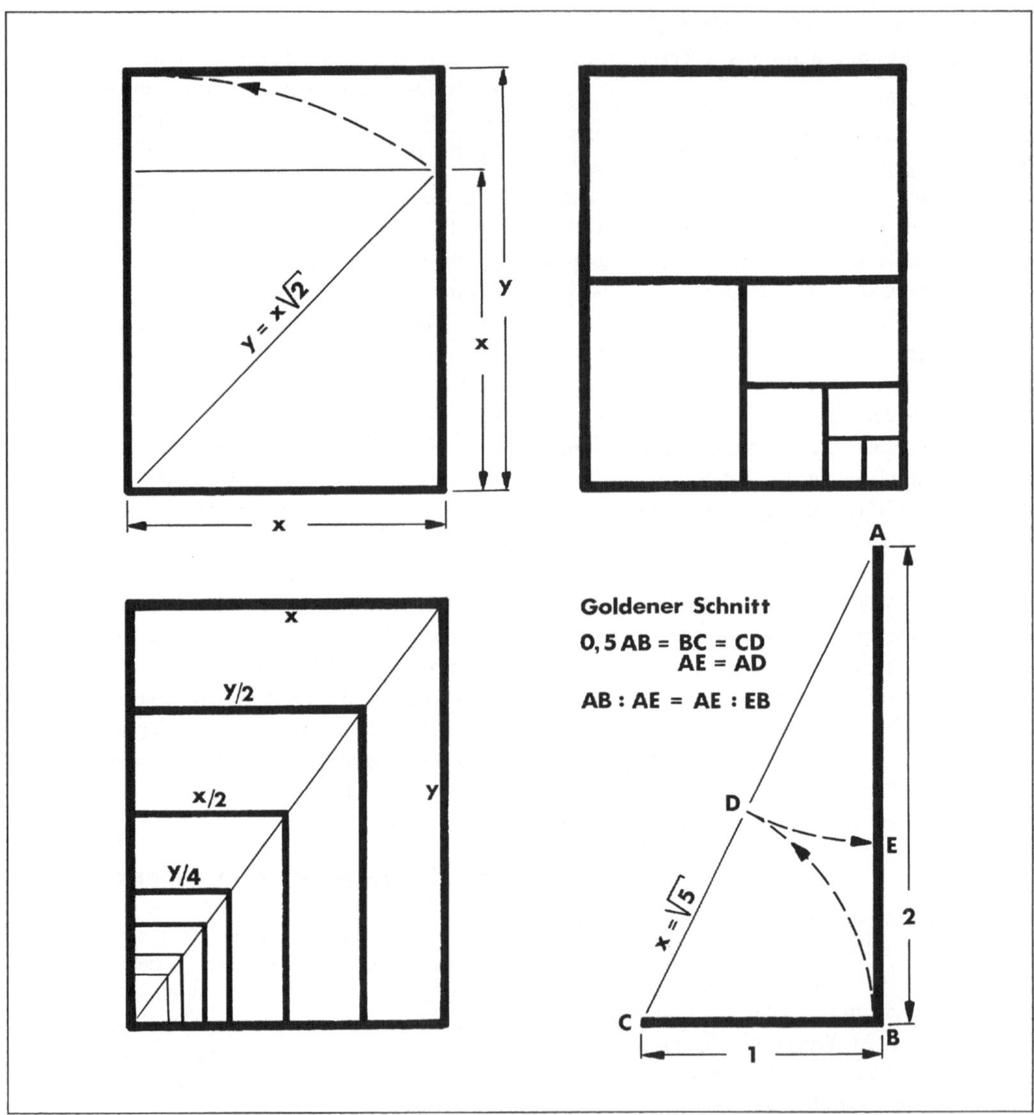

Abb. 83   Erzeugung und Teilung des DIN-Formates und Erzeugung des goldenen Schnittes.

Konstruktion die VDI-Richtlinie „Formgebung technischer Erzeugnisse, Empfehlungen für den Konstrukteur" [30] herausgegegeben. Sie erschien bereits 1960, war dann lange Zeit ein heftig umstrittenes Objekt zwischen einer Gruppe von Industrial Designern und dem VDI (Quelle: Autor als Beobachter der Arbeit dieser Gruppe) und ist in „überarbeiteter und wesentlich erweiterter Fassung" 1972 neu erschienen. Das Autorenkollektiv macht allerdings gleich im Vorwort und im Gegensatz zu allen übrigen Konstruktionsrichtlinien die Einschränkung, daß „die Richtlinie – der Problematik des Stoffes entsprechend – nur informativen Charakter (hat)". Der Inhalt beschränkt sich denn auch lediglich auf eine kurze Einleitung mit einer Gliederung in: Einführung und, Punkt zwei: Hin-

weise und Empfehlungen, wobei die letzte Position eher als eine Sammlung von Gemeinplätzen erscheint, und in einen umfangreichen Bildteil, der mehr oder weniger für sich selbst sprechen soll. Eine Methode, die im krassen Widerspruch zu den Gepflogenheiten bei technischen Vorgaben durch Empfehlungen oder Richtlinien steht.
Neu und anders zu sehen ist die VDI-Richtlinie 2424, die echte Hilfestellung anbieten kann.

Ordnung und Maß: Mies van der Rohe ist als einer von ganz wenigen Architekten, ein ganzes Gestalterleben lang einem einmal gefundenen und für richtig erachteten Prinzip treu geblieben. Diese Treue geht so weit, daß die Grundlagen des Prinzips an seinen Objekten eindeutig abgelesen und systematisiert werden können [31]. Sie werden deshalb an dieser Stelle aufgeführt (wie auch die Prinzipien von Wachsmann im nachfolgenden Abschnitt), weil sie ohne Änderungen für das immer größer werdende Teilgebiet des Industrial Design, der Verkleidung von Instrumenten und dem Gehäusebau (Computer, Fahrzeuge, Steuerungen etc.), Anwendung finden können und auch angewandt werden.
Die Prämisse Mies van der Rohes ist ein Anti-Funktionalismus in dem Sinne, daß er „Sullivans berühmtem Axiom ‚form follows function‘ den Begriff der Struktur entgegensetzte. Die Funktionen eines Gebäudes können wechseln, seine Form bleibt" [32]. Als einzige funktionelle Vorgabe gilt ihm das zu umschreibende Volumen, der Rest wird durch „Ordnung und Maß" und „Skelett und Füllung" bestimmt. Die Struktur des Gebäudes (umschrieben: des Kastens oder des Behälters) umschließt den „in seinen Zwecken und Einrichtungen nicht festgelegten Raum, der wahlweise bestückt werden kann. In das neutrale, ungeteilte Gehäuse ... können die einzelnen ‚Architekturvokabeln‘ je nach Gebrauch gehängt oder hineingestellt werden" [33]. Es ist im weitesten Sinne – und neben dem Prinzip – eine Mobilität der Verwendung vorhanden:
Ordnung und Maß werden bestimmt durch den möglichst einfachen Kubus (ohne Schachtelungen) und den rechten Winkel. Der verbleibende Rest sind

die Variablen: Proportion, Intuition und Formempfinden des Urhebers. Sie werden, liegen sie einmal fest, gegliedert durch Skelett und Füllung.
Auch hier unumstößliche Prinzipien: „Das, was hier zum Ausdruck kommt, war nur möglich aufgrund der Grammatik, die dazu geführt hat, die architektonischen Elemente Scheibe, Platte, Stütze aus dem üblichen Verband ‚Haus‘ (= kubische Einheit) herauszulösen und sie als selbständige Bausteine darzustellen ... Wände und Decken bildeten sich als Scheiben aus, Stützen werden freigestellt, Öffnungen waren nicht länger Einschnitte in Mauern, sondern ergaben sich als Abstände zwischen massiven Wänden" und „,... zwischen Wand und Decke entsteht ein Abstand, um anzudeuten, daß allein die Stützen die Last des Gebäudes aufnehmen" [33]. Dieser Abstand wurde sogar soweit kultiviert, daß L. Burckhardt im Titel einer Beschreibung von Arbeiten des Mies-van-der-Rohe-Adepten Blaser, von der „Kunst der Fuge" [34] schwärmt.
Alle Faktoren werden konsequent eingehalten – von der großen Konzeption bis in die kleinsten Details der Ausstattung. Dadurch wird die Gesamtaussage des Werkes identisch mit der Einzelaussage der Elemente.
Zusammenfassung der Gestaltungsprinzipien Mies van der Rohes:
Axiomatische Vorgabe:
- Inhalt des zu umschreibenden (umbauenden) Raumes ohne Auswirkung auf die visuelle Struktur:
- Konsequenz bis ins Detail, respektive Einheit der Aussage.
Prinzipielle Vorgaben:
- Eindeutige sichtbare Trennung der Gebäudeelemente (Strukturelemente) untereinander in
- tragende Elemente als Stützen,
- Scheiben (Platten) als Füllung (Wände) oder Decken,
- Abstände als Öffnungen (Fenster etc.) – im Gegensatz zu aufgebrochenen Flächen, und
- zur Sichtbarmachung der eindeutigen Trennung: Fugen.
Maßliche Vorgaben:
- Ordnungsprinzip Raster,

- einfachste Kuben,
- keine Schachtelung,
- rechte Winkel (auch in den Flächen).

Freiheitsgrade:
- Werkstoff und Flächengestaltung und
- Maßverhältnisse der Proportionen
- Inhalt und Verwendungszweck.

Modulkategorien: Bauen ist trotz einer bald ein Jahrhundert währenden Industrialisierung vielfach noch eine handwerkliche Leistung. Nur langsam setzt sich der industrialisierte Bau durch. Unter vielen anderen hat K. Wachsmann die Möglichkeiten der maschinellen Massenfabrikation für die Architektur in seinen Grundsätzen untersucht und einige ihrer Gesetzmäßigkeiten formuliert. Eine dieser Gesetzmäßigkeiten ist das immer wiederkehrende, gleiche Maß, das aber so gewählt sein muß, daß es möglichst vielseitig kombiniert werden kann. Daraus resultiert ein ganzes System von Maßen, das er zum komplexen Ordnungssystem der sogenannten modularen Koordinationssysteme erhebt.

„Der Modul ist die abstrakte Grundeinheit eines Meßwertes, der durch Multiplikation, Subtraktion oder Division das geometrische System einer gedachten modularen Ordnung zahlenmäßig bestimmt ... Gelänge es, ein Gleichgewicht der Erfüllung aller Ansprüche in einheitlichen räumlichen Meßwerten zu finden, so würde der eine daraus resultierende Grundmodul identisch mit einem Körper modularer Ordnung sein" [35]. Daraus abgeleitet oder das System differenziert ergibt die folgenden Modulkategorien, bei denen es sich „um die Bestimmung von Referenzdimensionen in Form gedachter Punkte, Linien, Flächen oder Körper, aus denen oder in Beziehung zu denen sich erst die Fertigmaße und Dimensionen der Produkte ergeben".

Ergänzend dazu sind einige Regeln, die analog einer Gebrauchsanleitung die Koordination und Definition der Moduln und ihrer Anwendungen regeln.

Innerhalb des Systems würde trotz Massenproduktion alles und überall zusammenpassen und jeglicher Aufgabenstellung gerecht werden können:

der Riesenbaukasten. Auch das Problem der unumgänglichen Toleranzen hat Wachsmann berücksichtigt. Fugen und ein Fugenmodul bzw. Fugenraster übernehmen die Anpassung: „Die Fuge ist kein notwendiges Übel. Sie braucht ... nicht mit Leisten oder dergleichen schamhaft verdeckt zu werden. Sie tritt als ein formendes Element hervor, das aus dem Möglichen der Zeit entstanden ist. ... In ihnen spielen sich nicht nur Vorgänge ab, die ästhetisch bestimmend sind, sondern sie sind Ergebnisse technischer Funktionen und auch als solche zu verstehen ... In der vollkommenen Beziehung von Objekt, Funktion und Trennung vermittelt die Fuge eine neue visuelle Anschauung" [36].

Die Gliederung des Körpers wird vom Raster der Verbindungen über das Mittel Fugen vorgenommen. Weniger logisch begründet Wachsmann seine Forderungen nach makellosen Flächen: „Welche Methode man auch wählen mag (der mechanischen Verbindung der Flächenelemente untereinander und zur Struktur), es ist nicht vorstellbar, Schrauben ... oder dergleichen, die von außen sichtbar sind, dafür anzuwenden ... Diese Verbindung muß aber so sein, daß sie, ohne die Oberfläche des Bauelementes zu durchdringen, trotzdem von außen her gesteuert werden kann. Es wäre sinnwidrig, eine Oberfläche eines Bauelements oder eines Rahmens an irgend einem Punkt zu durchlöchern" [36]. Warum nicht, wird nicht weiter erörtert.

Sowohl zu Ordnung und Maß als auch den Modulkategorien kann das Maß der japanischen Reisstrohmatten, der Tatami, zugeordnet werden. „Die Böden der traditionellen japanischen Wohnung sind mit Matten belegt ... Die Matten stellen eine Art Maßeinheit dar – man spricht von 6-, 8- oder 12-Matten-Wohnungen ..." [37] – und bestimmen neben der Größe auch die Proportionen von Haus, Wohnung, Raum und Einrichtung. Die Größe einer Tatami-Matte beträgt 3 mal 6 Fuß, was etwa 0,9 mal 1,8 Metern entspricht (Abb. 84) [38].

Produktbestimmende Faktoren: Nicht wie Gestaltung vollzogen werden kann, unter welchen

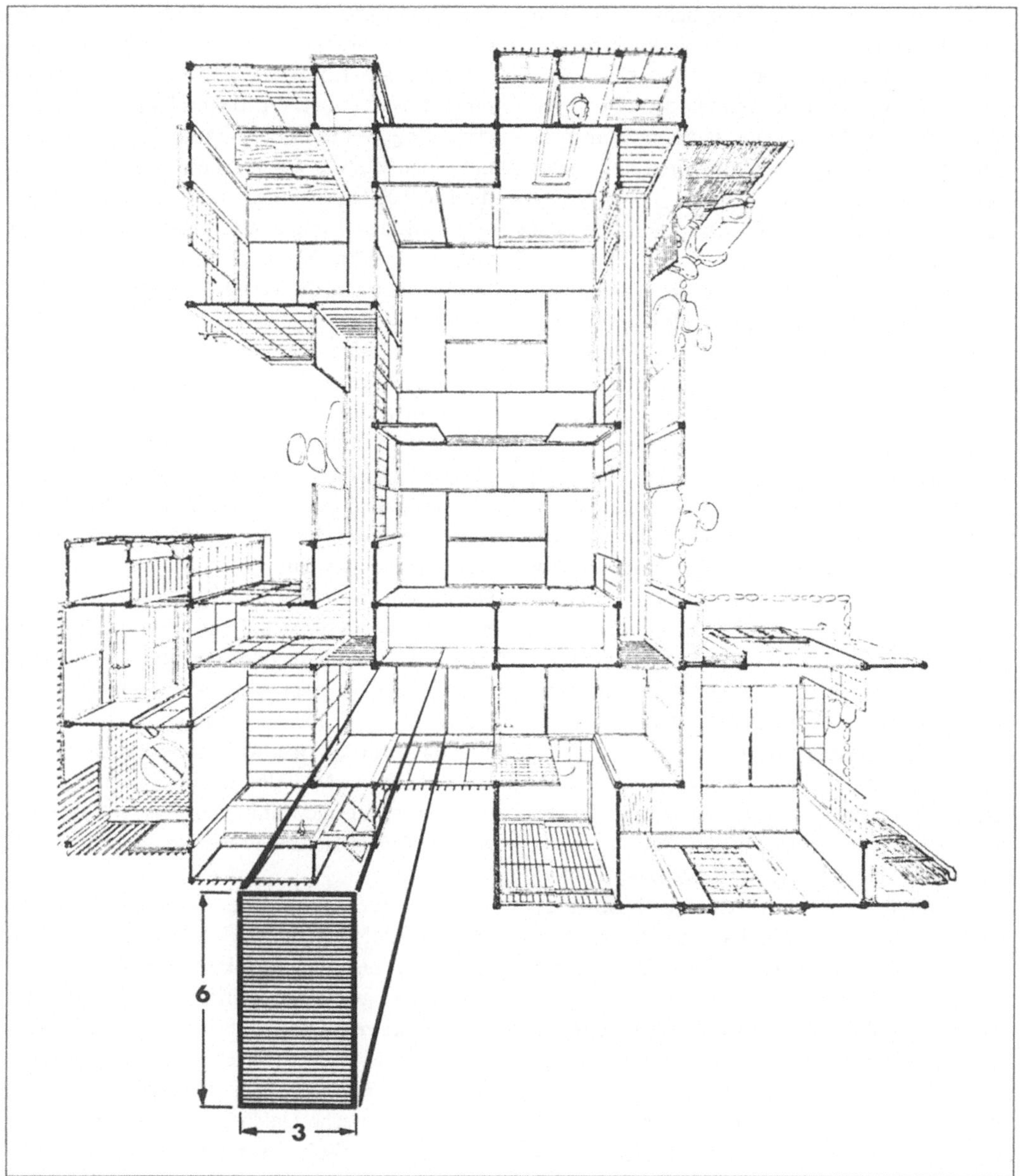

Abb. 84   Japanisches Wohnhaus mit Tatami-Matten als Grundrißraster.

Gesichtspunkten, mit welchen Mitteln oder Methoden, vielmehr welche außerdem an der Gestaltung beteiligten Faktoren welchen Einfluß ausüben, wurde von Schürer [39] aufgezeigt. Er gliedert diese Faktoren primär in die 4 Gruppen der

- technischen Faktoren mit den Werkstoffen und Herstellungsverfahren, der
- wirtschaftlichen Faktoren mit Kalkulation, Variabilität (eine Veränderbarkeit respektive Anpassung durch den Benutzer an die verschie-

denartigen Verwendungsmöglichkeiten), und Modifizierbarkeiten (eine Veränderbarkeit durch den Hersteller), der

- menschbezogenen Faktoren mit den objektiven Faktoren der Ergonomie und der Wahrnehmung und den subjektiven Faktoren eines freien Gestaltungswillens, und den
- Bestimmungen durch Gesetze, Normen und Vorschriften.

Mit Ausnahme der menschbezogenen, subjektiven Faktoren sind alle übrigen mehr oder weniger Bestandteil der Disziplin Konstruktion. Von wem sie in welchem Maße am Einzelprodukt berücksichtigt oder koordiniert werden, von einem Konstrukteur oder von einem Industrial Designer, ist eine Frage der Abstimmung.

Inwieweit sich die aufgezeigten Faktoren „letzten Endes ... alle ... in mehr oder minder starkem Maße stets auch in der Form der Produkte nieder(schlagen)" [40] oder aber ob diese Faktoren als die unabdingbaren Vorgaben für die Gestaltung einer Form zu betrachten sind, wäre eine philosophische Erörterung, die an dieser Stelle nicht geführt werden kann. Ein Beispiel soll den Sachverhalt jedoch kurz verdeutlichen:

Die vier Räder eines Automobils sind unabdingbare technische Faktoren. Sie haben auf die Gestaltung des Autos bzw. auf die Gestaltung der Form (also der Karosserie) des Autos insofern einen Einfluß, als sie durch einen gewissen Freigang, durch Austauschfähigkeit, durch Ausschnitte im Radkasten etc. berücksichtigt werden müssen. Diese Voraussetzungen sind aber bei jedem Automobil, bei jeder beliebigen Automobilform zu machen, denn allen gemeinsam sind die vier Räder. Industrial Design der Karosserie bezieht sich nicht auf eine Veränderung der Position, der Form oder der Funktion der Räder. Sie hat vielmehr die Verkleidung der übrigen Vorgaben (Motor, Innenraum, Radkästen usw.) und die Differenzierung zum Nachbarauto, zur Nachbar-Autoform, zur anderen, besseren oder schlechteren, sportlicheren oder hausbackeneren, schnelleren oder langsameren, kantigeren oder runderen Form zum Inhalt.

Wären die Vorgaben des Motors, des Fahrgestel-les, des Innenraumes und der Räder nicht vorhanden, könnte zwar eine Blechgestaltung stattfinden, jedoch keine Karosseriegestaltung. Blechgestaltung ist nicht notwendig identisch mit Karosseriegestaltung. Der technische Faktor Räder hätte somit einen Einfluß auf die beliebige Blechgestaltung, jedoch hat er keinen Einfluß auf die Karosseriegestaltung – letztere setzt 4 Räder unabdingbar voraus –, hat sie aber nicht zum Inhalt.

Die Veränderung der Technologie mit dem Faktor Zeit, von Schürer häufig als Beispiel zitiert, zieht selbstverständlich formale Änderungen nach sich. Wenn im oben genannten Beispiel eines Tages die Räder des Autos durch Gleitsteine, ein Magnetfeld oder Luftkissen ersetzt werden können, wird sich als Folge davon, nicht jedoch als auslösendes Moment, auch dessen Form ändern, die Radkästen werden verschwinden oder durch andere Elemente ersetzt werden.

Gestaltung spielt sich nicht generativ ab. Sie ist ein Augenblicksprozeß, eine Entscheidung im Augenblick für diesen oder jenen Radius, für diese oder jene Flächenanordnung unter den augenblicklichen Vorgaben und Einschränkungen. Bestimmend für die Spannweite der Möglichkeiten ist lediglich das Maß der gestalterischen Freiheit, und das ist für alle wählbaren Formentscheidungen (Radien, Flächen, Proportionen etc.) gleich.

The Measure of Man: The Measure of Man (die Maße des Menschen) ist „eine Miniatur-Enzyklopädie der menschlichen Faktoren für den Industrial Designer, dargestellt in graphischer Form" als Maßskizzen. Die „Maßskizzen enthalten einfache, den Menschen betreffende Maßangaben – von den Spezialisten des Human Engineering anthropometrische Daten genannt – des erwachsenen amerikanischen Mannes und der erwachsenen amerikanischen Frau" [41]. Sie sind auf etwa 30 Seiten zusammengestellt und lassen vom Maß und der Federkraft der Fingerspitzen beim Druck auf einen Mikroschalter bis hin zu den detaillierten Maßangaben für arktische Kleidung oder die notwendigen Freiräume in einem Büro oder in einem Schlafzimmer keinen Anwendungsfall aus.

Die Zusammenstellung von Dreyfuß ist die hand-

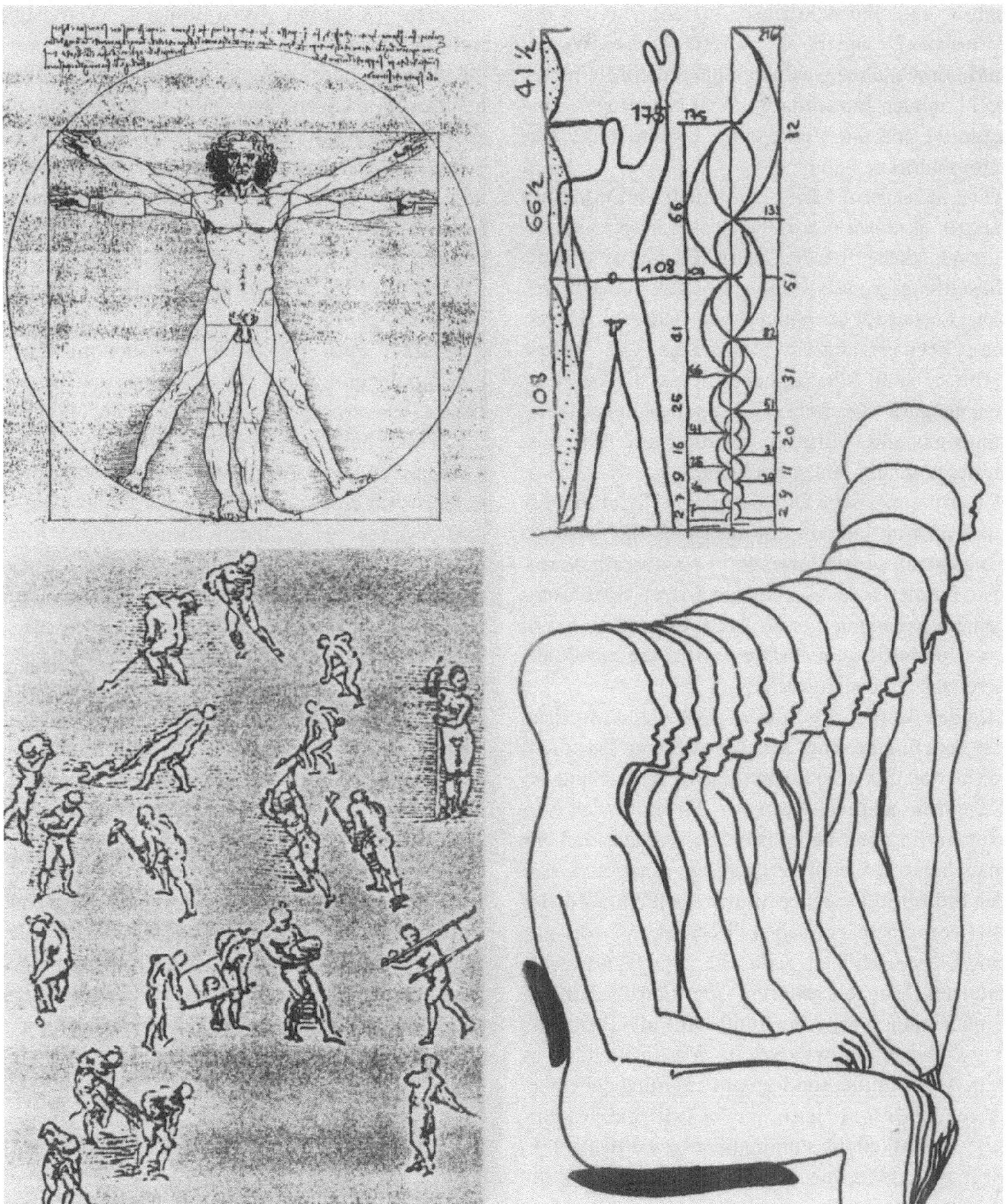

Abb. 85   Der Mensch als maßliches Problem in 5 Jahrhunderten: bei Leonardo da Vinci, bei Le Corbusier und in einer Darstellung von heute.

lichste und übersichtlichste für die Zwecke des Industrial Designers. Zu nahezu gleichen Werten und Ergebnissen, jedoch mit ausführlicheren, nicht immer brauchbaren, Beschreibungen ausgestattet sind die Werke einer ganzen Reihe weiterer Autoren.

„The Measure of Man" kann auch als Ende einer langen Entwicklungsreihe gleichartiger Bemühungen gesehen werden, das menschliche Maß als Gestaltungsgrundlage auszuwerten, angefangen von Leonardo da Vinci über Albrecht Dürer, Le Corbusier, Oskar Schlemmer und andere (Abb. 85) [42]. Allen gemeinsam war die Erkenntnis, die gute Absicht und der zwangsläufige Dilettantismus ihrer Ergebnisse aufgrund fehlender Systematik und fehlenden Materials.

Anthropometrische Daten sind ein Hilfsmittel für die Konstruktion oder für das Industrial Design – je nachdem, wer sie anwendet – wie etwa ein Normblatt für die Maße von Schrauben oder Verzahnungen. Sie haben mit Gestaltung direkt nichts zu tun. So schreibt denn auch Dreyfuß zu diesem Punkt bereits in der ersten Auflage:

„In den letzten 15 Jahren sind die Ausdrücke ‚Human Engineering‘ und ‚menschliche Faktoren‘ in einer oft unklaren Bedeutung im Wortschatz des Designers gebraucht worden. Es ist soviel vom Human Engineering gesprochen worden, daß wir manchmal in Gefahr geraten, zu vergessen, daß der Industrial Designer immer noch ein Künstler ist. Von einem einfachen Werkzeug – von nur einem der wichtigen Teile, die zum Handwerkszeug des Designers gehören –, hat sich das Human Engineering in ein Allheilmittel für alle Probleme des Designers entwickelt. In Wirklichkeit ist es kein Allheilmittel, sondern nur ein nützliches Verfahren, eines von vielen, das in jeder guten Konstruktionsabteilung ständig benutzt werden sollte. Human Engineering ist nämlich kein Ersatz für Verständnis für Formschönheit. Denn der Designer wird eingestellt wegen seines Ideenreichtums und nicht wegen seiner technischen Verfahrenskenntnisse" [43].

Institutionsbezogene Manuals: Institutionen im hier gebrauchten Sinne können öffentliche Institutionen (Kommunalverwaltungen, Veranstaltungsorganisationen wie zum Beispiel für eine Olympiade) oder private Institutionen (Unternehmen, Stiftungen, Verbände) sein. Ein Manual (lateinisch: Handbuch, Tagebuch, Ritual) wird heute als Bezeichnung für ein Handbuch verwendet, in dem unveränderbare und in irgend einer Form sanktionierte Gestaltungskonstanten niedergelegt und exakt definiert sind.

Manuals werden primär für die Entwicklung und für die Pflege von Erscheinungsbildern verwendet, beinhalten also graphische Konstanten, Farbkonstanten und deren Anwendungsvorschriften. Durch den zwingenden Charakter des Inhaltes wird innerhalb des Gültigkeitsbereiches eines Manuals sichergestellt, daß formale Freiheiten immer nach demselben Modus ausgefüllt werden und dadurch bei größeren Komplexitäten (und als solche treten Institutionen in der Regel auf) ein qualitativ gleichbleibendes und quantitativ umfassendes Erscheinungsbild entsteht.

Manuals für eine dreidimensionale Gestaltung, für Industrial Design sind dem Verfasser nur in wenigen Ausgaben bekannt. Manuals sind in aller Regel institutionsinterne Unterlagen und werden nicht veröffentlicht, eine Zusammenstellung mehrerer Varianten wurde unter anderem in der Zeitschrift Design vorgestellt [44].

Der Zweck der in Manuals festgehaltenen Gestaltungskonstanten ist ausschließlich pragmatischer Natur. Ein dogmatischer Anteil konnte lediglich bei deren Entstehung mit einfließen. Es sind Normen zur Ausschaltung formaler Zufälligkeiten und Willkürlichkeiten mit den Zielen einer Qualitätssteigerung, einer höheren Beweglichkeit, Variabilität, Wirtschaftlichkeit und einer intensiven Imagewirkung.

A.1.5 Philosophisch-pragmatische (gemischte) Orientierung

Mancher Industrial Designer wird nach dem geistigen Hintergrund oder nach dem Inhalt oder nach dem „Warum so" seiner Arbeiten gefragt. Die Nachbarschaft zu Kunst ist hier bestimmend für die Fragestellung, zu einer Kunst, in der man seit jeher mehr vermutet, als Intuition und Handwerk des Künstlers. Man möchte Intention und man sucht die Zeichen als die sich die Artefakte darstellen [45]. Das ist ein uraltes Bemühen.

Manchem Gestalter entspringt das Interesse nicht erst aufgrund eines Anstoßes von außen. Willi Baumeister zum Beispiel und ein Teil der Maler am Bauhaus [46] haben sich intensiv mit einer möglichen Theorie des von ihnen Gemachten beschäftigt. Dabei entstand viel Mystisches: „Es ist das Unerklärbare in seiner phänomenologischen Existenz, was bei einem Werk hoher Ordnung auch das Unwillkürliche ist, über dessen Entstehung und über dessen Ausdruck auch der Künstler keine deutende Aussage machen kann. Von seinem tiefer liegenden Standort aus durchwächst das Unerklärliche die Bildschicht nach oben oder vorn und setzt alles im Bild Sichtbare unter sein Vorzeichen. Es ist wesengleich mit dem, was im Werden wirkt, ein vorher unbekannter Wert, der in seiner Existenz sein Geheimnis wahrt" oder naiv Zugestandenes: „Der Kernwert des Kunstwerks ist zwecklos und ohne bekanntes Ziel" [47]. Immer jedoch ist ein Zusammenhang zwischen Theorie und Praxis in persona gegeben und damit im Werk wenigstens zu vermuten.

MAYA – und andere Schwellen: Unter den Industrial Designern war Raymond Loewy einer der ersten, der eine Beschreibung seiner Arbeit dergestalt vornahm, daß er jegliches Fachlatein vermied und dabei gewissermaßen dem Volk aufs Maul schaute. Der Erfolg dieses Herabsteigens in eine verständliche Sphäre war denn auch nicht nur sein eigener, sondern trug erheblich zur Popularisierung des Gedankengutes des Industrial Design bei.

Mehr als eine Beschreibung der Umstände und Randerscheinungen bei seiner Arbeit ist dabei allerdings nicht herausgekommen. Und das wollte (oder konnte?) er auch gar nicht anders, denn: „Die am häufigsten bei solchen Anlässen (gemeint sind Besuche und Vorträge) gestellten Fragen lauten: Mr. Loewy, könnten Sie uns einmal klarmachen, was Formgestaltung eigentlich ist? Ist es

nur Stilisierung? Oder ist es reine Verkaufsförderung? Interessiert Sie auch die ästhetische Seite des Problems? Ich kam dahinter, daß eine genaue Beantwortung dieser Fragen langwierig ist und zu weit ins technische Detail führt. Gesprächsweise kann man das Problem aber ohne Mühe mit ein paar lustigen Beispielen aufhellen. Das ist noch keineswegs eine erschöpfende Antwort, aber es zeigt wenigstens, um was es geht".

Gegen Ende seines Buches fügte er dann noch einige Gesetze, jedoch nur als „ein erster tastender Versuch" [48] und eingeschränkt auf die Erfahrungen, die er im Zusammenhang mit der von ihm definierten MAYA-Schwelle gemacht hat. Anwendungsmöglichkeiten sind keine vorgestellt.

Styling-Gesetze: Mehr Interesse über technische und wirtschaftliche Details hinaus findet man heute auch bei nicht direkt mit Gestaltung beschäftigten Zeitgenossen, wenn man sich über das am weitesten verbreitete Produkt unserer Zeit unterhält, über das Automobil. Erheblichen Anteil an einer solchen Aufklärung haben die populären Fachperiodika, oder anlaßbezogene, allgemeinverständliche Darstellungen. Dabei wird nicht nur von sportlichen oder fließenden oder modernen Formen philosophiert, vielmehr wird ausgiebig über das Für und Wider, dieser oder jener Verwendung, Verschiebung, Modifikation von Gestaltungselementen diskutiert. Die geläufigsten sind etwa: Gürtellinie, Radstand, Dachwölbung, Scheinwerferform, Abrißkante, Stufenheck, Grill, Radausschnitt, Übergang, Scheuerleisten, Sicken usw. Dagegen wird es wieder verschwommen in der Terminologie und in der Argumentation, wenn sich die Fachpresse ihres ureigensten Metiers annimmt [49].

Saarinen: Ähnlich allgemein und allgemeinverständlich wie R. Loewy, aber fundierter und detaillierter in der Aussage, berichtete E. Saarinen anläßlich eines Vortrages: „Ich habe festgestellt, daß von den vielen Problemen, die man beim Entwurf ... behandeln muß, fünf besonders wichtig sind" [50], und nennt dann: schöne Form und gleichzeitig ein Maximum an Bequemlichkeit, Materialien und Methoden unserer Zeit (kein

Holz, keine Handarbeit etc.), unpersönlicher, klassischer Formwert, optimale Beziehung zur und Anpassung an die Umgebung und vorbehaltlose Konstruktionsprinzipien (kein übernommenes in der Art von: weil-wir-das-schon-immer-so-gemacht-haben).

Auf das Maximum an Bequemlichkeit ging er am Beispiel Stuhl näher ein und beschrieb die dabei zu berücksichtigenden ergonomischen Grundforderungen, wie den Formkompromiß zugunsten der großen Zahl. „Ein Stuhl muß bequem sein, nicht nur für einen Menschen, sondern für viele anatomische Formen", und ähnlich unpersönlich und allgemein muß die Form ausfallen. Die kompromißlose Bejahung sowohl der Materialien als auch der Methoden von heute ist eine Selbstverständlichkeit, die näher zu erläutern ihm nicht erforderlich schien.

Die Feldtheorie: Die Feldtheorie von Ueli Müller geht einige Schritte weiter, indem sie eine Naturerscheinung, infolge einer mehr zufälligen als zwangsläufigen Analogie zur persönlichen Auslegung des Sachverhaltes Gestaltung, wählt und dazu postuliert: alles Tun habe sich darein zu fügen. Das bedeutet im einzelnen [51]:

„1. Die Gestalt natürlicher Objekte wird durch die Kräfte der Natur bestimmt. Auch der Mensch kann nur dann etwas hervorbringen, wenn er diese Kräfte in seinen Dienst zu nehmen versteht. Mit dem mathematischen Feldbegriff können die Wirkungen der Gravitations- und die elektromagnetischen Kräfte im Raume erfaßt werden. Der Feldbegriff kann auch in der Gestaltungstheorie gut verwendet werden. Die Kräfte, welche die Erscheinung eines Objektes bestimmen, führen nur dann zu dessen Gestalt, wenn sie in einer Weise zusammenwirken, die analog ist zu den Verhältnissen im Kraftfeld. Die ... sichtbar gemachten Feldlinien eines elektromagnetischen Feldes zeigen, daß jede Kraft zu einer Wirkung kommt, welche den Kräfteverhältnissen entspricht. Es ist nicht möglich, daß eine Kraft auf Kosten anderer Kräfte zu einer unangemessenen Wirkung kommt. Mit dieser 1. Beobachtung ist die relative Wirkungsintensität der Kräfte in einem beliebigen Feldpunkt erfaßt worden. Analog hierzu gilt folgender Satz: Ein Objekt kommt nur dann zu seiner Gestalt, wenn die Faktoren, welche die Erscheinung bestimmen, zu einer angemessenen Wirkung kommen. Kein Faktor darf auf Kosten anderer Faktoren die Erscheinung unangemessen stark beeinflussen.

2. können wir am elektromagnetischen Feld beobachten, daß jede Teilkraft auf das ganze Feld einwirkt. Ändern sich die Kräfteverhältnisse in einem bestimmten Feldpunkt z. B. in einem Leiter, dann verändert sich das ganze Feld. Analog hierzu ist beim gestalteten Objekt der Wirkungsbereich jedes einzelnen Faktors das ganze Objekt. Die Veränderung eines Teils zieht das Ganze in Mitleidenschaft.

3. sehen wir, daß im elektromagnetischen Feld die verschiedenen Feldkräfte in einem Punkt eine einzige Resultante haben. Ihre Wirkung ist also eine Gesamtwirkung, aus der eigentlich die Wirkung einer Teilkraft nicht isoliert werden kann. Die Analogie zum Verhältnis zwischen Gestalt und Wesen einer Sache ist augenfällig: Die verschiedenen Faktoren, welche die Gestalt bestimmen, kommen im Ganzen und in seinen Teilen zu einer zusammenfassenden Gesamtwirkung".

In Satz 2 und 3 wird die Ganzheitsbetrachtungsweise angesprochen. Die Wirkungen sowohl von Details auf das ganze Produkt, des Produktes auf seine Umgebung, als auch jeweils umgekehrt dazu sind evident und müssen bei der Gestaltung und bei Änderungen berücksichtigt werden. Am Beispiel: ein kleiner Radius an einem kleinen Teil erscheint in seiner Gesamtwirkung anders als ein kleiner Radius an einem großen Teil. Hier kann er noch eine gewisse Rundung darstellen, während er dort bereits als scharfe Kante auftritt. Das sind Bruchstücke aus dem Bereich der Wahrnehmungstheorie und aus der Physiologie.

Philosophisch auf eine Naturbeobachtung bezogen und dann mit Bruchstücken der Wahrnehmung und der Gestaltpsychologie bedingt in die Praxis umsetzbar gemacht, bietet die Feldtheorie Müllers soviel Spielraum, daß nahezu jede Lösung damit interpretierbar wird.

Numerische und generative Ästhetik: Auch die Theorie der modernen Ästhetik und ihrer möglichen Realisierbarkeit mittels Funktoren und mathematischen Regeln, wie sie im Kapitel Ästhetik vorgestellt ist, wird hier der Vollständigkeit halber noch einmal aufgeführt. Während die Theorie bereits einen hohen Grad an Beherrschung und logischer Durchdringung aufweist, fehlen für das theoretisch hergeleitete und aufgezeigte Werkzeug noch das Verbindungsstück zum praktischen Einsatz. Hilfestellung haben hier bereits einige Autoren zu leisten versucht [52]. Ein Beispiel einer produktiven Gestaltung, die Entstehung eines Objektes mit den aufgezeigten Hilfsmitteln – das wäre die logische Folgerung aus dem bisher Erarbeiteten –, ist jedoch nicht bekannt geworden. Alle Arbeiten wurden vorwiegend zur nachträglichen Beschreibung und Kontrolle eingesetzt.

Visual Organisation: Fred Ashford hat Gestaltungsregeln, die er aus Erfahrungen mit der Wahrnehmung und der, wie er es nennt, Experimental-Psychologie gewonnen hat, zusammengestellt. Er formulierte daraus sechs Grundsätze und eine Sammlung von „Elementen der optischen Gestaltung" [53].

- Gefühle, auch vernunftswidrige, können von der Wahrnehmung nicht ausgeschlossen werden.
- Eine gleiche Beobachtung kann je nach Person unterschiedlich interpretiert werden.
- Je größer und spezieller das Wissen einer Person, desto verläßlicher sind deren Schlußfolgerung aus einer Beobachtung.
- Wahrnehmung erfordert Ordnung. Nur durch die Möglichkeit zu ordnen kann Wahrnehmung zu sinnvollen Erkenntnissen führen.
- Das Zusammenspiel von Auge und Verstand bewirkt, daß nicht nur numerische Werte gesehen werden, sondern zum Beispiel auch optisches Gleichgewicht oder Elementschwergewichte.
- Besondere Aufmerksamkeit kann man nur erregen, wenn das betonte Element auch in eine entsprechend beruhigte Umgebung gebettet wird.
- Elemente der optischen Gestaltung: das waage-

rechte, das senkrechte, das schräge und das gebogene Element.

Ein Anwendungsrezept hält Ashford für nicht möglich: „It is not possible to offer detailed guidance on visual organisation." Er versucht, die Anwendung der Regeln anhand von Beispielen anschaulich zu machen und kommt zu dem allgemeinen Grundsatz, daß das Hauptziel optischer Gestaltung darin liege, einfache, leicht verständliche („readily understandable") Formen zu machen – was er dann noch in einer näheren Erörterung ausführt. Ashfords Philosophie deckt sich teilweise mit den Ansätzen der vorliegenden Arbeit insofern, als er physiologische und psychologische Gegebenheiten konstatiert und sie als Basis für seine Arbeiten betrachtet.

Mit Beispielen beschreibend: Das Empfinden und das Wissen als Grundlage, versuchten einige Autoren das zu verbalisieren und anhand von Skizzen zu erläutern, was beim Meister-Schüler-Verhältnis ohne Worte durch das Machen, das Sehen und deren ständige Wiederholung, weitergegeben wird [54]. Die dahinterstehende Theorie ist die Annahme, daß ein im Menschen vorhandenes Empfindungs-Vermögen nur des rechten Anstoßes und der rechten Anleitung bedarf.

Visuelle Informationskodierung/Konstruktive Formgestaltung: Eine Untergliederung in die beiden obengenannten Teilbereiche wird von H. Seeger vorgenommen. Er geht davon aus, daß jede Gestaltfindung, jedes Machen (zumindest das Machen im Maschinenbau) zunächst Konstruktion ist und stellt diese Konstruktion – in einer gerafften Art von Konstruktionslehre – als „Räumliches Objekt" der Formgestaltung voran. Die Formgestaltung hat dann „vier Gruppen an Gestaltungselementen und -ordnungen (zu) berücksichtigen ..., nämlich die Gestalt aus Gestaltelementen und Gestaltordnungen, die Form aus Formelementen und Formordnungen, die Farbe aus Farbelementen und Farbordnungen, die Grafik aus grafischen Elementen und Ordnungen" [55].
Diese Elemente und Ordnungen unterliegen „allgemein Prinzipien der Formgestaltung", die jedoch wertfrei abgehandelt sind (jeweils mit ihrem

Gegenteil, zum Beispiel: „totale formale Aufgliederung" – „totale formale Zusammenfassung").
Im zweiten Teilbereich liegt das Schwergewicht auf der „Produktinformation" [56]. Der Informationsgehalt, der Aussagewert eines Produktes ist in die drei Hauptgruppen der Existenzinformation („Kodierung der Sichtbarkeit …"), der Qualitätsinformation („Kodierung der Eigenschaften …") und der Herkunftsinformation („Kodierung der Herkunft …") gegliedert, deren detailliertere Darstellung ebenfalls wertneutral als vollständige Beschreibung des jeweiligen Spektrums ohne ein jeweiliges Optimum oder Hinweise zu möglichen Optimierungsverfahren anzugeben. Siehe hierzu auch die Ausführungen im Hauptteil und bei [56].

A.1.6 Planerische Orientierung

Methodik/Methodologie: Industrial Design wurde in den Begriffsbestimmungen bereits als planerische Aktivität beschrieben. Der Gestaltungsvorgang besteht dabei vorwiegend aus Koordination aller beteiligten Disziplinen. Die möglichen Verfahren sind in ihrer ganzen Reichhaltigkeit von B. Bürdek beschrieben, wobei ein spezieller Bezug zum Design postuliert ist [57]. Ebenfalls als Designmethoden (Design Methods beschreibt J. Jones diese Gebiete [58].
Bezeichnend in den ganzen Methodensammlungen ist, daß immer ein spezieller Bezug zum Design (Industrial Design?) gesucht wird, daß die Ergebnisse jedoch letztlich kongruent mit den anderen Methoden aller übrigen, kreativ und gestalterisch tätigen Disziplinen sind [59]. Das sollte nicht verwundern, da allen diesen Disziplinen außerdem gemeinsam ist, daß sie ein Produkt, dreidimensional oder zweidimensional (also keine Dienstleistung oder dergleichen) hinterlassen. Unterschiedlich sind Aufwand und Aufwandserwartung. Daß für den Bau eines Ozeanschiffes oder eines Hochhauses eine Methode, ein Plan, eine Organisation zwingend notwendig ist, ist unmittelbar evident. Fraglich erscheint es bei Aufgaben, die in kleinen und in überschaubaren Größenordnungen liegen.
Fraglich ist auch, ob mit einer Methode alle anfallenden Probleme zu lösen sind. M. Nizzoli glaubt, „daß der Designer bei jedem Problem in der industriellen Produktion ein anderes Verfahren anwenden muß …" [60].

Produktplanung und andere spezielle Methoden: Diese Methoden sind etwas spezieller, sind auf einen fest umrissenen Anwendungsfall innerhalb der Produktentwicklung zugeschnitten. Die Produktplanung wurde bereits unter den Begriffsbestimmungen vorgestellt. Andere, ähnlich gelagerte Fälle sind: Ideenfindungsmethoden, Marketingmethoden und viele andere.

Universalplan: Methodik und Plan beinhalten eine Summe von zu planenden Aktivitäten. Methodik ist ein Hilfsmittel, um eine Gesamtaktivität optimal zu realisieren. Wird nun die Planung zur Primäraktivität und werden alle übrigen Tätigkeiten zur Dienstleistung, dann erfolgt eine Wertverschiebung, für die bisher nur Beispiele von globaler Größenordnung (Militär, Weltraumfahrt – mit Vorbehalten –, multinationale Konzerne) bekannt sind. Gestalterische Probleme, auch solche einer Verkehrsregion, wären unter den als Prämisse gemachten Definitionen eine Fehlinterpretation und hätten nurmehr sehr wenig mit Design oder Industrial Design zu tun.

A.2 Zusammenfassung

Industrial Design hat die Aufgabe, alle auf den Menschen bezogenen Funktionen, Informationen, Dekorationen und anderer Kontakte industriell hergestellter Gegenstände und Maschinen zu seinen Benutzern optimal zu gestalten. Dabei sind so unterschiedliche Kriterien wie die der Psychologie und der Maschinentechnik, der sozialen Belange und der Ökonomie, des Marketing und der Anthropologie und anderer einzubeziehen. Mit dem vorliegenden Buch wird eines dieser Kriterien schwerpunktmäßig betrachtet. Es stellt den Versuch dar, die für die Gestaltung relevanten naturbedingt-vorgegebenen Verhaltensweisen, wie sie in vielen Wissenschaftsdisziplinen dargestellt sind, zusammenzutragen und daraus einen Katalog von Gestaltungselementen und Gestaltungskriterien zu extrahieren.

Die Arbeit ist interdisziplinär angelegt. Derartige Betrachtungen unterliegen schnell einem Universalismus und einer gewissen Grenzenlosigkeit. Naturbedingt-vorgegebene Verhaltensweisen können in diesem Sinne nicht implizieren, daß damit Gesetzmäßigkeiten ausschließlicher Natur angesprochen sind. Im Gegenteil: der Mensch hat immer wieder versucht, Gegegebenheiten durch Willen und Verstand in Frage zu stellen und zu verändern, geistige Leistungen über Vorgegebenes zu setzen. Leistungen mit und durch Industrial Design können und müssen denn auch ohne Berücksichtigung menschlichen Verhaltens zustande kommen. Es sind zum Beispiel einige seiner Eigenschaften, daß er sich unkonventionell verhält („der spinnt", „der geht mit dem Kopf durch die Wand"), daß er mit seiner Fähigkeit zur Phantasie Unerwartetes zustande bringt (zum Beispiel das italienische Leuchten-Design) und daß er mit individueller Leistung aus der Regel, die die Spezies betrifft, als die Ausnahme ausbricht. Es gibt Bereiche, in denen arteigentümliche Gesetzmäßigkeiten und Rationalität nicht ausreichen. Sie sind in der vorliegenden Arbeit nicht vergessen, sie sind nur ausgeklammert.

Zur Systematisierung wurde ein Modell für die Interaktion Mensch/gegenständliche Umwelt entwickelt, das die Zuordnung der herangezogenen wissenschaftlichen Grundlagen gestattet und Abgrenzungen zu überlagerten Einflüssen erleichtert. Als letztere sind insbesondere die mechanistisch zu verstehenden äußeren Einwirkungen (physikalisch-chemisch) und die der sozialen Umwelt (Kultur, Ökonomie, Gesellschaft usw.) zu sehen.

Der Bewertung des Kataloginhaltes durch ebenfalls naturbedingt-vorgegebene Gesetzmäßigkeiten sollte der Vorzug vor ideellen, theoretischen oder anderen, relativ abstrakten Gedankenexperimenten eingeräumt werden. Die den physikalischen und chemischen Funktionen zugrunde liegenden Naturgesetze tendieren stets zum Gleichgewicht, das heißt zum minimalen Energieaufwand, zum Ausgleich. Die Verhaltensforschung (Ethologie) hat dieselbe Tendenz für die biologischen Systeme, insbesondere für den Menschen nachgewiesen. Davon sind sowohl die direkt beeinflußten, als auch die scheinbar indirekt, zum Beispiel über den Blickkontakt gesteuerten chemisch und mechanisch beeinflußten Aktionen und Reaktionen betroffen. Dieser Beeinflussungsmodus auf die Gestaltungselemente und Gestaltungskriterien auf eine Gestaltungsaufgabe angewandt – so die Hypothese – muß einerseits zu einer etwas weiter zu begründenden und andererseits zu guter Gestaltung führen.

Anhand ausgewählter Beispiele anerkannter, sogenannter guter Gestaltung aus Maschinenbau und Feinwerktechnik konnte die Hypothese qualitativ belegt werden. Da sowohl der Katalog noch unvollständig und unfertig ist als auch das ganze Material recht spröde in der Handhabung, sehr umfangreich und terminologisch nur unzureichend gelöst vorliegt, bleibt ein mathematisch exakter Nachweis späterer Arbeiten vorbehalten.

Als Ergebnisse liegen außer dem genannten Modell die Definition und Interpretation des formalen Freiheitsgrades vor. Er ist das qualitative Maß für den möglichen, relativ zur Produktkategorie zu sehenden, Freiraum des Entwerfers/Gestalters, der ihm neben den technisch-wirtschaftlichen Grundwertigkeiten zur Verfügung steht.

Literatur

Einleitung und Teil 1 Theoretische Grundlegung

1 a. Morris, D.: Der Mensch mit dem wir leben. München 1978, S. 12;

1 b. Neisser, U.: Kognitive Psychologie. Stuttgart 1974;

1 c. Hacker, W.: Allgemeine Arbeits- und Ingenieurspsychologie. Bern 1978

2. Gehlen, A.: Die Seele im technischen Zeitalter. Reinbek 1957, S. 15

3. Pahl, G.; Beitz, W.: Konstruktionslehre. Berlin 1976

4. Bach, K.: Denkvorgänge beim Konstruieren. Konstruktion, 25 (1973) S. 1;
Linneweh, K.: Kreatives Denken. Karlsruhe 1973;
Arnheim, R.: Kunst und Sehen. Berlin 1964

5. Klöcker, I.: Design und Konstruktion im Maschinenbau. Südd. Zeitung, Nr. 162, 1974

6. Bense, M.: Aesthetica. Baden-Baden 1965, S. 319

7. Albers, J.: Wechselwirkung der Farbe. Ulm 8/9 (1963), S. 62

8. Klöcker, I.: Innovation durch Industrial Design. Konstruktion 28 (1976) S. 5

9. Giachi, A.: Eine Bestandsaufnahme in Fakten und Daten zur Industrial Design-Ausbildung der Schulen. Form 59 (1972) S. 23

10. Maldonado, T.: Umwelt und Revolte. Reinbek 1972, S. 61

11. [6], S. 153

12. [6], S. 264

13. Brockhaus Enzyklopädie, Bd. 4. Wiesbaden 1968, S. 441

14. Müller-Krauspe, G.: Design = Design?. Form 35 (1966) S. 26

15. [14]

16. BfA (Herausgeber): Blätter zur Berufskunde, Bd. 2. Nürnberg 1977, Industrial Designer, 2 – XI G Ol.

17. Schürer, A.: Der Einfluß produktbestimmender Faktoren auf die Gestaltung. Bielefeld 1969, S. 9

18 a. Eibl-Eibesfeld, I.: Grundriß der vergleichenden Verhaltensforschung. München 1972; [1 b, 1 c]

19 a. Ellinger, T.: Die Informationsfunktion des Produktes. Köln 1966;

19 b. Gutenberg, E.: Grundlagen der Betriebswirtschaftslehre. Berlin 1971;

19 c. Koppelmann, U.: Grundlagen des Produktmarketing. Stuttgart 1978, S. 132

20. [18 a]

21. Schmittel, W.: Design, Concept, Realisation. Zürich 1975

22. Hansen, U.: Stilbildung als absatzwirtschaftliches Problem der Konsumgüterindustrie. Berlin 1969

23. Z. B. beim Bundespreis des Wirtschaftsministeriums bis 1975 oder beim Prädikat „Gute Industrieform" der Messe Hannover oder für die Auswahl in den Büchern: Wichmann, H.: Made in Germany Band 1, München 1966; Band 2, München 1970

24. Rat für Formgebung (Hrsg.): Der Fahrerplatz im Kraftfahrzeug. Darmstadt 1976, S. 6;
Stiftung Warentest (Hrsg.): Warenqualität: Technik und Form geprüft und bewertet. Berlin 1977, S. 12

25. Siehe hierzu: Kunstgewerbemuseum (Hrsg.): Sehen und Hören, Design und Kommunikation, Ausstellungskatalog. Köln 1974

26. Wickler, W.: Sind wir Sünder?. München 1969, S. 255

27. Tabelle von Marko aus: Müller, H.: Sinnesorgane als Wahrnehmungsfilter. Naturwissenschaft und Medizin, 30 (1969), S. 27

28. Vester, F.: Hormone und die Umwelt des Menschen. Die Kapsel, Nr. 31 (1973)

29. McCormick, E.J.: Human factors engineering. New York 1970, S. 7;
Bodack, K.D.: Ästhetisches Maß und subjektive Bewertung visueller Objekte. In: Objektive Kunstkritik. Stuttgart 1969, S. 28

30. Coermann, R.: Das Fahrzeug dem Menschen anpassen. VDI-Nachrichten Heft 24 (1968), S. 1

31. [19 a]

32. Murell, K.F.H.: Ergonomie. Düsseldorf 1971; [30]

33. Hölderlin, F.: Hyperion, München 1961, S. 242

34. Haug, W.F.: Kritik der Warenästhetik. Frankfurt 1971, S. 13

35. Jüptner, H., et al.: Semantische Profile technischer Erzeugnisse. Manuskript 1971

36. Berne, E.: Spiele der Erwachsenen. Reinbek 1967

37. Baumgart, F.: Stilgeschichte der Architektur. Köln 1969, S. 21

38. Wachsmann, K.: Wendepunkt im Bauen. Reinbek 1962, S. 32

39. Braun-Feldweg, W.: Industrial Design heute. Reinbek 1966, S. 112
40. Mies van der Rohe, L.: in einem Brief, abgedruckt in: Die Form, Heft 1 (1927)
41. Burden, G.: in einem Vortrag 1972 in Frankfurt
42. [38], S. 115
43. Braun, E., zitiert von Eichler, F.: Eichler an Wagenfeld. Form 23 (1963), S. 11
44. [22], S. 18
45. [19a]
46. Dessauer, F.: Streit um die Technik. Freiburg 1960, S. 68
47. Zahn, E.: Soziologie der Prosperität. Köln 1960
48. Gehlen, A.: Anthropologische Forschung. Hamburg 1965, S. 77
49. Goethe, J. W. von, zitiert in: Gropius, W.: Apollo in der Demokratie. Mainz 1967, S. 15;
und sinngemäß bei: Mukarowsky, J.: Kapitel aus der Ästhetik. Frankfurt 1970, S. 14
50. Levitt, T. Ist Werbung moralisch? in: Plus (Düsseldorf), Nr. 2, 1974, S. 67f.
51. Klöcker, J.: Segensreicher Egoismus. Werkstatt-Forum (Hannover) 1968
52. [34];
Haug, W. F.: Warenästhetik, Sexualität und Herrschaft. Frankfurt 1972;
Selle, G.: Ideologie und Utopie des Design. Köln 1979
53. [34]
54. Giachi, A.: Wie gut ist noch Design?. Frankfurter Allgemeine Zeitung v. 28.5.1969
55. Archer, L. B.: Gestaltung und Management. Form und Zweck, Heft 1, 1967
56. Schirmer, E.: Form-Dokumentation 59. Stuttgart 1959, S. 8
57. Seay, E. W.: Design and management 2, Westinghouse. Industrial Design, Nr. 5, 1967
58. Fischer, H.: Theorie der Kultur. Stuttgart 1969, S. 247; ähnlich: van de Velde in [56]
59. [22]
60. [6], S. 130
61. [34], S. 126
62. Papanek, V.: Das Papanek-Konzept. München 1973
63. Bonsiepe, G.: Design in Südamerika – in Chile. Form 59 (1972), S. 28
64. Zeitschrift Form und Zweck (Berlin-Ost);
Hückler, A.: Technische Formgestaltung, Leitlinien. Berlin (Ost) 1968;
Letsch, H.: Zu einigen Fragen der technizistischen Konvergenzkonzeption in der Ästhetik. Wiss. Z. Tech. Hochschule Magdeburg 15 (1971) Heft 3, S. 263
65. Noelle, E.: Umfragen in der Massengesellschaft: Einführung in die Methoden der Demoskopie. Reinbek 1963;
Spiegel, B.: Werbepsychologische Untersuchungsmethoden. Berlin 1958
66. Klöcker, J.: PR-Industrial Design. Werben und Verkaufen, Heft 9 (1967), S. 16
67. [26], S. 27
68. [50]
69. Eichler, G., et al.: Bedürfnisentwicklung und Konsumstile. In: Hauswirtschaft und Wissenschaft 5, München 1976, S. 214
70. [19a], S. 257
71. [26], S. 253, S. 13;
Lorenz, K.: Über tierisches und menschliches Verhalten. München 1973
72. [26], S. 254, S. 22
73. [26], S. 265
74. Schiller, F.: Das Lied von der Glocke
75. Zitiert in: Gunzenhäuser, R.: Ästhetisches Maß und ästhetische Information. Quickborn 1962, S. 28
76. Zum Thema Gestaltdruck: Katz, D.: Gestaltpsychologie. Stuttgart 1969, S. 52
77. Hamburger, R.: Neue Theorie der Wahrnehmung und des Denkens. Berlin 1927;
Vernon, M. D.: Wahrnehmung und Erfahrung. Köln 1974
78. [3], S. 126
79. [6], S. 36
80. [48], S. 24
81. [48], S. 38
82. Lindinger, H., et al.: Geschichte des Industrial Design. Berlin 1978, S. 27
83. Loewy, R.: Häßlichkeit verkauft sich schlecht. Düsseldorf 1953;
Gailbraith, J. K.: Wirtschaft, Frieden und Gelächter. München 1972;
Kesselring, F.: Technische Kompositionslehre. Berlin 1954
84. Burckhardt, L.: Ulm anno 5. Werk 47 (1960)
85. Rosenthal, P. In: Dorfles, G.: Gute Industrieform und ihre Ästhetik. München 1964, S. 7
86. [39], S. 57
87. Kalff, L. C., et al. In: [56], S. 134
88. Seydel, W.: Industrial Design neuer Produkte. Vortragsmanuskript der IBM-Laboratorien. Sindelfingen 1969
89. Quinn, E.: Picasso: Werke und Tage. Zürich 1965, S. 28
90. Englert, L., et al.: Lexikon der kybernetischen Pädagogik. Quickborn 1966, S. 82
91. Klaus, G.: Wörterbuch der Kybernetik. Berlin 1967, S. 307; siehe auch: Ulm 6 (1962), S. 6; Ulm 12/13 (1964), S. 11
92. Dorfles, G.: Symbol-Kommunikation-Konsum. In: Intern. Design Zentrum (Hrsg.): Design als Postulat. Berlin 1973, S. 18
93. [6]

Teil 2 Materialien

1. Eiermann, E., zitiert in: Der Spiegel, Heft 41 (1972), S. 196
2. Klöcker, I.: Fehler im Verkehrssystem? Südd. Zeitung, Nr. 145, 1973, S. 21
3. Maldonado, T.: Umwelt und Revolte. Reinbek 1972, S. 39;
   Packard, V.: Die große Verschwendung. Düsseldorf 1958
4. Pawlik, J., et al.: Bildende Kunst: Begriffe und Reallexikon. Köln 1969, S. 84
5. Moholy-Nagy, L.: Vom Material zu Architektur. Mainz 1968, S. 96
6. Keidel, C.: Das Gefäß. Arzberg 1966
7. Neutra, R.: Wenn wir weiterleben wollen. Hamburg 1956, S. 45
8. Lao-Tse, zitiert in: Papanek, V.: Das Papanek-Konzept. München 1972, S. 17
9. Katz, D.: Gestaltpsychologie. Basel 1969, S. 60
10a. Englert, L., et al.: Lexikon der kybernetischen Pädagogik. Quickborn 1966, S. 88;
10b. Rothmann, M. A.: Kybernetik. Wien 1972, S. 57f.
11. Keidel, W. D.: Physiologie. Stuttgart 1970, S. 389
12. Murell, K. F. H.: Ergonomie. Düsseldorf 1971, S. 146
13. McCormick, E. J.: Human factors engineering. New York 1965, S. 7
14. Köhler, W.: Die Aufgabe der Gestaltpsychologie. Berlin 1971, S. 29
15. [11], S. 411;
    Schober, H., et al.: Das Bild als Schein der Wirklichkeit. München 1972, S. 10
16. [11], S. 411
17. [11], S. 412
18. [11], S. 412
    (a) Albers, J.: Interaction of color. Köln 1970, S. 48
19. [11], S. 365; [12], S. 147;
    (a) Rein-Schneider, Physiologie des Menschen. Berlin 1964, S. 651
20. [12], S. 149
21. [18a], S. 92
22. [11], S. 412
23. [14], S. 15
24. [18a], S. 25
25. Kokoschka, O.: In: Internationale Sommerakademie für bildende Kunst, Schulprospekt. Salzburg 1964;
    Holzschneider, J.: Schule des Schauens in: Baumeister, Heft 7 (1969), S. 928
26. Norling, E.: Perspective Drawing. Tusting (USA), ohne Jahr;
    Osterloh, J.: Wie zeichne ich Mode. Göttingen 1955, S. 26;
    Spies, J.: Zeichenlehre. Stuttgart 1978;

Heuser, K. C.: Freihändig zeichnen. Wiesbaden 1979
27. [11], S. 398
    Peters, H.: Äugel und der eingebildete Raum. Ravensburg 1964
28. [18a], S. 41;
    [14], S. 399
29. [9], S. 51
30. [9], S. 38, 174
31. Croy, P.: Grafik, Form und Technik. Göttingen 1964, S. 358
32. [18a], S. 41
33. Lorenz, K.: Die angeborenen Formen möglicher Erfahrung. Tierpsychologie, Heft 5 (1942)
34. Maldonado, T.: Kommunikation und Semiotik. Ulm 5 (1959), S. 69
35. Dorfles, G., in: Internationales Design-Zentrum (Hrsg.): Design?. Berlin 1970, S. 38
36. Haug, W. F.: Kritik der Warenästhetik. Frankfurt 1971, S. 127
37a. Bense, M.: Aesthetica. Baden-Baden 1965, S. 41;
37b. Mukarovsky, J.: Kapitel aus der Ästhetik. Frankfurt 1970, S. 84
38. Meyer-Eppler, W.: Anwendung der Kommunikationsforschung auf lautsprachliche und typographische Probleme. Sprachforum 1 (1955) S. 16
39. Mays, W.: Logique et language chez Carnap. In: Epistémologie génétique et recherche psychologique, Paris 1956/57
40. Morris, C. W.: Varieties of human value. Chicago 1956; [3], S. 71
41. [3], S. 71
42. Dreyfuss, H.: Symbol sourcebook. New York 1972, S. 16
43. [37a], S. 41, 139
44a. Rechenauer, O. S., et al.: Firmenimage. Düsseldorf 1969;
44b. Wildbur, T.: Trademarks. London 1966
45. [3], S. 72
46. [37a], S. 303
47. Morris, C. W.: Semiotic and scientific empiricism. In: Actes du Congrès International de Philosophie Scientifique 1935. Paris 1936;
    Klaus, G.: Wörterbuch der Kybernetik. Berlin 1967, S. 307
48. [10a], S. 161
49. Morris, C. W.: Signs, language and behaviour. New York 1946;
    Morris, C. W.: Foundations of the theory of signs. In: Internat. Encycl. of Unified Science, Vol. 1. Chicago 1955
50. [10a], S. 174
51a. Bartsch, E.: Die Problematik der Informationsdarbietung durch Sinnbilder. Form und Zweck, Heft 1 (1965), S. 11
51b. Miersch, W.: Icograda: Studienprojekt Inter-

nationale Symbolsprache II. Form und Zweck, Heft 1 (1968), S. 50

52. [10a], S. 142

53. [42]; [44b];
Diethelm, W.: Signet – Signal – Symbol. Zürich 1970; [44a]

54. Arbeitsgemeinschaft Deutscher Verkehrsflughäfen (ADV): Normen, Pictogramme zur Orientierung auf Flughäfen. Stuttgart 1969

55. Dreyfuss, H.: Symbols: Communication without an accent. Magazine of Standards 39 (1969) S. 298

56. Deutscher Normenausschuß (DNA): Bildzeichen alphabetisch. Berlin 1969
Deutsches Institut für Normung (DIN): DIN 30600
Klöcker, I.: DIN und die Wirklichkeit. Form 49 (1970), S. 8

57. [51b], S. 58

58. Eksell, O.: Corporate design programs. London 1967; [42]

59. Loewy, R.: Häßlichkeit verkauft sich schlecht. Düsseldorf 1953, S. 105

60. Klöcker, I.: Identität und Identifikation. Form 53 (1971), S. 27

61. Pilditsch, J.: Communication by design. New York 1970; zitiert in: McQuade, W.: The search for corporate identity. Fortune, Heft 12 (1970), S. 140

62. Sutton, J.: Signs in action. London 1965;
Design quaterly 62 (ganze Ausgabe). Minneapolis 1965

63. Hofstätter, P.R.: Einführung in die Sozialpsychologie. Stuttgart 1966, S. 258

64. Simmat, W.E.: Das semantic differential als Instrument der Kunstanalyse. In: Exakte Ästhetik, Bd. 6. Stuttgart 1969, S. 69;
Jüptner, H., et al.: Semantische Profile technischer Erzeugnisse. Manuskript 1971

65. [44b], S. 9

66. [37a]

67. [9], S. 53, 108

68a. Maldonado, T.: Umwelt und Revolte. Reinbek 1972, S. 59;

68b. Rohracher, H.: Einführung in die Psychologie. Wien 1971, S. 103

69. Meyer-Eppler, W.: Informationstheorie. Die Naturwissenschaft (Berlin), Heft 15 (1952), S. 341;
Sieber, G.: Achtung Test. Reinbek 1971

70. [69], S. 341
und sinngemäß: [37a], S. 309

71. Ellinger, T.: Die Informationsfunktion des Produktes. Opladen 1966, S. 259

72. [10a], S. 60

73. [37a], S. 136

74. [10a];
Frank, H.: Kybernetik: Brücke zwischen den Wissenschaften. Umschau, Heft 14f. (1961)

75. [71], S. 259

76. [71], S. 264

77. [71], S. 278

78. [59], S. 191

79. [71], S. 292

80. [71], S. 291

81. Internationales Design-Zentrum Berlin (Hrsg.): Bundespreis Gute Form 70. Ausstellungskatalog. Berlin 1970; und die Kataloge der folgenden Jahre

82. Archer, L.B.: Gestaltung und Management. Form und Zweck, Heft 1 (1967), S. 9

83. [10a], S. 6

84. [8], S. 8;
Hertl, H.: Struktur, Form und Bewegung. Mainz 1963

85. Gehlen, A.: Die Seele im technischen Zeitalter. Hamburg 1957, S. 23

86. [37a], S. 109

87. [37b], S. 13;
[3], S. 58

88. Nees, G.: Graphische Datenverarbeitung in der Technik. VDI-Berichte 191 (1973), S. 69

89. [37a], S. 108

90. Wickler, W.: Sind wir Sünder?. München 1969, S. 26

91. Archer, B.: Systematic method for designers. In: Output 20, Ulm 1964 und in: Design Nr. 172, 174, 176, 179, 181, London 1963 und 1964

92. [37b], S. 106

93. Werkmeister, O.K.: Ende der Ästhetik. Frankfurt 1971, S. 58

94. Bense, M.: Ästhetik und Programmierung. IBM-Nachrichten 180 (1966)

95. Peirce, C.S.: Über Zeichen. Stuttgart 1965

96. Maser, S.: Numerische Ästhetik. Stuttgart 1970, S. 11

97. Hegel, G.F.W.: Ästhetik. Berlin 1955, S. 58

98. Birkhoff, G.D.: A mathematical theory of aesthetics. Rice Institut Pamphlet 19 (1932), S. 189

99. Gunzenhäuser, R.: Ästhetisches Maß und ästhetische Information. Quickborn 1962, S. 28

100a. Garnich, R.: Konstruktion, Design, Ästhetik. Esslingen 1968;

100b. Kienle, M.: Ästhetische Probleme der Architektur. Quickborn 1967;

100c. Frank, H.: Informationsästhetik?. Quickborn 1968

101. Giefer, W.: Untersuchung formaler Ansätze zur ästhetischen Gestaltung von Produkten. Studienarbeit, Braunschweig 1977

102. [100a], S. 113

103. Bense, M. zit. bei [100a], S. 19

104. [37a], S. 319

105. Hegel, G.F.W.: Einleitung in die Ästhetik (1835), München 1967, S. 19

106a. Bill, M.: Form. Stuttgart 1959, S. 144

106b. Braun-Feldweg, W.: Industrial Design heute.
Reinbek 1966, S. 85

107. [37a], S. 36;
[36], S. 17;
Olivetti, A.: Stile Olivetti, Ausstellungskatalog.
Stuttgart 1962: S. 12

108. Ihre Kunstwerke den jeweiligen Realitäten gegen-
übergestellt in: McIlhany, S.: Art as Design:
Design as Art. New York 1970

109. Maldonado, T.: Aktuelle Probleme der Produktgestaltung. Ulm 10/11 (1964), S. 74

110. Bach, K.: Denkvorgänge beim Konstruieren.
Konstruktion 25 (1973) S. 1

111. [106b], S. 15
[8], S. 14;
Schürer, A.: Der Einfluß produktbestimmender
Faktoren auf die Gestaltung. Bielefeld 1969, S. 7

112. Schmidt, H., et al.: Philosophisches Wörterbuch.
Stuttgart 1969, S. 205

113. [9], S. 103

114. [14], S. 3

115. [9], S. 14

116. Escher, M.C.: Grafik und Zeichnungen. München 1971

117. [68b], S. 201

118. [9], S. 50

119a. Faber-Birren: Schöpferische Farbe. Winterthur
1971;

119b. Saint-Exupêry, A. In: Form-Dokumentation 59.
Stuttgart 1959, S. 143;
[8], S. 146

120. [14], S. 16;
[112], S. 204

121. [9], S. 37

122. Steinbuch, K.: Automat und Mensch. Berlin 1963,
S. 100

123. Ehrenstein, zitiert in: [51b]

124. Pratt, C.C. in: [14], S. 8

125. [9], S. 60

126. [68b], S. 202

127. Gretsch, H., zitiert in: [106b], S. 89

128. [9], S. 38

129. [119a]

130. [9], S. 51

131. [37a], S. 66

132. Wachsmann, K.: Wendepunkt im Bauen. Reinbek
1962, S. 49;
Burckhardt, L.: Mies van der Rohe. Werk, Heft 11
(1964), S. 398;
Rahms, D. in: Hansen, J., et al.: Das Buch vom
neuen Tisch. Hamburg 1972, S. 86

133. Hundertwasser, F.: Regentag. München 1972,
S. 42

134. Burckhardt, L., in [35], S. 31;
Fischer, W.: Instrumente, Ausstellungskatalog.
München 1970

135. [71], S. 299

136. [134]

137. Arnheim, R.: Kunst und Sehen. Berlin 1964, S. 39;
sinngemäß auch bei: [3], S. 61

138. [37a], S. 153.;
Combet, G.: Ist der Begriff industrielle Ästhetik
fragwürdig geworden?. Werk und Zeit, Heft 12
(1966) S. 1

139. Adorno, T.W.: Ästhetische Theorie. Frankfurt
1970, S. 144

140. Siehe auch: Schober, H., et al.: Das Bild als Schein
der Wirklichkeit. München 1972

141. [68b], S. 211, 215

142. Weber, J.: Gestalt, Bewegung, Farbe. Braunschweig, 1975, S. 49

143. [14], S. 41

144. [12], S. 17

145a. McCormick, E.J.: Human factors engineering.
New York 1965;

145b. Woodson, W.E., et al.: Human engineering
guide for equipment designers. Berkeley 1966

146. [12], S. 23, S. 18

147. Seydel, W.: Industrial Design neuer Produkte,
Vortragsmanuskript der IBM-Laboratorien. Böblingen 1969

148. Dreyfuß, H.: The measure of man. New York
1966, S. 3

149. Klöcker, I.: Der Fahrerstand einer diesel-elektri-
schen Lokomotive als Design-Aufgabe. Rhein-
stahl-Technik, Heft 4 (1970), S. 172

150. Maser, S.: Einige Bemerkungen zum Problem
einer Theorie des Design. Als Vortragsmanuskript
gedruckt. Braunschweig 1972, S. 29

151. Burandt, U.: Ergonomie für Design und Entwicklung. Köln 1978;
[148];
Neufert, E.: Bauentwurfslehre. Gütersloh 1970;
Ridder, C.A.: Basic design measurements for
sitting. Fayetteville 1959;
[145b]

**Teil 3 Gestaltungselemente und
Gestaltungskriterien**

1. Bense, M.: Aesthetica. Baden-Baden 1965, S. 104

2. [1], S. 56

3. [1], S. 333

4. Hansen, U.: Stilbildung als absatzwirtschaftliches
Problem der Konsumgüterindustrie. Berlin 1969,
S. 22

5. Nelson, G., zitiert bei: Schürer, A.: Der Einfluß
produktbestimmender Faktoren auf die Gestaltung. Bielefeld 1969, S. 21

6. Müller, U., in: Modellfall Citroen, Ausstellungskatalog des Kunstgewerbemuseums. Zürich 1967,
S. 34

7a. Stiftung Warentest (Hrsg.): Warenqualität, Technik und Form: geprüft und bewertet. Berlin 1977, S. 12 II;

7b. Rat für Formgebung (Hrsg.): Der Fahrerplatz im Kraftfahrzeug: Design für den mobilen Arbeitsplatz. Ausstellungskatalog. Darmstadt 1977, S. 10; Ohl, H.: Design ist meßbar. In [7b], S. 16

8. Köhler, W.: Die Aufgabe der Gestalt-Psychologie. Berlin 1971, S. 8

9. Saint-Exupéry, A. de: Dem Leben einen Sinn geben. München 1971, S. 159

10. Schiller, F.W.: Ästhetische Erziehung, Achter Brief

11. [1], S. 154

12. Braun-Feldweg, W.: Industrial Design heute. Reinbek 1966, S 79

Anhang A1 Bestandsaufnahme

1. Albers, J.: Interaction of Color. Köln 1970, S. 15

2a. Röttger, E.: Das Spiel mit den bildnerischen Mitteln. Ravensburg 1966;

2b. Klee, P.: Pädagogisches Skizzenbuch. Mainz 1965;

2c. Schlemmer, O.: Der Mensch. Mainz 1970

3. Loos, A., zitiert in: Braun-Feldweg, W.: Industrial Design heute. Reinbek 1966, S. 17

4. Braun-Feldweg, [3]

5. Klöcker, I.: Design von Investitionsgütern. Düsseldorf 1969

6. Antonoff, R.: Wie man seine Stadt verkauft. Düsseldorf 1972

7. Schürer, A.: Der Einfluß produktbestimmender Faktoren auf die Gestaltung. Bielefeld 1969

8a. Ellinger, T.: Die Informationsfunktion des Produktes. Opladen 1966;

8b. Haug, W.F.: Kritik der Warenästhetik. Frankfurt 1971

9. Braun-Feldweg, W.: Metall-Werkformen und Arbeitsweisen. Ravensburg 1950

10. McNamara, zitiert in: Maldonado, T.: Umwelt und Revolte. Reinbek 1972, S. 29

11. Bense, M.: Aesthetica. Baden-Baden 1965, S. 11

12. Geyer, E.: Produktplanung. In: Management-Enzyklopädie, Bd. 4. München 1971, S. 1251

13. Seydel, W.: Industrial Design neuer Produkte. Manuskript der IBM-Laboratorien. Böblingen 1969

14. John, T.: Tapio Wirkkala. Hessische Allgemeine Zeitung, Nr. 56 (1970)

15. Schiller, F.: Votivtafeln

16. Häring, H.: Wege zur Form: Die Form, Heft 1, 1925

17. Müller, U., in: Modellfall Citroen, Ausstellungskatalog des Kunstgewerbemuseums. Zürich 1967, S. 36

18. Werckmeister, O.K.: Ende der Ästhetik. Frankfurt 1971, S. 40

19. Braun-Feldweg, W.: [3]

20. [7], S. 11

21. Bobek, K.: Die schöne technische Form. VDI-Zeitschrift 98, Nr. 23 (1956) S. 9

22. Donaldson, T.L., in: Pevsner, N.: Der Beginn der modernen Architektur und des Design. Köln 1971, S. 170

23. Pevsner, [22]

24. Heuss, T.: Was ist Qualität?. Tübingen 1951, S. 17

25. van de Velde, H.: Credo 1907. In: Form-Dokumentation 59. Stuttgart 1959, S. 138

26. Freyer, H., in: Metzger, W.: Schöpferische Freiheit. Frankfurt 1962, S. 18

27. Saint-Exupéry, A., de, in [25], S. 143

28. Wersin, W.: Das Buch vom Rechteck. Ravensburg 1956

29. Baravalle, H. von: Geometrie als Sprache der Formen. Stuttgart 1963

30. VDI-Richtlinie 2224. Formgebung technischer Erzeugnisse, Empfehlungen für den Konstrukteur. In: VDI-Handbuch Konstruktion. Düsseldorf 1972

31. Blaser, W.: Mies van der Rohe. Zürich 1972

32. Burckhardt, L., et al.: Mies van der Rohe. Werk, Heft 11 (1964), S. 398

33. Sembach, K.J.: Ludwig Mies van der Rohe: Architektur zwischen Ideal und Wirklichkeit. Ausstellungskatalog. München 1972

34. Burckhardt, L.: Die Kunst der Fuge. Schöner Wohnen, Heft 12 (1962) S. 97

35. Wachsmann, K.: Wendepunkt im Bauen. Reinbek 1962, S. 31

36. [35], S. 44, S. 49

37. Papanek, V.: Das Papanek-Konzept. München 1972, S. 27

38. Gropius, W.: Apollo in der Demokratie. Mainz 1967, S. 82;
Yoshida, T.: Das Japanische Wohnhaus. Tübingen 1969, S. 68;
Blaser, W.: Wohnen und Bauen in Japan. Teufen 1958, S. 46

39. [7]

40. [7], S. 7

41. Dreyfuss, H.: The measure of man. New York 1966

42. Eine Auswahl dargestellt in: Edilizia Moderna (Mailand) 85 (1965), S. 38, S. 77

43. [41]

44. Design (London) 210 (1966), S. 40

45. Bense, M.: Signale, Zeichen, Information. In: Exakte Ästhetik, Band 6. Stuttgart 1969, S. 2

46. [2b]

47. Baumeister, W.: Das Unbekannte in der Kunst. Köln 1960, S. 51, 75

48. Loewy, R.: Häßlichkeit verkauft sich schlecht. Düsseldorf 1958, S. 174
49. Zum Beispiel mit: „Style auto, architettura della carrozzeria", Turin
50. Saarinen, E., in: [3], S. 173
51. [17], S. 31
52. Zum Beispiel: Bonsiepe, G., Garnich, R., Kienle, M.
53. Ashford, F.: Visual Organisation. Design 213 (1966), S. 58
54. Brochmann, C.: Über Häßliches und Schönes. Berlin 1956;
Mayall, W.H.: Machines and perception in industrial design. London 1968;
Wick, K., et al.: Form und Farbe. Bonn 1972
55. Seeger, H.: Design. Stuttgart 1973
56. [8a]
57. Bürdek, B.E.: Design-Theorie. Stuttgart 1971
58. Jones, J.C.: Design methods. London 1970
59. Archer, L.B. in: Design 172f., London;
VDI-Richtlinie 2225, Düsseldorf;
Maser, S.: Methodische Grundlagen zum Entwerfen von Lösungen komplexer Probleme. In: Arbeitsberichte zur Planungsmethodik 4, Stuttgart 1970, S. 12
Kramer, F., et al.: Die neuen Techniken der Produktinnovation. München 1974
60. Nizzoli, M.: Konsequentes Design. In: Internat. Design-Zentrum (Hrsg.) Design als Postulat. Berlin 1973, S. 23

Sachwortverzeichnis

Die Definition des Sachwortes oder die Beschreibung des durch das Sachwort ausgedrückten Sachverhaltes ist auf den fettgedruckten Seiten zu finden.

Nachweis der Abbildungen

Konstruktion

Zeitschrift für Konstruktion und Entwicklung
im Maschinen-, Apparate- und Gerätebau
Organ der VDI-Gesellschaft
Konstruktion und Entwicklung (VDI-GKE)

ISSN 0023-3625   Titel Nr. 110

Herausgeber: W. Beitz, Berlin

Schriftleitung: B. Küffer, Berlin

Beirat: K. Federn, F. Jarchow, G. Kiper,
K.-H. Kloos, G. Pahl, H. Peeken,
H.-J. Thomas, E. Ziebart

KONSTRUKTION, das Organ der VDI-
Gesellschaft Konstruktion und Entwicklung,
spricht Konstruktionsleiter, Konstrukteure,
Versuchs- und Entwicklungsingenieure im
Maschinen-, Apparate- und Gerätebau sowie
Ingenieure in Lehre und Forschung an.
In dieser Zeitschrift wird über alle Tätigkeiten
und Probleme zwischen Produktidee und
Ausarbeiten der Fertigungsunterlagen berich-
tet. Dazu gehören die Produktplanung,
die Produktentwicklung einschließlich der
erforderlichen Grundlagenentwicklung und
Laborversuche, die funktions- und fertigungs-
gerechte Konstruktion einschließlich der
Ausarbeitung der Fertigungsunterlagen sowie
die indirekten Konstruktionstätigkeiten wie
Normung, Informationsbeschaffung und
Dokumentation.
Forschungsergebnisse und Erfahrungsberich-
te aus der Konstruktionspraxis, besonders
auf den Gebieten Konstruktionselemente,
Schwingungstechnik, Festigkeit und Werk-
stoffauswahl, Getriebe- und Antriebstechnik,
Konstruktionsmethodik und rechnerunter-
stützte Konstruktion sowie Meßtechnik,
Hydraulik und Pneumatik, werden dem
Leser mit dem Ziel vermittelt, ihn bei der
Lösung seiner Aufgaben anwendungsorien-
tiert zu unterstützen. Darüberhinaus bietet
die KONSTRUKTION die Möglichkeit für
eine kontinuierliche Weiterbildung.

wt Zeitschrift für industrielle Fertigung

Werkstattstechnik

in Gemeinschaft
mit VDI-Verlag Düsseldorf
Organ der
VDI-Gesellschaft Produktionstechnik (ADB)

ISSN 0340-4544   Titel Nr. 121

Herausgeber: Verein Deutscher Ingenieure

Wissenschaftliche Leitung: H. J. Warnecke,
C. M. Dolezalek, K. Lange und G. Stute

Schriftleitung: M. Görke, K. Malle
und L. Schulz

Den Schwerpunkt der redaktionellen Arbeit
bilden Originalbeiträge von Fachleuten der
industriellen Fertigung. Sie berichten von Aufgaben und Lösungen aus der gesamten
industriellen Fertigung, wie Planung, Arbeits-
vorbereitung, Fertigungsverfahren, Ferti-
gungsmittel (Werkzeugmaschinen, Vorrich-
tungen, Baueinheiten, Werkzeuge, Einrichtungen zum Steuern, Messen und Prüfen).
Regelmäßig wird im Rahmen von industrie-
und praxisnahen Kurzartikeln über Entwicklungen bei Maschinen, Ausrüstungen, Werkstoffen und Verfahren berichtet.
Eine ständige Rubrik informiert über aktuelle
Nachrichten aus Industrie und Wirtschaft. Im
Referateteil jedes Heftes wird laufend ein
Überblick über das in-und ausländische
Schrifttum gegeben.

Interessengebiete: Fertigungstechnik,
Betriebsorganisation, Materialfluß, Informationsfluß, Werkstoffkunde, Planung, Quali-
tätswesen, Arbeitsschutz, Arbeitswissen-
schaft, Maschinenbau, Elektrotechnik,
Gießereitechnik.

Springer-Verlag Berlin Heidelberg New York

Information über Bezugsbedingungen und Probehefte erhalten Sie bei Ihrem Buchhändler
oder direkt bei: Springer-Verlag, Wissenschaftliche Information Zeitschriften,
Postfach 10 52 80, D-6900 Heidelberg 1